百家话家教

——优良家教家风传承案例选编

主 编／舒凡卿

编 委／杨志红　钟大蔚　文麦秋

湖南师范大学出版社

·长沙·

图书在版编目（CIP）数据

百家话家教：优良家教家风传承案例选编 / 舒凡卿主编. —长沙：湖南师范大学出版社，2023.10

ISBN 978 - 7 - 5648 - 5129 - 3

Ⅰ. ①百… Ⅱ. ①舒… Ⅲ. ①家庭道德—中国—文集 Ⅳ. ①B823. 1 - 53

中国国家版本馆 CIP 数据核字（2023）第 196918 号

百家话家教——优良家教家风传承案例选编

Baijia Hua Jiajiao——Youliang Jiajiao Jiafeng Chuancheng Anli Xuanbian

舒凡卿　主编

◇出 版 人：吴真文
◇责任编辑：胡艳晴
◇责任校对：王　璞
◇出版发行：湖南师范大学出版社
　　　　　　地址/长沙市岳麓区　邮编/410081
　　　　　　电话/0731 - 88873071　88873070　传真/0731 - 88872636
　　　　　　网址/https：//press. hunnu. edu. cn
◇经销：新华书店
◇印刷：长沙印通印刷有限公司
◇开本：710 mm×1000 mm　1/16
◇印张：30
◇字数：420 千字
◇版次：2023 年 10 月第 1 版
◇印次：2023 年 10 月第 1 次印刷
◇书号：ISBN 978 - 7 - 5648 - 5129 - 3
◇定价：88. 00 元

人类社会自诞生以来，已有无数古老的文明在历史的沧桑巨变中归于湮灭，而中华文明却五千年一脉相承，一枝独秀，不仅从未中断，如今还日益焕发出新的夺目光彩。何以能创造这举世无双的奇迹？是因为中华民族的基因里烙上了勤劳、勇敢、智慧的优良特质，是因为中华儿女的血液中融入了仁义礼智信、忠孝廉耻勇的传统美德，而这一切都离不开优良家教家风的世代传承与延续。

家教家风建设意义重大。习近平总书记特别强调："我们都要重视家庭建设，注重家庭、注重家教、注重家风。"家庭，是一个人最早的学校；家风，是一个人价值观形成的起点。家庭教育是奠基性的，在培养孩子良好品德和行为习惯，引导孩子学会认知、学会做事、学会共处、学会做人方面，发挥着不可替代的功能。全国人大常委会通过《中华人民共和国家庭教育促进法》之后，家庭教育已由传统的私事、家事上升为公事、国事。有鉴于此，省教育厅关工委积极响应总书记的号召，认真执行最高国家权力机关通过的法律，秉持对国家和民族未来负责的高度责任感和使命感，在全省教育系统组织了"优良家教家风传承案例"征文活动，并从征文中择优编辑成了这本《百家话家教——优良家教家风传承案例选编》。旨在弘扬传统美德，促进优良家风建设，让社会肌体的每一个细胞都能健康生长，让国家根基的每一块基石都坚固稳定。

我抽空看了这本书的部分书稿，觉得内容很好，书中讲述的故事有如一个异彩纷呈的家教家风传承百花园。在这个充满芬芳的园地里，教育主体众多：有扶正纠偏、转化后进的群策助育，有协调配合、多方并举的家校共育，有倾心尽力、余热暖孙的隔代乐育，更多的则是呕心沥血、言传身教的亲子优育。教育方法灵活多样：有的以教育学心理学或哲学为指导，理性而科学；有的在实践中摸索经验，在失败中总结教训，真切而实在；有的以前辈为榜样，传承家训家规，传统而丰厚。教育风格丰富多彩：或娓娓而谈，平易亲切；或引经据典，深沉隽永；或声情并茂，生动感人。教育内容更是涵盖了教育思想、理念、目标、途径、方法、感悟和效果等诸多方面，表现了家长们的远见、担当、耐心和智慧，是家长们长期积累的经验总结和心血结晶。我相信，这本书对读者既有启迪作用，又有实用价值，不同年龄段的家长和不同身份的读者都能从中获取教益。

家庭教育是一场没有标准答案的高难度开卷考试，是一次在无固定路径的崎岖山路上的长途跋涉，也是一种需要不断学习探索、开拓创新的人文实践。可谓百年树人，步步艰辛！在此，寄望家长们进一步重视家教家风建设，把爱家情融入爱国情，把家庭梦融入民族梦，把家庭前进的脚步叠加成国家的进步，将家庭创造的价值汇聚成中华民族伟大复兴的伟力。谨以此表达我辈对同侪和后辈继续发扬光大优良家教家风的殷殷之望，以鉴我们助力下一代健康成长、青胜于蓝、以使家旺国强的拳拳之心。

杨春波
二〇二三年三月

陪跑的父亲

汤晓莺

著名作家小霍丁·卡特曾经说过:"我们希望有两份永久的遗产能够留给我们的孩子,一个是根,另一个是翅膀。""根"是什么?就是让孩子有着根植于内心的素养,而翅膀则是指家长对孩子最好的言传身教,带着孩子飞翔,让孩子学会飞翔。孩子的父亲就是一路陪孩子奔跑、带孩子飞翔的人。

2019 年,经过一番深思熟虑,老公毅然放弃异地升迁的机会,选择了自主择业。而他所选的"业",并非一份全新的工作,而是"学业"——报考注册会计师(简称 CPA)。据了解,会计师位居我国未来十年紧缺人才榜首,而 CPA 考试是以高难度著称的执业资格考试之一,每年全国有近百万人报名考试,平均合格率仅为26.58%。老公说,之所以选择这条充满艰辛而又富有挑战性的求学路:一是为了圆自己年少时的梦想,二是为了给儿子做个榜样。

老公说干就干,制订学习计划,买书,听网课,每天从清晨6点一直忙到晚上 12 点。《财务成本管理》《会计》《审计》等专业书籍令许多科班出身的人都望而却步,何况老公零基础又年过四十,但他以军人特有的自律和毅力坚持着,不懂就一遍又一遍反复听老师讲,查找资料,直到弄懂为止。从他身上我体会到了"自律的人都是狠角色"这句话的含义。厚厚的书本翻烂了,笔记本写得满满当当，网课听了一遍又一遍，年年如是，无一日松懈，无一次放弃。

网上流传一句话叫"一流的父母做榜样，二流的父母做教练，三流的父母做保姆"，给孩子最好的教育就是和孩子一起成长，做孩子的榜样。美国黑人作家鲍德温也说过："孩子永远不会乖乖听大人的话，但他们一定会模仿大人。与其羡慕别人家的孩子这么优秀，不如想想别人家的父母是如何提升自己、给孩子做榜样的。"

老公如此努力，给儿子树立了一个自强不息的好榜样。对于儿子的教育，我也曾"河东狮吼"过，还动手打过孩子，自从老公用"一起学习"的方式陪读后，儿子像彻底变了一个人似的，学习上再也不用我们在后面催逼了，他也学着爸爸制订学习计划，每天严格按计划学习，成绩有了显著的进步。他在日记里以"榜样"为题这样写道："每个人的心中都有一个榜样，有的是歌星，有的是运动员，有的是科学家，而我心中的榜样与他们相比似乎显得平庸，他就是我的爸爸。年过四十的爸爸却毅然决然地选择学习一项他从未接触过的领域——注册会计师。要想成为注册会计师就要先考得资格证，这绝非易事，需要通过六门不同专业的考试和一轮综合性考试，就连一个大学学会计专业的人去考，都未必能通过。大家一边夸赞爸爸'活到老，学到老'，一边劝阻他何必这样虐待自己，我一开始也认为他这么做只是为了赢得他人的赞赏。面对质疑、否定和劝阻，爸爸用'三年考过全部专业'的辉煌成绩显示了他的决心，感动了众人。看着爸爸每天早上六点半起床学习，晚上十点半甚至更晚才去睡觉，我深深地被他感动了，他是我心中学习的榜样、一生的榜样。"

在《中国诗词大会》第四季中，有一对来自十堰的母子登上了央视舞台，母亲是一名超市店长，儿子刚上初一。早在孩子七岁的时候，妈妈就利用超市废弃的购物小票为儿子抄诗词，每十首一本，迄今为止已经抄了 84 本，七年的时间，背了 840 首诗词。不仅如此，母子俩还一边背诗，一边学习诗词背后的故事，了解那些作品的来历和当时的历史背景。为了做诗词抄本，妈妈常熬到深更半夜。日复一日的坚持得到了回报，这些诗本启迪了儿子的人生，极大地丰富了他的知识量。这样的经历为儿子打开了一扇通向学识与成功的大门，当他迈上一个新台阶，所看到的是不一样的世界。

主持人董卿动情地说："当一个妈妈，当她觉得没办法给孩子特别富裕的生活的时候，她努力地给他一个富足的精神世界，这样的妈妈是有远见的妈妈。"董卿的话道出了教育的真谛，那就是：尽自己的力量，做有远见的父母。

于是我明白了：最好的家教就是不急躁，不焦虑，日复一日地坚持，年复一年地陪伴，最简单的路径，也有抵达最远处的可能。它不一定要花费很多的金钱，而是贵在用心，贵在无声地浸润，于细节处传达人生的许多道理。所谓陪伴，就是我们与他依然保持着无尽的好奇心和旺盛的求知欲，与他一起在知识的海洋中遨游，一起去探索未知的世界；所谓坚持，就是教会孩子按照自己的节奏，坚持一步一个脚印，去丈量自己的未来。我们做父母的或许无法给孩子提供最优越的条件，但我们一定要让孩子知道，努力的门槛并不高，坚持一定会有回报。你现在做不到的，时间会为你做到；你现在到达不了的远方，将来也会到达！

成长是孩子的责任，用心培养是我们为人父母不可推卸的责任。真正的园丁不会在意花开的时间，只会默默耕耘，耐心守护，静待花开。希望将来儿子回想起这段父亲陪他一起奔跑的岁月时，是温暖的、感激的、快乐的。

（作者单位：湘西土家族苗族自治州泸溪县教师发展中心）

善良　吃苦　好学

江新军

隔代教育是最难的教育，难就难在祖辈对孙辈溺爱无度，不敢教育，不善教育，从而失去最佳教育时机。而中国目前的家庭状况，年轻人要么出去打工，将孩子留守在家；要么忙于工作，将孩子托付给爷爷奶奶、外公外婆。又由于祖辈自身的教育或见识的短缺，导致他们参与或全包的教育或多或少存在着一些不完美，有时甚至残缺不全。

如何走出隔代教育的误区呢？三个关键词始终贯穿在我和我爱人对外孙的教育中，那就是善良、吃苦、好学。

示善、导善、养善

我的外孙女今年七岁，外孙五岁，从他们出生起，我们就要求自己做到以行示善，以言导善，以爱养善，从小培养她们博爱、同情、宽容等善良的品德。我们知道，当今社会，善良的人也许会被人欺负，也许会吃亏，但有一颗善良之心的人，最终会有幸福的生活。

如何做到以行示善，用自己的行为去影响孩子？记得外孙女两岁时，随我爱人去菜市场买菜，看到路边的共享单车全倒了，拦住了行人通过，我爱人二话不说，一辆一辆将单车扶正。从此，只要看到路边有共享单车倒了，外孙女总要叫大人——扶正，从两岁直到现在，乐此不疲。去年春节回老家过年，开车路过澧水大桥时，一位老人骑三轮车摔倒了，无数来来去去的小车从他身边驶过，距离老人30米的前方停了一辆车，夫妻俩也只是打开车窗观望，不敢下车施救。我爱人看到后，立马要我停车。我们牵着两个小家伙来到老人身边，只见老人脸上、手上流了好多血。我和爱人把老人扶起来，善良的外孙女立马拿出纸巾帮老人擦拭，外孙叫我打120，这是他在幼儿园里学到的。由于外孙的提醒，我们分别打了120、110。在等待120、110到来之前，我们一家人和老人说话，替老人擦血，问老人来自哪里。老人告诉我们，他老家在河南，他一个人在临澧县合口镇靠捡破烂为生。不一会儿，120、110来了，警察帮他推三轮车，医生将他扶上救护车。也许老人手上没钱，怎么也不肯上车。我爱人立马拿出500元给老人，原先停车观望的夫妻俩也拿出500元给老人。警察和医生们都说："老人家，你遇到好人了。"这时候外孙女和外孙也对警察和医生说："谢谢警察叔叔，谢谢医生阿姨！"在回家的路上，我们又趁热打铁，告诉他们看到生病的人、有困难的人，要停下来给予力所能及的帮助，做一个善良的人。实际上，这也就是以言导善。而以爱养善，就是要告诉、教育孩子爱朋友，因为要想别人爱你，那你就要爱别人。如果他们看到父母及其长辈爱他们的同伴，孩子也会学着爱自己的朋友。外孙女不到六岁就读一年级，是班上年龄最小的，可她却在竞选班长的讲台上，用自己如春光般温暖的发言打动了老师和同学，全票当选为班长。从此，我和爱人就经常告诉她，班长不是官，班长是老师的小帮手，是同学们的贴心人。谁有困难，班长要关心；谁取得了成绩，班长要随喜赞叹。有一天放学回家后，她告诉我爱人，班上一位同学的跳绳不见了，别人有她没有，哭个不停。"你是怎么做的?"外孙女说,她先是牵着同学的手安慰她,替她擦眼泪,然后将自己的跳绳给她跳。慢慢地,同学的情绪"雨过天晴"了。尝到甜头的外孙女,每每遇到类似的情况,均伸出援助之手,从中学会了理解、分享、团结、帮助,培养了一颗善良之心。

不怕吃苦,磨砺拼搏

屠格涅夫曾说:"你想成为幸福的人吗?那么首先要学会吃苦。能吃苦的人,一切的不幸都可以忍受,天下没有跳不出的困境。"人的一生总会遇到这样那样的艰难困苦和曲折坎坷,但如果孩子一直在父母的庇护下成长,不经风浪,不谙世事,长大后根本不可能独自面对外面世界的风风雨雨。社会竞争,是知识和智能的较量,更是意志和毅力的较量,没有忍受磨难的精神和能力,是无法在激烈的竞争中获胜的。在隔代教育中,祖辈有意识地让孩子受点磨难,能磨砺他们的意志,升华他们的人生境界,增强他们的生存本领。

那么,我们是如何对外孙们进行适度的吃苦教育的呢?这得益于平衡车。我的两个外孙均从两岁开始学骑平衡车。这种车,没有脚踏板,没有链条,全靠两条腿奋力往前滑。刚开始,我外孙女在俱乐部练到号啕大哭,如果骑得慢,教练会拿着短棍在屁股后边抽打。刚开始,我和爱人不忍心让她训练,觉得超出了两岁孩子的承受力,是我的女儿坚决要求坚持。她对我们说,做任何事,贵在坚持、难在坚持、成在坚持。真是应验了这句话。后来,外孙女北上北京,南下海南,参加过无数次车王赛,均取得了不俗的成绩。记得一次在南京的亚洲车王赛上,她左脚的鞋子跑掉了,但她没有停下飞奔的脚步,最后获得了四岁组的亚军。她的这种拼搏精神,感动了全场的观众。通过平衡车的磨炼,现在的她,无论做什么,都是得心应手。体能比赛，冠军一定是她；学校运动会，短跑、长跑冠军也是她；跳舞，她比别的孩子吃得苦；练钢琴，一坐就是40分钟；学打网球，她比别人坚持得久……这种吃苦的精神，我们觉得任何时候都必须拥有，尤其是在全面建设社会主义现代化国家的新时代，更不可少。少年强则国强，要想让下一代成为国之栋梁、民族之脊梁，吃苦教育正当其时！

勤勉好学，坚持不懈

子曰："吾十有五而志于学。""十室之邑，必有忠信如丘者焉，不如丘之好学也。"孔子的这番话突出强调了"好学"的重要性。试想连孔子这样的圣人，都在强调后天的勤勉，都在坚持不懈地学习，我们普通人难道不更应该加倍努力学习吗？

当今社会，竞争激烈。不好学，从小了讲，将一事无成；从大了讲，将无益于国家和社会。古人也说，留下家资万贯，不如教一身谋生的本事；置下良田千顷，不如养一生耕读的本领。我的外孙尚小，对于学习的重要性还没有较深的感悟，对于竞争的压力有多大还没有切身的体会，但从小教他们热爱学习是理所应当的。外孙女从两岁开始跟着凯叔读声律启蒙，听着她"云对雨，雪对风，晚照对晴空……"熟练地背出，我们极为欣喜，没想到小孩子的记忆力是如此的惊人。后来背唐诗三百首，一首诗读四遍就能背诵；一、二年级背课文，别的孩子读七八遍才能背，她读三遍就能背，这是早期开发的好处。外孙女现在读二年级，大考小测，门门均是优＋，科科都是优秀，这与培养她好学的习惯有关。有一天，我对外孙女说，世上有三样东西是别人抢不走的，一是吃进胃里的食物，二是藏在心中的梦想，三是读进大脑的书籍。从现在起，要做一个爱学习的人，首先要养成爱学习的各种习惯。这样对孩子说也许太玄虚，也许太深奥，但我们不能不说，说多了，随着年岁的增长，自然会有效果。

善良、吃苦、好学，是我和我爱人在进行隔代教育中提炼的三个关键词，也算是我家的家教文化。我们相信，有了这样的家教文化的熏染，下一代将会有健康平安的生活。因为一个人有怎样的家教文化，就将有怎样的人际关系，有怎样的人际关系，就会有怎样的人生命运。所以，人生的起跑线不在学前班，不在学校，也不在各类火爆的辅导班和一些名目繁多的早教机构，而在家庭里，在我们父母、祖父母的言传身教里。

（作者单位：湖南应用技术学院）

陪着孩子见世面

王　雅

初为父母，面对白纸般的孩子，总想着孩子不能输在起跑线，总希望孩子能成为邻居口中"别人家的孩子"，会制订各种英才计划，参加各种早教培训。然而，孩子人生的成长，不在于父母能给孩子攒下多厚的家底，灌输多少知识，不在于父母为孩子铺平道路，而在于父母用心陪伴，陪着孩子同行成长路，共读智慧书，齐悟人生理，一起见世面。

同行成长路

永远不要低估"行走"的力量。陪着孩子走出去，让精彩的世界涤荡心灵，让丰富的生活擦亮眼睛，让苦累的旅途磨炼意志。

人是自然之子，孩子的童年是一定要交给大自然的。带孩子领略大自然的四季变化，为孩子种下大自然的色彩，我想孩子的内心也一定是五彩斑斓的。春天里，我们一起去踏青，感受春的芬芳与活力；或寻几片桑叶喂胖乎乎的蚕宝，捞几只长尾巴蝌蚪给他们安新家……夏天，我们一起搭帐篷，仰望星空，听鸟叫蝉鸣；一起去溯溪流，感受山泉水的清冽……秋天，我们一起打桂花，感受"桂子月中落，天香云外飘"的诗情；一起到大泽湖观鸟，一起去感受末秋的那份萧瑟与宁静……冬天雪地里，我们一起投掷雪球，我们的欢声笑语和堆砌的各种奇形怪状的雪人，以及大大小小的脚印，那是我们和大自然的对话……与孩子一起感受自然、历史、人文的熏陶，凯里的苗寨、安顺的黄果树、杭州的西湖、庐山的三叠泉、大理的洱海、莽山的天台山、郴州的东江湖，带着孩子全程走下来，也是很累的，让孩子在远行中体会到行走的苦累和停下的惬意，在长途跋涉、各种冒险中磨砺了坚强的意志，锻造了品格，也慢慢学会了独立。

在"行走"中，同伴的力量是不容忽视的。我们会尽可能多地去创造与各种友伴同行的机会，参加幼儿园毕业亲子旅行、小学阶段每个学期的班级主题亲子游、节假日的周边亲子游，还有放手让孩子结伴参加夏令营，让孩子在与同伴相处中，学会与人相处，学会合作，懂得分享。

或许，在别人眼里，这些是不务正业，但父母和孩子在这个过程中有真实的陪伴、率性纯真的情感表达，一起感受生命的美好，有助于形成良好稳固的亲子关系，德育、美育、智育、体育等各种育人功效也在真实发生。

共读智慧书

读一本书，让心静下来；读一本书，让心去交朋友；读一本书，让心去四海遨游；读一本书，去激发内心读更多的书。阅读是一个很好的自我教育的过程，培养孩子的阅读习惯就像引进了专业的第三方教育机构，它会帮助孩子规划，会提醒孩子励志，会教会孩子如何历练，会为孩子打开从古至今知识的窗户，润物无声般让孩子体会成长过程中的各种奥秘和真善美，不扶自直地健康成长。

孩子学龄前，我们借助绘本馆、图书馆、书店、微信公众号等，通过租、借、买等各种形式，尽可能丰富孩子的阅读世界，这个阶段常常是全家总动员，为孩子读绘本、讲故事。这时，孩子偎依在大人身旁，除了静静地听，默默地看，还会去思、去想、去问，我想世界上没有比这更美好的画面。这个阶段，我们经常用指读的方式，没想到无意中为孩子记忆中播种下了很多汉字。我们也会偷懒，把读绘本、讲故事的过程录下来上传到网络平台循环播放，因里面有她自己和她最亲近的人，所以数听不厌。当孩子对某个故事非常熟悉时，我们会召集所有家人搬来小板凳，酝酿出无比期待的氛围，报以最热烈的掌声，为孩子创设出一个展示自己的舞台，也会把孩子的故事表达录下来分享到网站，将收到的点赞分享给孩子，给予她充分的肯定。孩子的阅读能力、表达能力、自信心、专注力便悄无声息地生长起来。

到了识字阶段，虽然孩子已慢慢开启自主阅读，但因受识字量、理解能力、专注力持久性等因素的影响，父母不可立刻做甩手掌柜。孩子一年级时，学校开始提供一些阅读书目，我们会早早地准备好，基本是自购书，这样我们在阅读的过程中可以标记，批注一些自己的思考。父母的陪伴和引导，可以让孩子更容易坐得住，也可以有意识地培养孩子阅读过程中的一些好习惯，还可以帮助孩子更好地领会书中的精华。刚开始时是陪孩子一起读，再后来，我们会各自读同一本书，读完后会做一些交流，尤其是初次写读后感时，家长参与进来很有必要，孩子的第一篇读后感就是在我与他交流后完成的。当孩子已能尝试写出她的读后感时，我终于有了不总是泡在童书里的释放感，正式开启了各自读书的美好时光。一周最多开启一次的电视机似乎也成了多余。当然，在她不同的成长阶段，我会有意地准备一些她正好需要的书，比如《妈妈说给青春期女儿的悄悄话》《脑科学》等。

齐悟人生理

合作是人生的大智慧，家是一个最需要讲情感、讲合作的地方。在教育子女的问题上，我和先生的教育理念与观点达成了高度的一致，即使偶有分歧，我们也会避开孩子做好沟通。在孩子面前我们是绝对的盟友，相互补台而不是拆台。对于家中一些必要且重要的事情，我们也会通过召开家庭会议的方式，开诚布公地和孩子沟通，让她了解家里的基本情况，让她参与到重要事情的决策中来，让孩子在这样的氛围中习得"爱"，懂得合作。

信任赋能自主自立。信任就是给孩子空间，还孩子自主。小学阶段，老师要求孩子每天的作业要请家长督促签字，孩子学业起步的阶段，我们会严格按照老师的要求完成检查签字，但进入二年级后，我们尝试着给孩子提要求：是否可以自己对自己负责？请孩子自己把好作业关，授权孩子，如果自认为作业已按要求完成就代替父母签上大名。孩子被给予充分信任时，她幼小心灵的责任心开始被激发，作业一如既往地保持着应有的态度。但孩子毕竟是孩子，没有父母监督时，也有懈怠的时候，从老师的反馈中我们也及时发现了孩子作业的松懈。我们郑重地约谈了一次，让她知道被人信任是一种宝贵的财富，如果不能珍惜这份信任，她将失去这份自主的权利。这件事情后，我们暂时收回了一个月的签字权，尝到了拥有自主权甜头的孩子体会到了失去权利、不被信任的滋味，还不到一个月，她已经在努力表现，积极争取这份权利了。

责任是人生重要的品格。我们会适时放手，主动示弱请孩子帮忙，陪着孩子一起主动给老师、给班级当助手，我们会一起策划班级活动，一起讨论班级黑板报，一起协助老师准备新学期开学，带着孩子慢慢形成责任心。一天下晚自习后，孩子发现没有同学留下来值日，她意识到这可能会在班级评比中扣分，给班级荣誉带来损失，于是主动留下来打扫教室卫生，擦黑板，倒垃圾等，并觉得她如果不做这些，她和那些没有完成值日工作的同学没有什么区别。

同理心是最好的思维。当孩子在学期班干部竞选中连续失败三次后，她很沮丧失落，原有的满满的自信也逐渐消失，但在我们面前却刻意表现出无所谓。在与孩子交谈中，我们首先会把自己竞选干部、参加比赛、参评失败的经历故事与孩子分享，慢慢引导她代入我们经历的故事中来，让她站在我们的角度去思考和解决难题。等孩子帮我们解决完了难题，然后我们再一起与孩子讨论她在班干部竞选中屡战屡败的感受、经过、原因以及解决办法。在我第二天送她上学的路上，孩子很认真地对我说："妈妈，尽管竞选班干部屡战屡败，但是我要像曾国藩那样屡败屡战，今天我去竞选小组长。"听到这句话，我们倍感欣慰，因为孩子已经学会用同理心解决别人的问题，也学会用别人的案例来解决自己的问题。

一个人走过的路、读过的书、遇到过的挫折，最终构成了她见过的世面。父母与孩子共同历经的路、共读的书、亲历的挫折，成了孩子性格、思维、格局乃至人生的一部分，也最终形成了无言无形的家教家风。

（作者单位：湖南师大附中博才实验中学）

凝聚家国情　画出同心圆

王春娥

　　我的家庭很普通、很平凡，但是我却很自信、很自豪，因为我们的家庭很温馨、很和睦。一家人相处，其乐融融，其情浓浓。十里八乡的乡亲提到我们家没有不赞许钦羡的，一拨一拨去过我家的朋友外客没有不褒扬传颂的。2008 年衡阳市妇联主任曾巧敏去乡下考察我弟媳妇"市好媳妇"王爱莲，一进门就被我家和悦氛围感染，"真好！典范！"她赞叹不已，还说等到春暖花开的时候，要把全市妇女工作会议搬到我家来开，现场办公，现场学习，现场受教育。我们一家人凝聚家国情，画出了最大同心圆。

以无私奉献为荣

　　我们的家庭很有凝聚力、向心力，祖传的那张圆桌把分散在各个不同地方的小家庭成员的心紧紧地聚在一起。我和丈夫王仕朝结婚 40 年，39 个春节都是在洪市镇乡下老家和父母兄弟妯娌过的。有一年我刚搬新家，按习俗要在新家西渡吃年夜饭，但下午还是回老家了。以公婆为中心，以常住农村老家的三弟三弟媳妇为纽带，逢年过节，回家团聚，为父亲倒一杯老酒，听妈妈讲过去的故事，跟兄弟分享成功的喜悦，看孩子们欢天喜地，共享天伦之乐。圆桌上的食物可能因时而变，桌边坐的人可能来了又走，家人团聚的原因可能各种各样，但背后那种温馨、和美的感觉，年年岁岁，岁岁年年，始终如一。一家人和和美美，那就是我们心满意足的幸福。

我们特别感谢三弟媳妇王爱莲，几十年如一日为大家庭付出，任劳任怨，默默无闻。有人问我，她肯定沾了你们的光，我可以毫不犹豫地回答："没有，真的没有！"她只讲付出，不图回报，为的是一家人和和睦睦，团团圆圆。榜样的力量是无穷的，由于她的影响，家庭所有人都心甘情愿为大家庭的幸福奉献，没有谁计较得失。

春节期间，我们踏上归家的旅途，回到圆桌边，与家人团圆。弟媳妇忙里忙外，就像一个快速旋转的陀螺。每天起得最早的那个人是她，睡得最晚的那个人也是她，一日三餐最后一个上圆桌吃饭的人还是她。看着一大家子几十个人围着一张大圆桌，敬酒劝菜，推杯换盏，谈笑风生，津津有味地吃着她做的饭菜时，她心里很幸福，我们也很感动。三弟媳妇被评为"市好媳妇"，颁奖词是这样写的："道德中最大的源泉是爱。她的名字便是她的人生。责任，付出，包容，她以柔韧的心维系了一个大家庭的至爱亲情，她是和睦春风，也是阳光雨露，她心中的爱的种子已经在美丽的乡村发芽、生长！"

我们大家庭五代没分过家。2003 年，公公 70 岁生日决定要拆掉原来的土砖房，盖新房。兄弟积极响应，齐心协力，有力出力，有钱出钱，钱多多出，钱少少出。盖房期间在衡阳市工作的大哥起了领头雁的作用，双休日都是穿梭在回老家的路上，买材料、家具，管施工，忙得不亦乐乎。三弟媳妇白天给几十个工匠做饭，晚上还要睡工棚守材料，不怕苦不怕累。盖起一栋还算漂亮的三层楼房后，兄弟每家分一套。没摊派，没算账。都说亲兄弟明算账，我们真的没算账，我们记的念的是兄弟情，大家都以奉献为荣。祖传的那张圆桌就是我们家情感的象征，过去是，现在是，将来也是。

以孝顺友善为荣

要想家庭和睦，就得孝顺、宽容和付出。一家人相处，要管控自己的情绪，心平气和，换位思考，顾及家人的感受。小问题加大情绪等于大问题，大问题加小情绪等于小问题，有话好好说，有话笑着说，有话慢慢说。胸怀豁达，幽默风趣不计较，就无烦恼，无忧愁。我排行老二，他们都说二嫂子是"开心果""娃哈哈"，还戏说有了"娃哈哈"，全家乐哈哈。其实，和睦家人就这么简单，大家这么幸福快乐，我心里美美的。

百善孝为先，孝顺孝顺，只有顺了才算孝。像我婆婆有点唠叨，小辈们有点顶嘴，我就教育他们说，老人家平时身体不大好，一般都待在家里，跟外界没什么接触，唠叨点舒缓自己的情绪，做后人的要多体谅，多倾听，多陪伴，他们的今天就是我们的明天。对待公婆，我们总是耐心、细心、用心、关心。一年四季，我都要帮公婆添置新衣服，让两位老人穿得得体，穿得舒服，穿得开心。

老吾老以及人之老。我也常去探望妯娌的父母，给他们买衣服，送礼物。谁也想不到，三弟媳王爱莲的妈妈临终嘱托竟然是什么都不要，就是要带走我曾经送给她老人家的那一件波司登棉衣。没想到一件普通的衣服会感动一位老人的今世来生！幼吾幼以及人之幼，侄儿侄女、外甥外甥女，我都把他们视为己出，关心他们的生活、学习，引导他们健康成长。

公公曾担任村支部书记，为老百姓排忧解难，办实事，办好事。记得20世纪80年代，农村没有电灯、电话的时候，总有夜里打手电筒来我家找公公解决难事、大事、急事的，夫妻矛盾，邻里争执，家人病重，村里建设，在公公看来件件都是立刻要办的事，他总是一起身就和来访者一起急急地消失在村子的夜幕中。公公德高望重，深受村民爱戴、领导赞扬。他所管辖的村部，民风淳朴，安宁祥和。公婆用他们的言行鞭策了我们，教育了我们。我们仿佛看到了一种使命精神、担当精神、奉献精神……所以，无论是登门求助的村民，还是来自远方的宗亲，我们都是满面春风，热情接待；倾其所有，尽其所能；帮人所需，济人所困。大家都夸我公公有福气，上辈子积了德。公公总是高兴得合不拢嘴。

公婆80多岁患病期间，我们轮流值班，日夜守候，喂饭、梳头、洗澡，背他们晒太阳。婆婆弥留之际，我们依偎在她的身旁，她用慈祥的目光看着我们，用温柔的双手抚摸着我们，嘴里总是念叨着我们每个人的名字，千叮咛万嘱咐：孩子们，要团结互助，要和睦亲邻……说完就安详地走了。我们呼天抢地，我辈寸草心，难报三春晖！婆婆是贤德的楷模、无言的标杆，我们决心遵守她老人家的遗愿，牢记家训，做最好的自己！

良好的婆媳关系在我身上传承。自从娶了儿媳妇，我肩上的担子减轻了，幸福指数飙升了。我跟儿媳妇成了闺蜜，亲密无间，无话不说。她总是把我们装在心里，嘘寒问暖，经常是牛奶、蛋糕递到我们手里，坚果剥好送到我们嘴里，分担家务不辞劳苦。别人的"三金"是老公买的，我的"三金"是媳妇买的。好媳妇，好孝心！不是亲生，胜似亲生！

以互帮互助为荣

俗话说得好："易得田地，难得兄弟。"兄弟手足情，互帮互助，人人献爱心。记得1982年，四弟、五弟还在读高中，当时家庭经济并不宽裕，又缺劳动力，两兄弟面临辍学。我看在眼里，急在心里。同老公（当时的男朋友）商量，我们免办婚礼，省下这笔费用支持他们上学。三弟、三弟媳妇也把省吃俭用打工赚来的钱用来支持他们。为了让他们两兄弟安心学习，我们努力做好后勤保障工作，让他们吃好、穿暖，我和三弟媳曾在无数个寒冷夜晚，通宵达旦为他们赶织毛衣。两兄弟深受感动，学习更加发奋努力，先后考取了大学。现在四弟是中学高级教师，五弟当上了大学教授。

患难见真情。永远也忘不了，2005 年，我不幸患上了严重疾病，生命垂危，住进了医院。当时我老公工作繁忙，无法抽身。年迈的公婆毅然挑起了干农活、做家务、带孙子的全部重担，派三弟媳妇在医院照顾我几个月，为我煎药熬汤，聊天解闷，照顾周到，呵护备至。兄弟姊妹也从四面八方送温暖，送慰问，给鼓励。我感慨，生命不是属于自己一个人的，它属于爱我的人和我爱的人。亲情的力量无穷大，把我从死亡线上拉了回来，给了我第二次生命，我感激涕零。我爱我的公公婆婆，我爱我的兄弟姊妹，我爱这个家。要是有来生，我还做王家的媳妇。

我也经常教育我的孩子们要学会感恩，感恩我们的党、我们的祖国、我们的老师、我们的父母，感恩生命中需要感谢的每一个人，懂得感恩，生活会赋予我们更多灿烂的阳光。

以热心公益为荣

公公在世时，总是教育我们要热心公益，回报社会。"家是最小国，国是千万家"，千千万万的好家风，才能支撑起全社会的好风气。对小家有责任，对大家更要有一份担当，真心实意地付出，去建设大家庭。捐资建校、修路、扶贫帮困，这些惠及老百姓的事，在公公的倡导下，我们兄弟慷慨解囊，捐资达 20 多万元，虽不算多，但对我们靠拿工资养家糊口的人来说也算尽力了。1995年，在财政最困难、教育经费紧缺的时候，时任村支部书记的公公踏遍千山万水，历尽千辛万苦，风雨兼程去筹资，建起了 1500 多平方米的村小——印山小学。看到新建的校舍、平坦的水泥路、贫困户脸上舒展的笑颜，我们感到无比的欣慰。

2020 年初，我在南华大学工作的女儿女婿回湖北襄阳陪父母过年，一场始料未及的新型冠状病毒感染肆虐湖北武汉，也迅速波及襄阳。疫情就是命令，防控就是责任，女儿女婿义无反顾，报名志愿服务，戴起了红袖章，不忘初心，不忘家训，牢记使命，危难之中显身手，被评为社区抗疫优秀志愿者。

良好的家风就像一把金钥匙，开启了我们的幸福生活。长辈们的言传身教，深深烙印心底。在这个温暖的大家庭里，一辈辈人健康地成长，快乐地生活。风风雨雨几十年，赢得了亲戚朋友、邻里乡亲和社会的好评，曾获得"全国五好文明家庭"的光荣称号。三弟媳妇王爱莲曾获衡阳县级、市级"好媳妇""好妻子""五好女性"的光荣称号，获衡阳市首届道德模范、市田王氏"好媳妇、好孝心"等殊荣，还被推荐当选第十七届县人大代表。我是中学高级教师，教书育人，深受学生欢迎、家长拥戴，多次被评为先进教育工作者、优秀班主任、优秀共产党员，先后两届当选为县妇大代表。儿辈们个个都读了大学，有四个是重点大学的研究生，还有一个是中山大学的博士研究生。

生活中的点点滴滴，凝聚了大家庭的家国情怀，画出了最大同心圆。家风连国风，国风兴家风。只有家风正、民风淳，社会才能更和谐，世界才能更美好！

（作者单位：衡阳市衡阳县西渡镇学区）

我的隔代教育经历与体会

王义生

据桃源县教育局调查，全县农村义务教育有20%左右的学生是留守儿童，由爷爷奶奶、外公外婆监管照顾，有近50%的学生父母上班、劳作，由祖辈协助看护。这其中有很多祖辈把孩子带得很好。但也有部分祖辈因缺乏正确的认识和科学的管教方法，不仅孩子没带好，使孩子养成了不好的性格和行为习惯，还常常因教育孩子的问题弄得父子之间、婆媳之间矛盾重重。因此，隔代家庭教育问题已经不是一个简单的家庭问题，而已成为一个关乎社会、关乎未来的大问题。因此，如何搞好隔代家庭教育是当前面临的一个重大课题。

我的隔代教育经历

我临近退休的那几年，有很多人问我退休后打算干什么，我说我要去做"研究生（孙）"。

我老伴是小学教师，我是高中教师，开始自认为我们老两口从教几十年，具有丰富的教育教学经验，教育培养了成千的优秀学生，退休后专心专意教育培养孙子，应该能把孙子培养得更好、更优秀。为了退休后带好孙子，我们老两口认真做了很多功课。例如：在管教孩子的问题上一定要以父母为主，祖辈为辅，对孙子做到既宽又严，既管又放，真正做到使孩子身体与心理、智商与情商、知识与能力等各方面都能健康成长与发展。为此，我还特意买了很多有关幼儿教育和家庭教育的书籍认真研读。

说起来容易做起来难，几年实践，真没想到，带孙子比教学生难多了，比教子女更难。我困惑过，彷徨过，埋怨过，苦闷过，甚至想过一走了之，但割不断的亲情迫使我只能不断改变自己，不断地探索与反思。最终我明白了，带孙子为什么比教学生和子女更难。难就难在过不了情感关，人老了，心慈了，对孙子太爱了，爱得有求必应，爱得放弃原则，爱得不知所措。

2007 年 3 月，我们老两口来到武汉女儿家，协助女儿带外孙女。当时小外孙女就读小学二年级，她从小聪明伶俐，活泼可爱，能说会道，能歌善舞，特爱读书，能弹一手好钢琴，六岁时获得湖北省小主持人大赛金奖，鞠萍和撒贝宁亲自给她颁奖。但小外孙女学业成绩一般，每天放学回家，除完成老师布置的那点家庭作业外就不想再搞学习，就是着迷演戏，装扮成这个丫环、那个小姐，躲在房间里咿咿呀呀，鬼做鬼跳，走路、吃饭、洗澡时嘴里都哼着小曲小调，记得小小的她看京剧《锁麟囊》时，时而拍手大笑，时而哭成泪人，完全把自己融入了剧情之中。我想辅导她做点小学语数课外作业，她根本不听。我很反感，但我女儿女婿不仅不制止，还挺支持，帮她买了很多有关戏曲的书籍和光盘，还买了很多服装道具，带她到剧院看各种戏曲、话剧、舞剧、样板戏，表扬她不错。我对女儿说，小孩子首先要读好书，不要把这么个好苗子给毁了。但我女儿说，孩子从小就要让她做她自己喜欢的事，不要抹杀她的天性，不要按大人的想法来给她设计人生，要让她自由快乐地成长。她的志向是要当剧作家，不管将来她的理想目标能不能实现，我们不要打击她，要支持她。不管怎么说，我的思想观念一直未改变，只是后来不再说而已。

小外孙女从八岁开始就基本上是自己管理自己。随着年龄的增长，她对戏曲的爱好仍然如故，独立生活能力、自控能力、学习能力越来越强，学业成绩也越来越好，中考以优异成绩考上了湖北四大名校之一的武汉二中。进入高中后，她的志向仍是要当影视戏剧编导，但文理分科时，她选学理科。她说，从事影视戏剧编导的一般都是文科出身，对理科知识不是很懂，写出来的作品往往有缺陷。2017年她以超过一本线100多分的优异成绩考上了中央戏剧学院她所喜欢的戏剧影视文学专业。

2008年3月，我们老两口来到深圳儿子家协助儿媳带孙子。虽然在有些具体的问题上也和儿子、儿媳有过分歧，好在我们大家都能本着相互尊重、相互理解的态度，本着如何把孩子培养得更好的目标共同探讨。

一次，两岁的小孙子把垃圾桶从阳台上扔了下去，他爸发现后及时狠狠地揍了他一顿，并教育他从楼上扔东西下去是非常危险的行为，砸到下面的人就会出人命。小孙子边哭边认错，看到小孙子哭得伤心，我也很心痛，很自责，没有好好盯着孩子。但我控制了情绪，没有袒护孩子。还有一件事使我记忆犹新，一天我去开DVD机，发现机子坏了，打开一看，里面放了三块碟片，结果把机子弄坏了。我换了一台新的，可没过多久，又坏了，打开一看，里面全是饼干。孙子还说如果放三块碟片就可看三集动画片，放饼干我看电视机上会不会显饼干。我又生气又好笑，但仔细一想，这是孩子好奇心和爱动脑筋的表现，千万不要批评。我鼓励了他，又耐心地告诉他这个想法错在哪里，还简单地给他讲解了DVD机的工作原理。

孙子上幼儿园和小学一年级时，每天早晚都由我接送，每天给他准备好衣服，清理好书包，检查作业，给他买点面包、蛋糕之类的零食吃，有求必应。大概是我儿子、儿媳看到我对孙子照顾得太细致了，甚至有些做法对孩子教育培养不利的缘故，一个星期六晚上，我儿子开了个家庭会，两个孩子也参加了，经过畅所欲言，认真分析讨论后，最终定出了 10 条规矩，如两兄妹都要自己洗澡洗头，自己洗内裤，洗鞋袜；哥哥自己准备第二天上学要穿的衣、清理书包；不准乱用零花钱；哥哥每天都要自己整理床铺，每周扫一次地、洗一次碗，买一次菜；有什么好吃的一定要先给爷爷奶奶吃，要有孝心；等等。并每天做好记载，每周一小结，奖惩条例另行制定。

开始几个星期，我们或指导兄妹俩做，或在一旁暗暗观察，每天晚上等大家都睡觉后，我就偷偷地爬起来检查作业和清理书包，结果我发现，爸妈这么规定后他反而错误少多了，书包也清理得规规矩矩，不到一个月，妹妹也完全能自己洗好澡、洗好头了。两个小孩学习、锻炼、做家务都很自觉，能力也逐步得到提高，从不超过规定的时间，很有自控能力。

我的隔代教育体会

我对隔代教育有九点体会：

（1）要充分发挥我们老年人的优势，对后代进行爱国主义教育。我们常讲，做人要有气节、要有人格。气节也好，人格也好，爱国是第一位的。

如何培养孩子的"家国情怀"？我觉得要从一点一滴做起，首先要孩子学会爱父母、爱家人、爱邻居、爱老师、爱朋友，爱身边的花草树木、环境。随着孩子年龄的增长，认知能力的不断提高，在家庭教育中再逐渐渗透爱国主义教育，逐渐培养其形成坚定的爱国主义信念。

热爱祖国并不是抽象的纯理性的东西，应当体现在具体的实际内容上，如多给孩子讲些模范人物、战斗英雄的故事，家乡人民战天斗地及自己一生如何艰苦奋斗的故事等，引导孩子多看一些有爱国主义教育意义的动画片和书籍，教育孩子积极参加学校升国旗仪式和各种活动，让他心中萌发爱国主义之芽。总之，日常生活中的万千小事都是培养孩子爱国主义情感的生动课堂。

（2）老人要积极配合子女加强对孩子的行为习惯和道德品质的培养。习惯决定人的命运。英国著名心理学家李得尔曾说："播下你的良好行为，你就能拥有良好的习惯；播下你的良好习惯，你就能拥有良好的性格；播下你的良好性格，你就能收获良好的命运。"这条名言告诉我们：一个孩子自幼养成的习惯，将直接影响到他一生的命运。所以，要时刻督促孩子养成良好的习惯，时刻督促孩子戒除各种不良习惯。

（3）老人一定不要自以为是，按自己的想法来管教孩子，按自己的设想去规划孩子的人生。尤其是不要倚老卖老、盛气凌人，弄得家庭气氛紧张，这样对孩子的培养是非常不利的。我在带孙子的几年实践中经常反思自己，最终我从心底里佩服我的儿子儿媳、女儿女婿，他们教育子女的思想、方法比我的要先进得多。

（4）老人要充分相信孩子的能力。要尽早让孩子自立，放心地让他们独立生活，自主学习，还要有意让他们吃点苦，受点累。想想我们这代人，不仅没人照顾，还要放牛、打猪草、做农活、照顾弟妹，这样培养出来的孩子，反而生存能力、抗挫折能力、适应社会能力强。反观现在有部分家长，孩子上初中、高中了，还天天接送，租房陪读，孩子骄娇二气严重，感情淡漠，意志脆弱，动不动就寻死觅活，这不得不引起我们的深刻反思。

（5）在教育孩子的方式方法问题上，老人与儿女要高度统一。爷爷奶奶千万不要祖护孩子，如有保护伞，孩子不仅不认识错误，反而更加胆大妄为，养成了一些不好的行为习惯，长大后就不好教了。

（6）小朋友之间发生矛盾，不到万不得已，大人不要掺和，更不能护短。要多教育自己的孩子如何与人相处，如何处理解决矛盾，同时要充分相信小孩子自己能妥善解决。

（7）不依规矩不成方圆，规矩不仅要求小孩遵守，老人也要以身作则，带头遵守，带头执行。否则，规矩将成为一纸空文，孩子的良好品德将无法形成。

（8）老人不要有攀比心理，不要总是认为自己的孙子不如别人，这样自己的孙子会受到打击，从而丧失自信心。对孙子的要求和期望值千万不要过高，首先是如何把孩子培养成身心健康的人，再考虑如何培养成才，将来做一个能立足于社会、对社会有益的人。

（9）作为祖辈来到儿女家带孙子，首先要明确责任，在抚养教育孩子的问题上，父母是第一责任人，老人只起协助作用，不要喧宾夺主，越俎代庖。我认为，年轻人不要把照顾孩子的责任完全交给老人，然后不闻不问；上了年纪的老人，也不要不自量力，包下管教孙子的任务。现在老人普遍存在着一种补偿心理，带自己的孩子时，由于受客观条件的限制，没有把孩子教育培养好，现在退休了，条件也好了，要把孙子培养好。出发点是好的，但凡事要量力而行，最重要的是好好保重身体，不给儿女添麻烦，这就是对儿女的最大支持。

（作者单位：常德市桃源县一中）

广开阅读窗　漫走旅行道　静享百花香

罗　宁

如何提高孩子对人文、社会的认知能力？如何提升孩子发觉美与感受美的体悟能力？如何让孩子对生活、哲学有自己独特的理解？

跟很多父母一样，我一直在思考如何提升孩子人文素养的问题。然而，近代以来创立的学科教育，更多的是使孩子认识人的尊严，追求人性自由和全面知识的积累。而人文素养短期内是很难培养出来的，需要长期的培养。在书籍的海洋中遨游，在名山大川中徜徉，知行合一，日积月累，蓦然回首，你会惊喜地发现：孩子对生活、对美的认知程度慢慢在提高，行为逐渐优雅，说话的思想性也自然彰显。

读万卷书领略文化

许多时候，自己可能以为许多看过的书籍都成过眼云烟，不复记忆，其实它们仍潜存在气质里、在谈吐上、在无涯的胸襟里，当然也可能显露在生活和文字中。

想培养孩子的人文素养，可能找不到比大量阅读更省力、更高效的方法。

记得孩子上幼儿园时，我们教孩子《暮江吟》："一道残阳铺水中，半江瑟瑟半江红。可怜九月初三夜，露似真珠月似弓。"我们反复给孩子读，同时，也带着孩子去实地欣赏残阳，看看半月和露珠，让孩子慢慢体会这种意境，孩子也就有了一种欣赏美的能力。

孩子再大点，我们会带她去长沙市音乐厅听音乐会，尤其是古典音乐。去之前，我们查好资料，看看音乐会是什么内容，然后讲给孩子听。这样，孩子在现场也能有更深的理解。古典音乐会有很多国际知名的指挥家和乐团来演出，这会让孩子从小在脑子里初步建立一个国际观，懂得去感受和包容不同的文化，并在无形中开阔视野，这些都对孩子之后形成初步的价值观和自身格局有很大的影响。后来，孩子喜欢上了古筝，并且坚持学习了六年，也或多或少是受到音乐会的感染。

同时，我们鼓励孩子多读书，读好书。家里买书的钱，从来不设上限。孩子卧室就是书房。在孩子很小的时候，就给他们读绘本。等孩子稍微长大一些，就在家里摆满书架。即使是出门散步，她也会带上一本植物图鉴，当孩子询问一些花草的名字时，我们便和孩子一起查阅。在这个过程中，孩子会感受到收获知识的快乐，感受到阅读的重要性。

每一本书，都是一个看世界的窗口，孩子们通过书籍，可以跟古代先哲对话，可以跟现代名人探讨，可以给心中的疑惑找到答案，可以从前辈贤者的故事中学到经验。《少年读史记》《写给儿童的中国历史》《曹文轩小说全集》《长青藤国际大奖小说书系》《老人与海》《简·爱》《哈姆雷特》《骆驼祥子》……慢慢地，孩子的阅读面越来越广，知识积累也越来越多。

行万里路舒展视野

毕淑敏曾说："你必得一个人和日月星辰对话，和江河湖海晤谈，和每一棵树握手，和每一株草耳鬓厮磨，你才会顿悟宇宙之大、生命之微、时间之贵、死亡之近。"旅行，其实是一堂无法代替的成长课。

幼儿园时，我们带她去杭州西湖。西湖之美，美在湖山与人文的相融，西湖有白居易、苏轼、杨万里、欧阳修、厉声教、辛弃疾、林逋、柳永等诗人留下的诗词。西湖自古以来便流传着《白蛇传》《梁山伯与祝英台》《苏小小》等民间传说和神话故事。《白蛇传》中的"断桥相会""白娘子被压雷峰塔"等情节与西湖十景有着联系。几天游玩下来，孩子不仅领略了优美的自然风光，而且也将所见与平日所读关联起来，相得益彰。

十岁时，我们带她去香港迪士尼乐园。灰熊谷、迷雾庄园、探索世界、幻想世界、明日世界、美国小镇街、反战奇迹基地……在各种游戏场景玩耍之余，孩子也感受到了香港独特的文化魅力。"站在繁华的十字路口，一拨又一拨的人海，像潮水般涌动，似乎眼前的每一幕都在重现香港电影的精彩瞬间。""还有泛旧的筒子楼、随处可见的繁体字。"在后来的游记中，孩子如是写道。透过这些，我们可料想，香港百年的变迁，传统与现代的交织，在她的认知中已经扎下了根。

大自然生机勃勃，鸟语花香，山川河流，蓝天白云……无不引起人们美好的情感体验，激发人们对自然的热爱和对美好事物的向往。亲眼见过黄河奔涌的孩子，再去读"君不见黄河之水天上来，奔流到海不复回"，多了一份壮阔。亲耳听过现场弹奏《琵琶语》的孩子，再去念"大弦嘈嘈如急雨，小弦切切如私语，嘈嘈切切错杂弹，大珠小珠落玉盘"，就会多一份认同。

十余载过去，我们发现，孩子的足迹已经遍及北京、杭州、昆明、青岛、广州等 20 多个城市。在这个过程中，我们也发现，经历过更多人更多事的孩子，自然也有了自己的思考，她在表达的时候，不再局限于别人的经验，而可以说出更多属于自己的真情实感。

腹有诗书气自华

人生的道路，有时需要耐心的等待，因为梦想的种子也是需要时间才发芽的。

由于孩子平时的学习与积累，优秀素质也慢慢显露出来。一次和邻居一家到长沙西湖公园游玩，那个沙滩真的很美，但是由于游玩的人特别多，饮料瓶等各种垃圾占据了沙滩。在我们收拾东西准备回去的时候，孩子说："我们把这里的垃圾都收集起来吧。"于是，我们几个成年人也跟在孩子后面捡垃圾，不但把我们的垃圾收掉，也把别人家的垃圾往我们这儿收。

由于孩子平时酷爱阅读，对文字的驾驭能力也越来越好。八岁时，她作文中的一句话让我记忆犹新："树林很静，仿佛阳光穿透树叶的声音都可以听见。"我当时好奇问她为什么会写这么一句。她说是平时看书，别人写过一句类似的话，所以模仿了。这种素养在后来的作文中也得到更多的体现。小学几年，她在作文大赛中斩获了多项奖项。

今年国庆期间，我们再游橘子洲。回来后，她写道："今日独立于寒秋，看湘江北去，心潮澎湃，感慨万千。1925 年的那个秋天，青年毛泽东离开故乡韶山，去广州主持农民运动讲习所的途中，途经长沙，重游橘子洲，面对湘江上美丽动人的自然秋景，联想起当时的革命形势，写下了这首著名的《沁园春·长沙》。我端起相机，镜头里，远处的岳麓山在阳光的映照下，被染上了一层金黄，鸟儿掠过长空，鱼儿翔于浅底。刹那间，百年前的画面与今日之景交叠在一起。"我想，这就是过去与现在的对话，美好与思想的碰撞。

如文章开头所述，人文素养短期内是很难培养出来的，需要长期培养。孩子，我们想说的是：我们会继续和你一起读文学名著，和你一起看风景与画作，和你一起听音乐，让你无限地靠近人类文明中那些有着"无用之用"的精华。这便是，我们所能给你的最好的成长礼物。

而我们也坚信，春若暖，花自开。

（作者单位：湖南师大附中博才实验中学）

一起向未来

王佼佼

我的家庭是一个平凡普通的双职工教师家庭，我是一名中学英语老师，孩子爸爸是一名中学数学老师，孩子是一名初中生。2020年，我们举家迁往星城长沙，开始了我们新的工作生活。经过14年的风风雨雨，我们家庭的小船逐渐平稳，航行在风平浪静的海面上，现在就从育儿路上的点滴体会中来复盘我们的相处方式吧！

让孩子在仪式感里得到滋养

传统节日：深情回望，感受生命的传承

新年是我们对生活的总结、期盼、规划和开辟未来的当口和端点，我们会分头制订新年计划，再分享彼此的目标，鼓励对方坚持完成。2020年寒假我们在长沙图书馆写信寄给明年的自己，给过去画上一个句号，在新年里许下一个个小小的心愿。

春节我们家聚在一起做一桌很有年味的饭菜，每个人都献上一道拿手好菜。四代人围在一起，翻一翻过去的老照片，一同回忆过去有趣的事情。在新型冠状病毒感染疫情发生之前，我们奔赴祖国的大江南北去体验浓浓的年味儿，如2015年春节我们在成都逛庙会，2018年春节我们在雪乡滑雪、品尝铁锅炖，2019年春节我们在璀璨

绚丽的广州塔灯光秀和五彩斑斓的越秀花灯节许下美好的新年愿望。

一到重阳节,我们就会早早地安排周边适合老年人游玩的景点,预定口感清淡软嫩的菜品。我们还会准备一些老人和孩子互动的照片,让孩子把想对老人说的话写在上面。在慢下来的时光里,一家人享受天伦之乐和静好岁月。

清明节来临之际,我们会走进革命历史纪念园缅怀先烈,致敬英雄,还会给孩子讲一些已故亲人的往事,探讨如何珍惜、善待生命和亲情;同时,我们还会带孩子去郊游、踏青、放风筝,感受大自然生机勃勃、周而复始的力量,和孩子一起放松身心。

在重要的纪念日我们也是仪式感满满。如 2017 年元旦我们在北京天安门广场观看升旗仪式,2022 年国庆节孩子作为正式志愿者在滨江文化园参加升国旗仪式,孩子学会了珍惜安定的生活,勿忘过去,奋发图强。

成长片段:每一刻,都意义非凡

每逢有长辈生日,孩子会做手工礼物、写卡片,表达对家人的祝愿。每逢孩子的生日,我们都会邀请亲朋好友来参加聚会,感谢他们在过去一年对孩子的陪伴与指引。我们提前整理好过去一年最重要的照片和视频,做成美篇或视频和家人一起观看。

2021 年 7 月,孩子迎来了小学毕业典礼,奶奶和外婆都赶来分享孩子的喜悦,见证孩子的成长。孩子作为主持人在台前落落大方,自信满满;我作为优秀毕业生家长在台上欣喜自豪,怀抱感激;长辈们作为观众在台下难掩激动,嘴角忍不住上扬。孩子在感受到家庭温暖的同时,还意识到了肩上的责任。2022 年 1 月,孩子在滨江文化园年度志愿者表彰大会上,以一年之内 50 天以上的服务时长赢得了"勤劳能手"的荣誉称号。虽然孩子每次都要倒三趟地铁,单程花费一个半小时,前往园区进行志愿服务,然而在这个过程中,孩子逐渐学会如何照顾他人和自己,同时还培养了吃苦耐劳、助人为乐的良好品格。

让孩子在人际交往中感受到爱与尊重

配角，隐含孩子的价值观

2022 年 2 月，孩子在梅溪湖大剧院体验音乐剧《音乐之声》，当老师提出"谁愿意担任主角 Maria"时，其他小朋友都把手举得高高的，大声呼喊，她却无动于衷。顿时，我的脑子完全被失望和愤怒占据了，要知道前一晚我们明明一起观看全剧，熟悉台词，结果到了现场她竟然如此消极散漫！活动结束了，她的解释却让我瞬间哑口无言。她说："妈妈，您没发现吗？我是这个团队里年龄最大的，我怎么好意思去和小朋友争抢机会呢？"的确，她收获了愉快又满足的体验，即使是配角又如何呢？我们做父母的不能用自己的价值观和标准去衡量孩子这样做对不对，而要坦然地接受孩子的这个阶段性想法。

分离，是孩子成长的必修课

由于我们工作的变动，孩子不得不在新的城市开始她的六年级学习生活，周遭陌生的环境让孩子愈发想念老家的老师和同学。我们没给孩子机会好好地和大家道个别，在她心里留下了遗憾。为了弥补我的过失，我悄悄地拜托前班主任和小闺蜜的妈妈，和她们约好了晚上和孩子通电话，让孩子畅快淋漓地一吐为快。电话响了，我听到了孩子快乐的尖叫声，接着她便将门关上了，叽叽喳喳地说了很久很久。

终于等到寒假第一天，孩子爸爸驱车 50 公里把她心心念念的幽兰拿铁送到前班主任手中，我们远远地看着孩子一头扎进了老师的怀里；在孩子生日那天，孩子爸爸应她的请求，送她回老家和闺蜜去吃饭看电影。分别时，她们趴在彼此肩头红了眼眶，久久不愿松开。即使以后岁月更迭，回忆起当时，感动依然留在心间。

让孩子在陪伴中收获信任与力量

努力发掘孩子的兴趣，在游戏中探索世界

按照约定，在"家庭日"这天，我们会放下手中的电子产品，和孩子一起专心投入地做游戏。父女俩会对着 1000 片的拼图和大型拼装模型切磋交流，讨论突破技巧，笑得前仰后合。母女俩除了尝试利用铅笔屑、皱纹纸、蛋壳和树叶制作粘贴画之外，还用彩泥捏起了和谐号、动物农庄，最后跟着网上的视频自学水粉画，作品收集了满满两大册子。

不久，我们开始召集小区里同龄的孩子来家中制作手工，带着全场 50 个家庭利用一次性纸杯展开了创意制作。

自从我成为长沙图书馆和湖湘自然联合打造的"你好！大自然"的一名公益宣讲师之后，周末家庭亲子游的去处大多与观察自然有关。有时我们在省植物园、月湖公园、滨江文化园等地进行物候观察，完成亲子版自然观察笔记；有时我们挂上望远镜去洋湖湿地公园寻觅鸟儿的踪迹；有时我们打开手电筒去岳麓山夜游，让孩子第一次看到了树蛙、鳄金龟等黑夜精灵；有时我们就站在马路边观察喜鹊搭窝，在李自健美术馆外靠江边的草地上蹲守黄鼬……

为孩子做好榜样，努力用勇敢的精神去熏陶孩子

2016 年，我顺利通过了国家留学基金湖南省地方合作项目的申报，于 2017 年以访问学者的身份赴英国雷丁大学公派留学。2019 年，孩子爸爸顺利通过了长沙市教育局直属学校招聘考试。与此同时，任教高三的我走上了 2019 年株洲市第一届中小学青年教师竞赛决赛的舞台，取得了株洲地区第三名的优异成绩。2020 年，我们获得了株洲市"最美家庭"荣誉称号。为了结束异地生活，我报名参加了 2020 年长沙市雨花区名优骨干教师招聘考试，

光荣地成为雨花教育大家庭的一员。2022 年，我被评为雨花区优秀班主任。成长的路上不只我们在陪伴女儿，女儿也在陪伴我们，我们一起成长。

四年级时，孩子在学校的推荐下登上了株洲日报社"十强百佳千优"小记者评选赛的舞台。为了陪伴孩子一同体验这紧张刺激的时刻，我建议由全家一起上台表演英语剧《小红帽》来进行才艺展示。虽有过想放弃的冲动，可看到孩子那一脸的真诚，我们咬咬牙坚持了下来。于是我们抓紧一切时间认真准备，反复练习。表演结束后，全场掌声雷动，评委尤其肯定了我们家人对孩子的高质量陪伴。

七年级时的校运会上，当时有个名额空缺了，孩子为了班级荣誉也为了不让老师失望，硬着头皮接下 800 米跑的任务。孩子爸爸得知了此事，领着孩子在每天晚自习之后去操场练习了半个月。比赛那天，她谨记爸爸的叮嘱"保持自己的节奏"，第一圈稳稳地落在后面，可第二圈她轻轻松松赶超了很多人，终于，在临近终点时，孩子跻身全年级第一。比赛时我在孩子的班级微信群里反复地刷着孩子的比赛视频，刷到第三遍时，我忽然发现了跑道外有个红衣男子也在飞速奔跑，那个熟悉得不能再熟悉的身影——孩子爸爸，于是眼泪夺眶而出。

我的感受是，遇到困难时，我们不要手足无措，慌里慌张，如果我们能勇敢沉着地面对问题，孩子就会从心底感到踏实，同时也会向我们学习，慢慢变得勇敢、沉着起来。

让孩子在规则中养成习惯，在求知中陶冶性格

让书香浸润生命，让阅读成为享受

我们建立了"家庭读书角"，定期和孩子一起阅读。孩子年幼

时，我将她抱在怀中来回走动，反复吟诵《弟子规》和《笠翁对韵》，帮助她感受传统文化的魅力，树立规范意识。从有声阅读到无声阅读，从亲子阅读到自主阅读，我们交流着书中精彩的片段，讨论着喜爱的角色，憧憬着故事的另一种结局，让阅读的种子在孩子心里生根发芽。即便出门在外旅行，我们也会抽出至少半天去当地的图书馆，嗅一缕书香。

考虑到没有输出的读书是没有效率的输入，我们一直都很注重培养孩子的表达能力。孩子一至三岁时，我会细心地记录孩子的童言趣语；三至六岁时我们会合力完成"亲子日记"，她口述，我笔录，然后交给她配插图；六至七岁时，孩子独立完成拼音日记。八岁时，孩子光荣地成为株洲日报社的一名校园小记者，开始向报社投稿，其中《快乐童声，纯真童心》《神奇的滋味》《成长比成绩更重要，体验比名次更重要》《三尺讲台，三千桃李》等多篇文章刊登在《新城市报》上。感恩写作，帮助我们从孩子的视角重新探寻世界的美好，我在新浪博客上记录着孩子的生活和学习日常，多篇博文得到育儿博客管理员的推荐，登上新浪首页。

旅行，这世界比想象中更宽阔

孩子四岁时，我们就背上背包，开始了家庭自助游。这双小脚丫跟着我们到过内蒙古、黑龙江、青海等十多个省、自治区。出游前，我们会和孩子一起制作旅行攻略，旅行攻略的制作过程就是对目的地环境文化了解的过程。和孩子一起安排行程，不仅可以让孩子了解目的地的风土人情，还可以锻炼孩子的计划能力，提升孩子对旅行的兴趣。

从走出家门开始，孩子便失去了平时熟悉的生活环境，她既享受旅行带来的快乐、新奇和刺激，又必须应对各种突发状况，这样独特的体验，会让孩子渴望走得更远。旅行可以让孩子接触不同民族文化，感受不同的环境差异以及不同的生活习惯。多样化的生活方式，会增长孩子的知识与阅历，帮助她更好地感悟这个世界。

领悟传统文化精髓，传承志愿服务精神

六年级时，每逢周末和寒暑假，孩子马不停蹄地奔赴各类场馆去参加精彩纷呈的社会实践活动。比如打卡省博 15 次，她在"岁时记"课程中了解寻花、消寒、踏青、夏耘的趣味；打卡省文化馆 14 次，她在非遗传承人的指导下学习插花、面塑、核雕、和香、中国结和剪纸等非遗技艺；打卡简牍、湘绣博物馆……都收获颇丰。

我们感叹非遗传承人的精湛技艺，也感动于活动现场志愿者无微不至的服务，梦想着有一天我们也能成为那靓丽暖心的"一抹红"。经过一年的不懈努力，我成为长沙图书馆的一名志愿者、公益宣讲师，在寒暑假走进分馆和社区，给孩子们带去身边的自然故事，给少年朋友们宣讲儿童性教育课程，孩子热情地担任了我的助教。而孩子自己也通过了层层选拔，成为滨江文化园的一名正式志愿者，承担着文明劝导、园区巡视、导览咨询等工作。

全家携手，描绘春暖花开！传承好家风，一起向未来！

（作者单位：长沙市雨花区明德洞井中学）

我们的家庭教育"双五条"

戴次一　刘朗镜

这里的家庭教育是相对学校教育、社会教育来说的。家庭教育是基础，也是对学校教育的补充，二者相得益彰。

家庭教育的主要内容是什么呢？根据我们的摸索，主要在以下五个方面。

第一，尊敬长辈。要把敬重长辈的礼仪知识锲而不舍地传给我们的下一代，教孩子学会感恩，孝顺长辈。我们的二儿宏杰在六岁的时候已经学会认识和书写好多字，聪明又淘气，在北京工作的姑妈回家探亲，宏杰为小事与姑妈顶嘴，叫姑妈"滚!"后来我们严肃地教育了他，讲敬老尊贤的道理。他痛哭流涕承认了错误，并写了检讨，还主动要爸爸将检讨邮寄给姑妈。以后他和姑妈感情一直很好，在北京读书时得到姑妈很多关照。高中时，他经常与爸爸共读李密的《陈情表》，"臣无祖母无以至今日，祖母无臣无以终余年"等名句至今能背诵如流。1986年奶奶去世，19岁的他当着百多位乡亲跪在灵前诵读自己写的致悼词。一片孝心，令人动容。2009年百岁外婆辞世，他正在北京出席一个世界级的科学大会，坐在主席台上，含泪写出《追思外婆》的悼文。长期以来，在日常生活中，我们家的三个孩子对父母、姑姨等长辈及邻里老人的孝顺和帮助都已成为习惯。

第二，友爱同学。孩子在进学校前经常相处的同伴只是自家兄弟或邻里同伴，而一进入学校就要和众多同龄人一起生活和学习。他们出生和成长环境不一样，性格各异，难免发生摩擦。因此，家庭教育就要十分重视友爱同学和互相尊重、互相学习的教育。三儿宏力在读高二时，担任了班学习委员，经常帮助成绩较差的同学，也与同学一起交流学习经验。他在日记中写道："我不断体会到同学的真诚友谊的温暖，我感到高兴，也感到内疚，因为有时候对同学帮助还不够。"他为了帮助一个同学进步，与那位同学约好，每周抽两个晚自习时间共同学习。

第三，努力学习。学生的主要任务是学习。对家庭教育来说，要使孩子学到的文化知识得以消化和巩固，重点应配合学校逐步养成良好的学习习惯。孩子的妈妈有长期在小学、中学教学第一线工作的经验，注重他们从小学习习惯的养成，教育他们不论是上课还是写作业，都要坐得安稳，专心致志，当天的功课当天做完做好。孩子放学回到家里，起居、饮食、做作业、休息、玩耍、家务劳动等都有一定之规，照章办事，家长适时检查，并主动与学校老师沟通。遇到节假日则给孩子以更多的选择，按照孩子要求或主动带领孩子进行体育及文娱活动，使生活多样化，以加深学校所学知识和学会做人。

在家庭教育中，要特别注意孩子学习成绩的稳定性，对出现的波动，作为家长要及时掌握情况，主动联系老师，积极采取措施。三儿宏力读初二时就出现了这种情况，成绩由班上第四名一下落到了第十九名，父亲经了解得知主要是他听课走神，不专心，父亲也及时帮助了他。父亲在他的日记本上写道："对你来说，退到第十九名是一种耻辱。学习如逆水行舟，不进则退。既然找出了原因，且有了'雪耻'的打算，这就是新的起点。贵在言行一致，一个实际行动比十篇宣言有用得多。"后来他坚持专心听课，成绩又很快赶上，并稳定在班上前三名。

二儿宏杰接受能力强，记忆力好，家庭作业完成得又快又好。妈妈要求他每天除完成老师布置的作业外，还要预习第二天的学习内容，教给他预习的方法，在课本上做出不同的标记，久而久之，他就养成了预习的习惯，培养了自学的能力，激发了学习的兴趣。上初三时，他还主动要求妈妈给他买了一套《中学生自学丛书》（共七本）。整个暑假专注于这些书籍，还自学了高中一年一期的数学。他在《我的理想》作文草稿结尾的空白处，醒目地写上"我的理想是进清华"。果然三年后得偿所愿。宏杰、宏力先后在长沙市一中毕业后，分别考入清华大学和北京航空航天大学。1989年宏杰通过"中美联合培养物理类研究生计划"项目赴美留学，1994年获哈佛大学专业哲学博士学位。1992年春宏力考取美国加州大学圣·芭芭拉分校，攻读研究生，1998年获化工专业哲学博士学位。至此，兄弟俩终于得以"比翼齐飞"。

第四，强身健体。热爱运动是男孩子的天性。我们的孩子从小学开始一直比较喜欢体育活动，特别喜欢乒乓球、足球、篮球、羽毛球、登山等。家庭教育中我们很重视体育活动，以满足孩子内心需求，利用空余时间与孩子玩在一起，以加深与孩子的感情，活跃家庭气氛。而且体育活动对塑造人们良好的精神风貌，培养高尚的情操有着巨大的影响力和潜移默化的作用。

高二时，宏力在一场足球赛后写道：我永远忘不了10月19日我们四班与七班的一场足球比赛，最后点球决定胜负，我第一个上场，我是那么的沉着、自信，在众目睽睽之下，哨声一响，我一脚推射，进了！沉寂的人群爆发了，同学们拥上来了！有人高叫"我要拥抱戴！"……激动人心的场面让我终身难忘！它净化了我的灵魂，使我得到了心灵的满足。

第五，爱乡爱土。中国是一个古老的农业国，我们绝大多数人都来自农村。到了我们孩子这一代，转移到城市的人渐渐地多了起来。从这个实际出发，应重视有针对性地对孩子进行爱乡爱土的教育,不忘农村这条根。我们注重培养孩子热爱乡土的情感,热爱农业,热爱农民,不歧视农村亲戚,尽可能帮他们解决困难等。老家有位堂姊来长沙待产,因她生孩子屡生屡败,1970 年,听说她又怀孕了。虽然我们家里生活比较拮据,我俩毅然决定帮她,把连同照顾她的老母亲一齐接到我们家养胎待产,和我们挤在狭窄的房子里近两个月的时间,还负担她们母女的伙食,定期陪她去医院产检,终于成功生下小宝宝。这件事感动了众乡亲,也使我们的孩子亲眼见到父母如何关心农村人、帮助乡下亲戚,我们为孩子做出了榜样。到今天,孩子因学习和工作需要已经走过了世界的许多名山大川,但深深扎根于心田、念兹在兹的还是故乡的山水。这种爱乡爱土的情怀一直在孩子们心底潜滋暗长。

家庭教育的施教者主要是父母,要取得良好效果,父母就应该全面负责,不能有丝毫的疏忽和轻视。在实践中,我们是这样做的:

第一,对孩子一视同仁。我们那个年代的中国家庭,一般有两三个孩子,他们的体质、智力、性格以及后天的努力程度各有区别。在家庭教育中,我们对所有孩子都坚持一视同仁的原则,绝不厚此薄彼,另眼相待。这是一条铁律。我们家三个孩子,大儿宏雷由于出生和成长于特殊时期,影响了读书,高中毕业后,考入铁道部门工作。他追求进步,工作认真,多次获奖。根据他的实际情况,在工作、生活、购买住房、人寿保险等多方面,我们尽可能地给予关怀。在这种温暖环境下,他一直努力向上,路子走得很正。我们夫妻步入老年后,主要是他两口子在身边照顾,孝顺体贴,关爱有加。

第二,创造条件让孩子之间建立友谊。由于我们的言传身教,三兄弟从小就相亲相爱。两个弟弟读大学,家庭负担较重,大儿宏雷虽然工资微薄,但自宏杰考入清华大学后,主动地定期寄钱予以接济。宏杰给哥哥的信中说:"这钱凝聚了你的劳动,是来之不易的。愚弟深感不安与感谢。来日方长,滴水之恩,当涌泉相报。"宏力到北京读大学后,大哥也常与他通信或寄钱给予帮助。特别是每到寒暑假返校,大哥宏雷总是找铁路工作的同事帮助购买火车票,上下车接送安排妥帖。两个弟弟毕业参加工作后,主动购买飞机票,请哥哥嫂嫂出国旅游。长期以来,三兄弟一直保持着手足情深、其乐融融的状态。

第三,家长为人处世做表率。这是家庭教育中,潜移默化促使孩子健康成长的关键一条。孩子的模仿性是很强的,父母只有坚持身教重于言教的原则,才能带出好的下一代。无论在爱党爱国、遵纪守法、敬业守责、敬老爱幼、勤劳节俭、乐于助人、和睦乡邻以及好学上进等诸方面都坚持带好头。长期以来,我们家创造了一个安宁和谐的氛围。孩子们回到家里做完作业,就拿起自己喜欢的书读起来,或者在自己的小书房里写日记,偶尔看看喜爱的体育世界等电视节目,都表现出努力学习、积极向上的精神面貌。还有一条体会,就是在一个家庭里注重发挥哥哥带弟弟共同前进的作用。宏杰、宏力从初中到高中都在同一所学校,两人智商都较高,爱好也基本相同。宏杰偏理,宏力开始偏文,后来在哥哥的影响下才下决心考理科大学。临考前,弟弟还经常在信函中寄有疑难的物理题目请哥哥解答寄回。两人在长期共读共长的日子里,建立了深厚的兄弟情谊。

第四,发现不良苗头及时纠正。孩子在成长过程中难免犯错,我们施教者的任务就是一旦发现孩子有错误苗头就及时帮助纠正。这里举两个例子。孩子在读小学四年级时,有一次,在公共少儿图书馆看书,趁下班时间工作人员忙乱之际,把一本没看完的书偷偷摸摸藏进书包。回家后被妈妈发现,立即指出这是属于窃取公物的错误。孩子很尴尬,红着脸,流着汗,跑到图书馆把书退了。之后在日记中说:"这是我永远不会忘记的耻辱!"还有一个孩子读高一的时候,放学之前约一位读初中时互有好感的女同学单独看电视、聊天。被妈妈发现，予以严厉批评，令其写了检讨，并保证以后把精力全部放在学习上，后来真的说到做到了。事实证明，在孩子身上偶尔出现这类问题，只要发觉早，属于苗头状态，讲清道理指出其危害，就能及时予以纠正。

第五，鼓励孩子写日记，建立自励机制。自励是自我鼓励以增强自信的行为。长期以来，我们通过鼓励孩子写日记，逐渐建立起自励机制，促使自觉向前。从小学三年级开始写起，一直到进入大学，写日记已成习惯。一篇一篇、一本一本记录着自己的得失成败，一步一步成长起来了。

一分耕耘，一分收获。在学校教育、家庭教育的熏陶下，在国家蓬勃向上的社会正气影响下，我们的三个孩子都得以健康成长。大儿宏雷成为一个工作努力、技术娴熟、为人正派的国企好员工。二儿宏杰是世界顶尖大学的知名教授、中国和美国两个国家的科学院院士；讲学足迹遍布欧美诸多国家，特别是他每年坚持回国服务两个月左右，在国内讲过学的部属和省市的著名大学达23所；国内不少知名大学和科研院所都有他在美培养的博士后或博士新生代，他们已成为教学和科研的骨干；他曾连续多年在国内多地担任有关科研项目的指导，促进科研成果的转化；2008年发起创办了由清华大学出版社与国际著名的斯普林格出版集团合作发行的英文期刊《纳米研究》，并做了十年的主编，目前的影响因子超过了10.00，是国内顶尖的国际学术期刊之一。三儿宏力是全球知名企业的一名高管，他与国内若干企业有过科研合作。他们都有一颗中国心，为国家高层次人才的培养、为世界和我国科学技术的发展进步做出了和正在做出有益的贡献。我们为他们的成长和成就感到欣慰。

（作者单位：湖南省教育厅）

家庭　家园　家国

蔡丽平

对于所有中国人来说，"家"是内心深处最柔软的地方，"家风"是影响一生最重要的准则。年近不惑，回顾这 38 个春秋，从家庭到家园再到家国，我的家风教会了我太多太多。

家庭，因爱与血脉而生

我的家风，让我在面对血脉亲情时，做到孝老爱亲、母慈子孝、妻贤夫安、兄友弟恭。

童年里，奶奶一直和我们住在一起。当时家里穷，没有浴缸热水器，母亲经常用自行车推着年近八十的奶奶到很远的公共澡堂洗澡。她一边为老人细致擦洗，一边亲热地和其聊天，很多人都以为母亲是奶奶的亲生女儿，跟奶奶说还是生个女儿有福气。而母亲却不分辩，只是轻笑。母亲的言行在我当时幼小的心灵中留下了深刻印象：不仅要给老人好吃好穿，更重要的是让他们有个好心情。人都会老，孝大于天。

我十岁时，父母因企业改制双双下岗，生活困窘，一些有相同遭遇的同学，特别是女同学陆续辍学。尽管如此，父母依然没有放松对我的教育，他们坚信，知识能够改变命运，苦难之下更应当奋斗。每当我犯了错，父亲从不打骂，而是对我晓之以理；母亲从不溺爱，让我坚强担当。父母常说，孩子学习和成长就像小树，不能拔苗助长，也不能放手不管；看见干旱了就给它浇水，枝条乱了就给它修剪，这样才能长得好。

我的丈夫为人忠厚，和我一样都是从其他省份因读书、工作而来到株洲的。两人的地域文化不同，家庭环境不同，成长经历也不同，没有甜言蜜语，但一直相濡以沫，他会在我加班时深夜来接我回家；偶尔拌嘴争吵，但我也不会忘记永远在孩子面前表扬他是天下最勇敢最棒的父亲。正如父母公婆所说：茫茫人海，相遇相守何其不易；来日方长，天下夫妻须当珍惜。

家园，因善与奉献而聚

我的家风，让我在面对同学同事时，做到诚信友善、和谐团结、敬业奉献。

家园即家乡，意味着走出家庭迈向社会。对我而言，则是走向第二故乡。大学报到那年，是我第一次离开出生的省份，孤身到遥远的南方求学，兴奋而又忐忑。出发前一晚，父母反复叮嘱：在外面和老师同学好好相处，别学坏，多行善。提拔为中层干部那年，他们又是反复叮嘱：单位领导和同事信任你，别骄傲，多帮人家做事。我一直牢记他们的话，能帮他人的尽量帮一把。此外，学习工作之余，还会到敬老院、特教学校和农村进行义工服务，也曾带头献血，清扫卫生，协助交警维护交通秩序，到湘江风光带清理垃圾。后来，我获评中国青年志愿者优秀个人奖，又作为中国青年志愿者代表赴欧盟在中欧青年志愿者论坛上发言。有人问我，为什么要做志愿服务？我回答，因为父母言传身教，要求我与人为善，敬业奉献。

我的公公为了钻研教法经常忙到深夜,他所带班级在全县年级学生竞赛中一直名列前茅。我的婆婆怀孕期间坚持上课,差一点就将孩子生在了单位;后来因师资紧缺,她担心影响学生成绩,哺乳期还没过就提前返岗。我的丈夫将贫困生带到家里吃饭,给学困生无偿补课。我乳腺手术、车祸骨折两次住院,都是带着电脑,把病房当作办公室,身上插着管或者腿上绑着石膏,也没停下手中的键盘,每天忍痛工作。累吗?当然,但是为了热爱的事业去奋斗,看着学生成才后道谢时眼睛里的光,我们觉得一切都值得。

家国,因忠于使命而聚

我的家风,让我在面对时代使命时,做到精忠报国、忧国忧民、天下为公。

我的丈夫出身教师世家,他的爷爷、奶奶、外公、父亲、母亲和舅舅均从事教育工作。当年他的爷爷和奶奶均出生在家境优渥的名门望族,但毕业时却放弃留在城市工作的机会,双双选择到偏僻乡村教书。我的公公和婆婆均承父业,我丈夫在择偶时也选择了和自身具有相同教书育人追求的我。人民教师无上光荣——耳濡目染之下,我的两个孩子虽然少不更事,但也表达出希望长大后当老师的意愿。身为教师,我们不仅要履行家庭责任,更要履行社会责任,我们全家都希望能发挥自己微不足道的力量,为党、为国家培养更多的人才。

伴随着年龄的增长,我愈发觉得中国代代相传的家风弥足珍贵。于是,我和丈夫开始致力家风家训研究,近五年立项家风家训内容的省级课题和项目三项、公开发表家风家训内容的论文15篇。我们的家风也从口口相传,到最终总结提炼成文:"父当慈,慎暴跳;母当严,忌惯娇;夫妻情,知冷暖;孝双亲,伴静好。尊有德，远不肖；扶患难，非图报；勤于学，敏于行；情理傍，身言教；忠如石，志若曜；建中华，育青苗；明初心，担使命；承家风，传常道。"未来的日子里，我们也将把这家风传承下去，教育我们的子女，教育我们的学生，为家风传承，为中华民族生生不息薪火相传而贡献自身的绵薄之力。

家庭、家园、家国——变的是站位，不变的是情怀。由小家到大家，才有了自我淬炼的思想洗礼，才有了公民素质的整体提升，才有了我们为之奋斗、为之骄傲的巍巍华夏。虽然我们每个人的故事不尽相同，但每个人的家风必然有相似之处。家风当传，家风必传！这是对历史的负责，更是对未来的承诺。

（作者单位：湖南汽车工程职业学院）

家风是一种融于血液的传承

王 晓

　　家风，是家庭或家族世代相传的风尚、作风，是一种融于血液的内化于心、外化于行的传承。一代代的践行，让一个家族的精神风貌、道德品质、审美格调和整体气质不断沉淀、优化、发扬光大。

　　如何做好优秀家风的承上启下工作，我进行了不断深入的思考与实践。

家风源起：一片丹心，为国为民

　　祖辈父辈中党员辈出，质朴坚毅、为民服务的家风代代相传。我从小在"有困难共产党员先上""共产党员要发挥先锋模范作用，凡事想在人先，做在人前""要做就要认真做，做好为止"等朴素的教诲中长大。这些传承下来的家训，饱含着浩然正气，是对身上责任的清晰认知与对真理的执着追求。

　　祖父是中共党员，2019 年，时值 89 岁高龄的他作为抗美援朝老战士代表，受邀在长沙市文明委"传承红色基因，清明祭英烈"红色主题教育中为未成年人讲述红色故事。

　　父亲也是中共党员，中学高级教师，曾获长沙市教育系统"华天奖"、市教育系统优秀党员等称号。杏坛耕耘 36 年，他一生刚直不阿，务实勤勉；公公婆婆分别毕业于哈军工和湖南第一师范学院，兢兢业业耕耘于人民公务和人民教育岗位，两位老党员一生相敬如宾，重诺守信。

家风沿袭：遵德守礼，耕读传家

在祖辈父辈红色家风影响下，我和爱人相亲、相敬、相爱，建立起一个和谐美满、遵德守礼、充满正能量的家庭，将优良家风继续传承。

一是遵德守礼，培养责任心。我们家的孩子，无论年龄大小，都需要承担与自己年龄相应的责任，对自己负责，为他人负责，将来要能承担起保家卫国的重任。对自己负责、不影响他人，是我家家风的基本要求。摔倒了，自己爬起来；做错了事情，勇敢承认并且尽最大可能补救；说话算话，信守承诺等，都是对自己行为负责的具体表现。公共场所的遵德守礼，从个人日常生活中的慎独开始。承担力所能及的家务责任，如整理自己的物品，自己洗衣服、鞋子，帮助打扫卫生，出行整理行李，等等，孩子需要承担跟自己的年龄和能力相应的具体责任。

我们认为，从小养成对自己负责、对家庭负责的意识，能帮助孩子有勇气、有底气面对成长过程中有可能遇到的荆棘与坎坷。

二是耕读传家，拓宽视野。好书，是成长过程中的精神陪伴，能引人走向世界的深广之处。父亲、姑姑、婆婆都在教育一线奉献了一生，我自己也在教师这个行业体验了 20 年，把职业当事业，也有了走近教育真谛的机会。从祖辈起，我们的家族都很重视阅读的作用，小时候家中条件有限，省吃俭用，唯独对于好书，家人并不吝啬。从小浸润在经典当中的孩子，精神更加富足，羽翼更加丰盈。

亲子阅读，涵养习惯。吉姆·崔利斯的《朗读手册》中有这样一句话："你或许拥有无限的财富，一箱箱珠宝与一柜柜的黄金。但你永远不会比我富有，我有一位读书给我听的妈妈。"亲子阅读，是无限的财富，是一种家长与孩子的情感交流，也是家庭教育的一种有效方式。

从孩子一岁多开始，每天睡前的阅读时间就成了我们家雷打不动的必修课。一本本绘本、一个个故事，在共同的看、听、玩、演中鲜活起来。家中最丰富的也就是各种书籍，书柜方便储存大量的书，可以供孩子自由取阅。

除了眼睛的阅读，我们还坚持耳朵的听读，让听成为另外一种接受信息的方式，听妈妈讲，听音频讲，手不释卷，听不停歇。多年来，孩子听了各类故事5000多个、中英文有声书1000余册，内容涉及童话、成语、古诗、千字文、历史、科学等。

引导阅读，走向自主。孩子在听故事看图过渡到纯文字自主阅读的路上，一直有我们陪伴的身影。读什么？怎么读？我们一步步引导，每天都在坚持着。

六岁前孩子识字量不大，最初自主阅读，她有些不适应，处于一个字一个字读出声音来的阶段。随着阅读量的增加，阅读速度越来越快，理解能力也逐步增强，四年多来，孩子阅读完500多本书。大量阅读让孩子品尝到书香的美味，通过引导，她已全情投入好书的世界当中，快乐徜徉。

多元阅读，迈向广阔。走上自主阅读的道路，并不意味着从此家长在阅读方面责任已尽。根据孩子兴趣引导高品质的阅读，家长也需要用心。天文、历史、科学、数学、经济等，并不是独立于阅读之外的单独学科，也不应当只出现在孩子的教科书中。

以故事、童话类阅读为核心，适时、适当拓宽孩子的阅读面，让孩子们透过纸张串联起整个世界，逐步形成并内化为自己的认知体系，帮助孩子走向认知的纵深与广阔。

家风光大：素养强基，面向未来

孩子将面向未来，我们究竟要培养怎样的孩子？在传承的同时，我们的家风，同样需要在一代又一代的积淀基础上打上新时代的印记，培养他们的基本素养和较强的综合能力。

在不断开阔思维、探寻新资源的同时，在重视素质教育的今天，我们常常容易浮于表面，忽略了基础层面的一点点、一步步。

各个学科都有知识层面的基础，语文的"听说读写书"，是基础中的基础。大量高品质的阅读，是孩子认知大厦的最坚实基础，无论何时，我们都不能忽略了这一点。

大家都知道学习要养成好习惯，须知习惯是细微处的多次刻意练习后的潜意识行为。好习惯的形成很重要，而培养好习惯也不会一蹴而就，需要不断关注、不断调整。比如：英语听力，先迅速浏览题目，没有听清楚或听不懂的题先跳过，待第二遍再听；数学题的数字要写清晰，竖式进位的 1 写小一点。看错题、看漏题、不检查的问题不是粗心，而是还没有形成稳定的良好习惯。这些好习惯，不应该只是考前应急的策略，而是根深蒂固的能力。沉下心来，不急躁不冒进，静水才能流深。

未来的世界，更需要个性化的思考与表达，需要开拓创新。因此，在现阶段，是为了考试而教育、为了升学而教育，还是为了彰显孩子的个性而教育？我们是不是每天都在用发展的眼光看孩子，每天都有唤醒孩子的责任？

我们都知道分数不是衡量孩子能力的唯一标准，可我们是否清楚地认识到，除了分数，我们手上还有几把衡量的尺子？平时，我们也发现，有的孩子不会动脑筋，面对问题不知道如何思考，甚至懒得动脑筋去想。面对现状，我们应反思我们的做法，给了孩子多少探索、思考、讨论、表达的空间？与其吓唬孩子远离困难，不如引导他们想想到底如何克服困难，走向思维的深入与系统。

孩子正在慢慢形成自己的思考方式，即"面对问题—分析原因—思考对策—解决问题"，这样形成的能力，是分数体现不了的，是人人都需要的，也是真正让孩子终身受益的素养。

不是孩子不够自主，是因为我们控制欲太强，不愿或不敢放手；不是孩子不会合作，是因为生活中的需求太容易满足，让合作成了非必要的环节；不是孩子不会思考，是因为我们没有意识，也不知道如何引导他们从好奇走向探究。

解决问题的能力是孩子独立人生所必备的素质。孩子终有一天将离我们而去，奔向更美好的时空，因此，自我管理的意识和自理能力，自立自强、勇敢坚毅的品格将决定孩子的幸福指数以及生存质量。

家风创新：沉浸学习，开拓创新

我们应当怎样学习做父母？我觉得首先得了解孩子现状。每一朵花的花期都不一样，观察并了解孩子的成长节奏、喜好特长，才能更好地对症教育。除自己言传身教外，还可广泛搜集资料，细细对比，从而有效甄别资料的优劣度，甄选出符合孩子年龄阶段、认知特点、兴趣爱好的资料，做到有的放矢。

另外，还要提供体验平台，因为孩子对世界的认知体系的构建，其渠道绝对不是单一的，阅读、视频、实地感知、实践体验、发现问题思考、再次阅读自主解决，才是相对完整的过程。如带孩子参观博物馆，孩子可从中学到政治、经济、文化及各学科的相关知识，突破了单一学科的限制。

要成为合格的父母，必须树立新家风。面临新时代的呼唤与挑战，在传承的基础上，我们可以为孩子树立新家风，作为父母，应当为孩子树立榜样，终身学习，成为孩子成长的同行者、引领者。

作为小学英语教师，多年来，我不断精进专业素养，积极投入教研教改，参与"党员送教"、示范网络教学、教育扶贫等工作，还担任长沙市、岳麓区两级小学英语"课程研究院"负责人的重任，联动多方教师共同成长。爱人易晓坚多次被授予"优秀党务工作者""市诚信建设先进个人"等荣誉。好家风对儿子产生了潜移默化的影响，在读高二的儿子尊敬师长，文明有礼，坚持每天6点起床学习锻炼，从不懈怠，初一至今一直担任班长，是班级的排头兵；在读五年级的女儿爱阅读爱历史，学科学习与特长爱好同步发展，获"长沙市红领巾三星奖章""岳麓区三好学生"等荣誉。

我多次与爱人和孩子一起参与寻访英雄印记、志愿服务、帮困结对等活动。同事、邻里遇到任何困难，我和家人都倾尽所能，在物质上、精神上主动提供帮扶。

2019年7月，我家的红色家风事迹由"长沙党建"做了《红色基因代代传，初心使命永不忘》的专题报道。2022年5月6月，我的事迹作为典型清廉故事、先锋故事被学校推荐至岳麓区"青年话清廉"、长沙市"先锋故事会"上展演，用正能量辐射影响更多的人。

2022年5月，我家被授予"长沙市文明家庭"的光荣称号，并参选湖南省文明家庭。

我们在厚实的传承中吸收家风经典与美好，我们也在理性的创新中丰富家风的内涵与外延。教育的道路永无止境，愿我们不仅是好家风的传承人，更是好公民的唤醒者、同行者，让每一个小小的家庭焕发大大的能量，成为构建和谐、有序、公平社会的强有力的基石。

（作者单位：长沙市岳麓区第一小学）

薪火相传　自强不息

吕鲜琴

人生像一场大海航行，我家的优良家风如一座灯塔，它指引着我前行，不曾偏离航向。

我出生于湘南偏僻的农村，15岁那年参加中考，考到邵阳医专学校。毕业后进入省儿童医院，竞聘成为一名临床护士。成家后，为了孩子能生活在双亲身边，能接受更好的教育，我放弃了稳定的工作，带着刚满月的孩子，跟随丈夫去了北京，那年我26岁。"北漂"生活是艰辛的，我从临床护理转行到了养老看护，后又跨界到了文化传媒和房产中介，每进入一个行业领域都是一次新的挑战，但我从不惧怕，这得益于优良家风的熏陶。

在北京奋力打拼12年，安家置业，生了二孩，北京户口却始终未能解决。而今，带着孩子返回长沙求学，我成了一名全职陪读妈妈。像当年刚去"北漂"一样，这次我同样内心笃定，未曾迷茫，我相信，这个阶段孩子最需要温情的陪伴，也最需要从家风中汲取前行的力量。

知识改变命运，教育成就未来

童年时代，家乡贫穷，加之义务教育尚未施行，很多农村孩子早早辍学打工挣钱。我家姊妹年龄相差不大，四人同时上学，学费是一笔巨款，每逢开学，母亲便会找亲戚乡邻借钱凑学费。有好心者劝诫她要量力而行，认为送女孩读到初中就够了，别给家庭增加负担；也有看笑话者讥讽她是白忙碌，认为送那么多孩子读书没有用，最后一样只能出去打工。但父母对读书求学有着宗教信仰般的虔诚，他们坚信，唯有知识才能改变命运，接受更高程度的教育，才能帮助我们走出农村。于是，母亲依然会执着地挨家挨户筹措学费，我们姊妹四人也因此无一辍学。

读到初中，家庭开支越来越大，为保证我们顺利求学，父母只好外出务工，姊妹四人因而成为留守儿童，只有逢年过节，才能盼来父母回家。家庭的条件越是艰苦，家人的意志越是坚定。几年后，我们相继考上大学，完成了从农村到城市的跃升，实现了父母的夙愿。当年父亲参加了恢复高考制度后的首次高考，却因五分之差落榜，与大学梦失之交臂，这一直是他的一块心病。难怪后来当我们问到为何如此执着地送我们姊妹读书时，父亲坚定地反问道："看看你们现在，是不是证明爸妈当初的决定是明智的?"是的，在他们看来，学习知识接受教育是农村孩子跳出农门的最佳途径。父母对知识和教育的重视，潜移默化地教育着我们，它已成为我们家的家风。家风的赓续传承，让我面对未来时有了更强大的底气和决心。

在陪读的日子里，我时刻做好孩子坚强的后盾，帮助孩子解决生活中的问题，给他们带来安全感和幸福感，让孩子谨记家风，发扬热爱知识的家庭美德，陪伴和督促孩子养成良好的学习习惯，满足孩子的求知欲和探索心，以获取更多的知识，开阔眼界，丰富阅历。日积月累提高了孩子的阅读能力，如今他对读书有一种如饥似渴的感觉，不管何时何地，给他一本书，他都能安静地享受书中精彩的世界。孩子也争气，曾多次获得年级"单科王""优秀学生"

"书法一等奖"等荣誉。

勤劳创造美好，工作无分贵贱

父母一生操劳，无论在家务农，还是外出务工，始终用勤劳的双手支撑全家。早年，父母终年面朝黄土背朝天，辛辛苦苦一整年，也只能凑够温饱，日子过得清贫紧巴，但他们从不怨天尤人，依然任劳任怨。后来，父亲选择了外出打工，追随着改革开放的大潮，在东莞、广州番禺等地奔波辗转。他做过泥瓦匠、养殖员等工作，最终于1997年在桂林谋得一份稳定的环卫工作，一干就是25年，酷暑寒冬，风雨无阻。每天父亲都会赶在城市苏醒之前，于环卫劳作中迎来第一缕晨曦，把脏累留给自己，把洁净带给他人。在别人看来又脏又累的环卫工作，父亲却默默地坚守了20多年，在他心里，这不仅是一份旱涝保收的稳当职业，能为全家提供稳定的收入来源，也是人们了解和融入城市生活的一扇窗户，他乐意为这座旅游城市的发展贡献自己的力量。

父亲用实际行动诠释了爱岗敬业的职业精神，也证明了工作没有高低贵贱之分，流自己的汗，吃自己的饭，只有凭借勤劳的双手，才能创造属于自己的美好生活。如今父亲年满六十，虽然办理了退休手续，但对这份工作充满不舍之情。他说，只要单位需要，他还可以返岗再干几年。父亲的勤劳敬业一直感染着我，面对工作的挑战时，我也从不退缩。记得在省儿童医院时，我曾参与医院禽流感隔离病房的专项护理，跟同事一道全力以赴，与禽流感搏斗半个多月，帮助患者闯过一道道难关；记得在北京做房产中介时，我东奔西跑，起早贪黑，仅一年时间便为几十位"北漂"找到心仪的房子。

目前没有上班，但日常生活中我依然秉持勤劳持家的家风，对孩子言传身教，他们也渐渐地喜欢上了劳动，学会了分担家务，承担责任，逐渐培养起了勤劳吃苦和独立自主的生活习惯。大孩子七岁时，生活已基本独立，还能照顾好弟弟。另外，我与孩子共拟了一份强身计划，一直实施下来，虽然艰难，但不言放弃。这不仅锻炼了孩子的身体，更磨炼了他顽强的意志，培养了他自信的性格。凭借此，孩子多次在学校运动会中名列前茅，也曾在北京市顺义区中小学游泳比赛中荣获仰泳单项奖，以及自由泳接力赛冠军奖。

孝老爱亲，以身作则

父亲常说，互敬互爱是家庭和睦的基础，是家庭幸福的源泉。多年来，父母一直在营造孝老爱亲的家庭氛围。85 岁的奶奶，身体尚且硬朗，生活都能自理，但毕竟年事已高，孝顺老人不容等待，奶奶成了父亲最大的牵挂。他们决定重回农村老家，专门陪伴奶奶，让老人老有所养，老有所乐，安享晚年生活。

父母以身作则，孝老爱亲，不仅对自家老人悉心照料，对村里其他老人也倾力帮助。屋前屋后的孤寡老人不少，每次他们遇有难事，母亲都会全力帮助。如隔壁老人头疼脑热，母亲会主动帮忙送去医院；有的老人忙不完地里的活，母亲就会过去帮上一把。而父亲每次从桂林回来，都会去慰问探望各家各户的老人。父母的孝老爱亲深深地影响了我。因为工作需要，我也经常要与老人打交道，尤其在北京的养老看护工作中，我始终将孝老爱亲作为重要的行为准则，像父母那样，用敬老举动传递温暖。

在北京朝阳区高家园社区服务站当站长期间，我性格开朗，心细健谈，很多老人从不当我是外人，有什么心里话，都愿意跟我聊。因为之前有过七年临床护士的工作经历，我掌握了很多专业的救护知识，也帮助了很多老人。记得有一次，有位老人因为牙疼躺在床上不说话，随后出现了胸前区压榨性疼痛症状，大家不知如何是好，我赶紧拿出平时带在身上的硝酸甘油，嘱咐老人舌下含服。过了一会，老人长长地出了一口气，120急救医生到来后，对我竖起大拇指，称赞我为病人争得了救命的黄金时间。在2011年北京市"万名孝星"命名活动中，我有幸入围，获得了人们与政府的认可，我再次感受到了家风对人成长的影响。

我想，我有义务与责任将这份优良的家风传承下去。

孩子一天天长大，我耐心地告知孩子有关我们家庭的族谱关系，把长辈比喻成大树的根基，我们是枝丫，孩子们就是树叶，只有把根基照顾好了，大树才能枝繁叶茂。每年的寒暑假，我都会带着他们回到农村，与家里的长辈们生活一段时间，听长辈们说说属于他们的故事，帮长辈们做些力所能及的农活，尽可能多地让孩子感受大家族的氛围，赓续孝老爱亲的家风。

人生，没有白走的路，每一步都落地留痕。优良的家风，可以引领我们始终在正确的道路上踏实前行，薪火相传，自强不息。我相信，尊重知识、勤劳吃苦和孝老爱亲的家风，始终是家族兴旺的定海神针，也是抵御生活风险的中流砥柱。无论过去、现在还是将来，人生的每一站，我都会在家风沐浴中再次启程，并将优良家风继续传承与发扬。

（作者：长沙市周南实验学校学生家长）

用爱滋养　用心呵护

饶　锦

　　每个孩子的成长都需要父母的关爱与陪伴，当他一声啼哭来到这个世界之时，父母的爱就深深地融入了新生的血液里。可是，有不少父母的爱掺杂了功利，有不少父母的爱流于宠溺，也有父母爱心不强，致使孩子本应该充满快乐的童年蒙上了一层阴影，这些都影响了孩子的健康成长。父母用正确的家教、正确的爱滋养孩子的心灵，培养坚韧、自强的心理品质，这才是孩子成长最需要的。

　　小 A 是个很特殊的孩子：上课吃零食，偷偷带平板电脑入校园，指甲长到两三厘米也不剪，辱骂脏话，做不文明的动作，行为怪异，从来没有认真地上过一节课，甚至还会在上课时偷偷溜走。刚接触到小 A 时，欧阳老师就发现这个孩子与众不同。通过走访，了解到这个孩子有着特殊的身世，孩子从小没有爸爸，妈妈也长期在外，只有外婆一人独自抚养他长大，缺少正确的引导，也缺乏关爱。每天都是吃零食，点外卖，回到家就是玩手机游戏，刷抖音，经常打游戏熬夜到凌晨两点，导致小 A 脸上毫无血色，走路都是轻飘飘的感觉，每天病恹恹的样子。

　　了解了孩子的基本情况后，欧阳老师常常找孩子聊天谈心，孩子也经常跟老师吐槽外婆总是打他，吐槽妈妈也从不管他。关系亲近了些后，欧阳老师从各个方面开导他、鼓励他、理解他，这样的教育如同一缕阳光，给了孩子"丧丧的"人生状态一剂强心针。经过一段时间的沟通，孩子似乎想要改变，他不再偷偷摸摸地带零食、带平板入校园了，课堂上还能回答一两个问题了。可是好景不长，孩子长期以来养成的坏习惯又开始发作了。

一天，由于孩子抗拒吃饭，外婆又怕孩子饿肚子，就给了孩子零花钱，于是，小 A 偷偷摸摸带零食吃零食的日子又开始了。这下只能按之前的约定执行"惩罚"了，欧阳老师把孩子零食收上来，没有吃饭也没有吃零食再加上熬夜，小 A 开始犯困，一到学校就趴在桌上呼呼大睡，一到体育课站都站不稳，不是躺在地上就是跑到校医那里休息。等他休息充分，不安分的心又开始躁动起来，忍不住到处宣扬他在网络上学到的各种独特的"知识"。网络上的热词是每日宣传必备，在教室、在操场都会运用他的"文明用语"，同时还会配上一些"文明动作"，给班上整体风气带来了很大的不良影响。

学校的老师们都开始关注到了这样一个"亮眼"的"明星学生"，全校的老师都认识他了，欧阳老师决定联合其他老师一起做转化工作。于是小 A 在学校也获得了更多的关爱，老师们见到小 A 都会跟他问好，友好地跟他打招呼，跟他聊天。他最常去的地方是医务室，因为王医生喜欢和他说话，听他倾诉心声，并适时地教育引导他。可以说王医生是一个让他信任、让他感受了爱和温暖的人。慢慢地他也似乎懂事了一些，老师说的话能听进去一些了，少了很多攻击性，整个人变得温和了。再加上在老师的反复劝导下妈妈回家了；通过家访，让他外婆也配合大家一起做工作，这样孩子受到了更多关注和管理，规定更加严格具体，孩子的毛病改正了不少。在家庭和学校的共同努力下，小 A 终于走入学习和生活的正轨。

小 A 的转变给了我们很多启示：

第一，学生成长期间需要父母的关爱和陪伴。

因为缺乏父母关爱，小 A 总会以一种好像对什么事情都无所谓的态度来伪装自己，仿佛老师和同学们都是他的敌人，只有时刻将自己处于防卫状态下、拒人于千里之外才是对自己的"保护"。但如果总将自己与外界完全隔离开，有时候，又难免觉得有些落寞，在家里已经得不到父母的关爱了，在学校里，如果再无人理睬，岂不是又很没有意思？因此，课堂上的不认真、做小动作，从某种程度上来说，小 A 同学也仅仅只是为了博得老师和同学的关注，找到存在感。

学校请家长来校沟通，发现小 A 母亲是一位非常年轻的女性，但脸上少了年轻人的活力，更多的是不同于同龄人的疲惫和沧桑。小 A 母亲说，小 A 的情况她全都知道，但她也无能为力，因为小 A 不愿和她住一起，一直在外婆那，都是外婆的溺爱造成的。

老师建议她把小 A 接过来亲自照顾和教导，多带孩子从事一些亲子活动，拉近亲子距离，改善亲子关系，重要的是让孩子感受到来自母亲的爱。也不要期望一朝一夕之间孩子就有翻天覆地的变化，一定要坚持，慢慢来，给自己和孩子足够的成长时间。生活中要严慈相济，和孩子约定一些规矩，有奖有罚，让他有坚持的动力，指导他养成良好习惯，同时建议带孩子做一些与注意力相关的检查。母亲应允，表示会配合学校好好教育孩子。

第二，学生成长期间需要父母的教育和引导。

孩子在校学习期间，家长应该加强学习，尤其是自身教育能力缺乏的家长，要更多和老师沟通，获得专业的教育支持，多挖掘事情和现象的根源，引导孩子分析问题，培养自省、明辨是非的能力，和孩子一同成长。

一次，小 A 的妈妈向老师咨询："老师，他总是想要玩手机游戏，我真的管不住，说什么他都一副烂泥扶不上墙的感觉，我都要放弃了。"老师给她介绍了一些方法，也鼓励她："先做好自己能做的、该做的，也许结果自然会好起来。"不久，小 A 的妈妈很兴奋地告诉老师，她有了一点成就感。为了鼓励孩子运动，不玩手机，她自己也远离了电子产品，和孩子一起比赛，一天不玩奖励饼干一包，两天不玩奖励一本书……他们互相监督，有了更多亲子活动的时间。孩子有了难得的安静乖巧，家里有了难得的"母慈子孝"。

小 A 的妈妈在和老师沟通过程中，说了这样一番话："想要孩子积极乐观，我不能天天唉声叹气；想要孩子远离电子产品，我不能天天玩手机；想要孩子有耐心，我就要对他有耐心一点。我明白了，想要孩子变成什么样，首先自己先变成什么样。"

是的，"想要孩子变成什么样，首先自己先变成什么样"，这是最好的引导、最好的教育。

第三，学生成长期间需要家长有耐心和信心。

不久前，小 A 在省儿童医院检查出有轻度的注意力障碍，但智商在中上水平。刚看到点曙光、有点成就感的小 A 妈妈又着急了。难怪孩子常常注意力不集中，难怪同学都会背这么多诗、会各类计算了，就他啥也不会；别人打满分，他刚刚及格。诸如此类，令小 A 妈妈焦虑了！

老师告诉她，爱迪生上学才三个月就被老师责令退学，如果她的母亲也和老师一样对爱迪生失去信心和耐心，那么就不会有今天的发明大王；爱因斯坦四岁多还不会说话，上小学后也被认为是低能儿，但他父亲的耐心鼓励一直推动着他不断取得进步。这样的例子很多。小 A 妈妈受到鼓舞，增强了教育孩子的耐心和信心。

父母永远不要对孩子失去信心，要接纳眼前的现实，辩证地看待孩子成长道路上的得与失，允许孩子犯错，允许孩子之间有差别，允许孩子慢慢长大，付出时间与爱，让孩子得到爱的滋养，才有力量去坚持，去做更好的自己。

（作者单位：长沙市育华小学）

以书为伴　共同成长

郭　凤

　　我们是一个普通的四口之家，我和爱人都出身于普通家庭，因父母都没读过多少书，我俩靠自己的努力一路读到大学、研究生，直至分别考到政府和国企工作，然后有了现在幸福的四口之家。家庭背景、成长道路、职业需要让我们都非常注重学习，我们始终认为，学习的家庭才是积极向上的家庭。我们的家庭依靠学习走到幸福的现在，必将依靠学习走向更美好的未来。学习的途径有很多种，读书是一种捷径，也是普通家庭的孩子通过自己努力实现人生目标的最好选择。

　　我们有一个乖巧懂事的女儿，学习成绩很优秀。她学习上取得的好成绩，和她从小养成的阅读习惯是分不开的。好习惯都是慢慢培养出来的，让孩子爱读书也是需要慢慢培养的，特别需要爱心和耐心。我们全家人就是带着对女儿的爱心和耐心，一步步引导她走上读书之路的。

　　在女儿刚咿呀学语的时候，爷爷就常常给她编一些顺口溜，带着她读，她特别喜欢爷爷自编的儿歌，到现在都还记得。两岁多的时候，爸爸开始给她买一些撕不烂的书，教她认简单的字母和图案，我给她订了《婴儿画报》和她一起阅读。她特别喜欢绘本，我就投其所好，买来各种绘本读物，比如《米奇妙妙屋》《巧虎岛》

《犟龟》《勇敢做自己》等。随着她长大，可以挑选书的范围也就更广了，比如《窗边的小豆豆》《弟子规》《格林童话》《木偶奇遇记》《绿野仙踪》《汤姆叔叔的小屋》，这些书她都百看不厌。

上了小学以后她看的书就更多了，我们也开始有针对性地引导她选好书，读好书。我们家特别注重对经典的阅读，比如，她看过的有《西游记》《三国演义》《中华上下五千年》《二十四史》《三十六计》《中国儿童百科全书》《脑筋急转弯》等。爸爸特别喜爱历史和地理，她也跟着喜欢看这方面的书，遇到不懂的就问，有时还让我们和她一起读。女儿爱看书、识字多的优势让她在学习上如鱼得水，思考能力和理解能力得到很大提升，学习成绩一直名列前茅。

上了高年级后，同学们都在读《大中华寻宝记》系列丛书，这套书将中国30多个省份的地理历史、风土人情概况图文并茂地展示出来，孩子们非常喜欢。开始她还舍不得买，后来知道她真心喜欢，我们一口气基本给她买齐了。通过阅读这些历史地理书籍，她了解了中国上下五千年的历史脉络，了解了中华民族独立自主的艰难曲折，了解了传统文化的博大精深，深刻感悟到为中华之崛起而读书的壮志情怀，让她更加具备大视野、大格局和大境界。

每次在她读书的时候，我们也会在一旁或看书或工作，有时碰到有争议的问题会一起讨论，遇到有趣的情节就一起交流，看到感动的地方共同落泪，遇到都不懂的问题就一起查资料。我们的引导和培养使女儿点燃了读书的兴趣，体味了读书的乐趣。虽然她对所看的书有时还不能全部理解，但那种对书的热爱，我们是看在眼里、喜在心上，因为这才是她靠自己积累的终身财富。在和女儿一起读书的过程中，我们深深地感到，亲子阅读既能沟通家长和孩子的感情，又能激发孩子的学习兴趣，还能提升我们的素质，营造全家和谐的氛围，可谓一举多得。因为爱读书、共读书、坚持读书，

2017 年我们家被评为天心区书香家庭，女儿在学校多次被评为阅读之星，2022 年获阅读之星外文杯全国青少年阅读风采展示活动湖南选区初中组一等奖。

回想起来，在这个充斥着手机、电视、网络、游戏的世界里，我们的家庭却始终弥漫着浓郁的书香，我们觉得主要是从以下几方面做了共同的努力：

一是形成共读的氛围。读书是需要引导的，读书的氛围是需要共同营造的。女儿识字后，我们每天晚上和周末只要有时间就陪着她看书，睡前给她讲故事。孩子在很小的时候就养成了每天看书的好习惯，不让爸爸妈妈督促，晚上睡觉前就开始读自己喜爱的图书，于是，读书的氛围就这样在不知不觉中形成了。我们也非常注重书籍的积累和整理，我家的书房一面墙都是书，我们都特别喜欢买书，对买书从不吝啬，但前提是买好书、读好书。我喜欢买人文历史传记类书籍，老公喜欢买地理军事类书籍，女儿则喜欢看文学等经典书籍。我们全家定期要去书店，各挑各的书，每次买完书都是一起乐滋滋地回家，感觉又淘到了宝贝。在女儿小的时候，我们会帮她买一些经典书籍；她大一些后，我们会提一些建议；上初中后，买什么书可自己判断，但有时也会听听我们的意见。我们家的书除了放在书柜里面，在家里的床头、客厅、阳台我都放一些，随时随地可以拿起来阅读，这样碎片化的时间也得到充分利用。除了读各自的书，我们还经常互相推荐好书。记得去年我看了一本原巴东县委书记陈行甲写的《在峡谷的转弯处》，觉得作者孜孜不倦追求知识的精神贯穿他整个人生，非常值得学习，就建议女儿有时间读一读。女儿读完后说："妈妈，陈行甲一个农村小伙子能把英语学得那么精，在国外作为访问学者时上遍了新东方所有的培训班，甚至是同声翻译班，即使基本听不懂，也要强迫自己培养语感，提升听力，甚至后来他在参加县商务局的考试时外语成绩竟然超过了一个大学外语系的副教授。所以，我要认真学习英语，想方设法提高听力。"我想，这就是榜样的力量，这就是书籍的魅力，让女儿健康成长的内生动力更足。女儿读到好的书也会推荐给我们，我历史不太好，她就推荐我看《漫画中国史》，我不记得或模糊的地方，她还帮我讲解。看着她掰扯各个朝代那么清晰，我还真是感觉她像个小小学问家。我们家电视开得不多，一般只是看看新闻联播和湖南卫视新闻，我们经常和女儿讲解一些新闻事件和人物，让她从小就关心国家，关心社会。有时我们也带女儿看看《地理·中国》《舌尖上的味道》等节目，让她增长见识，开阔视野，了解自己的国家。遇到一些好的电视剧我们也一起看。近年热播的《觉醒年代》是女儿非常喜欢的一部电视剧，其中陈延年、陈乔年手戴镣铐满身是血走向刑场壮烈牺牲时的情景让女儿一直不能释怀，更让她知道今天的幸福生活来之不易，未来要有所作为才不辜负青春、不辜负时代。后来，她自己把这部电视剧又反复看了几遍。对近几年上市的好电影我们也会带她去看，比如《战狼》《红海行动》《悬崖之上》《万里归途》等，培养她爱国的品质。女儿的进步得益于读书，更得益于学校和家庭共同营造的读书氛围。

二是保持苦读的习惯。读书很开心，特别是读到自己喜欢的书时。但读书也很苦，主要是读一些经典理论、传统文化方面的书时。我们非常注重自身的言传与身教，希望通过自己努力读书潜移默化地影响孩子，培养孩子坚韧不拔、吃苦耐劳的品格。我在机关负责党建工作，对政治理论水平要求很高。我经常抱着《中国共产党党史》《毛泽东文选》《邓小平理论》《习近平谈治国理政》等边看边记，女儿翻了一下说，这些书看起来有些深奥，妈妈你能看得下去吗？我告诉她，很多书不是说想看就看、不想看就不看的，有的书必须读，还有《道德经》《论语》等，这些书都是中华传统文化的经典，必须下功夫苦读才能读懂读通。20多岁的时候我不会看这些书也看不懂，现在开始喜欢看这些书，因为从经典书籍中才能找到真正解决问题的方法和思路，我也想把这种感受传递给女儿。我说这些书籍你不需要现在就读，等你再大一些可以翻一翻，慢慢再精读、深读，你会从中悟到智慧和力量。女儿点点头，好像听懂了我的话。爸爸这两年主要读专业书籍，虽然工作很忙，但一直坚持提升自己，不断地考各类职业资格证书。每天把小儿子哄睡后，爸爸一个人经常看书到深夜，还要不停地做各类试题。有时累得直接在椅子上拿着书就睡着了。因为我们工作忙，我经常带着女儿在办公室一起加班，我边查资料边写材料，女儿在一边做作业、背课文，随便就到 12 点。也许是受我们的影响，女儿学习更加刻苦，即使学习奥数那么难，女儿还是坚持自己独立完成。每天早上6 点起床，自己坐公交车上学，晚上回家自己学习到近 12 点。谁说读书不苦呢？十年寒窗不就是苦读吗？我相信小小的她也有着自己对学习的坚持和执着，也有着自己的目标和梦想。在这种亲子共读中，我们都获得了各自的成长和进步，我想这就是阅读的力量吧！

　　三是培养思考的能力。读书不仅仅关乎理解，更能引发思考。阅读除了当时的快乐，更重要的是思考让人心智成熟。在学校，老师会布置作业，要求对学过的文章、读过的书以写读后感、画思维导图、做读书卡、编连环画等形式进行描述或总结。这些好的学习形式都让女儿在阅读中进一步提升了独立思考的能力。同时，女儿在阅读过程中还养成了随手摘抄的习惯，遇到的经典词句她都会及时记录在摘录本上，有时间就经常拿出来翻一翻、背一背。我经常和女儿说，习近平总书记在梁家河七年时间，最喜欢的是看书，没日没夜看，看完以后还喜欢自己琢磨，不清楚的喜欢和别人讨论，感觉还模糊的就去找相关的书籍比对或佐证，直至问题搞清楚为止。正是这个深入思考的过程培养了他的理解力、思辨力、洞察力和解决实际问题的能力。女儿也牢牢记住我说的，在学习中努力提高独立思考的能力，遇事多问几个为什么。因为养成了思考的好习惯，升入初中后，她较好地应对了课程增多、难度增加的学习任务，能顺利完成各种阅读理解，看到作文题目就能很快地构思组织语言，写出一篇篇好文章，很多时候能得到老师的高度评价。在今年暑假学校组织的郡外文学之旅郴州行的研学中，每经过一个地方，老师细细讲解后就让孩子们自己写一篇随笔，在高椅岭，女儿写道："天空无一物，亦可容万物，高椅岭上红色砂岩尽情享受着存在于普天之下的幸福。"在温泉镇，女儿写道："有人说：'你一句春不晚，我就到了真江南。'此时可不是春天，你留恋小桥流水，我在夏季里收藏阳光。"在东江湖，女儿写道："东江上的捕者撒开网的那一刻，我已拥有了全世界的江河湖海。"在读了《半条被子》后，女儿写道："一代代奋斗者既胸怀梦想又不驰于空想，既勇于追梦又不骛于虚声。"从这些描述中，我真正感受到女儿的才情和细腻。在研学结束时孩子们对关于宫崎骏和周敦颐引发的文学讨论中，女儿对两位艺术巨匠的客观评价更是让我感受到她较强的思考力、思辨力，以及开放进取的心态，这些不都是读书和思考带给她的最大收获吗？

"耕读传家远，诗书继世长。"有一种家风叫做书香，一室书香，能让家庭的爱变得更有宽度和厚度。让孩子爱上阅读，让读书成为习惯，让家庭充满书香，我们以书为伴，和女儿共同成长！

（作者：长沙市长郡外国语实验中学学生家长）

记忆的馨香

谢　科

　　我独坐在深夜的书桌前，看着相册里祖父的照片，记忆慢慢被唤醒，与祖父在一起时的往事顷刻在脑中活了起来，变得无比生动。

　　祖父的房子，就在村子的南面，门前有一条窄窄的小河。小河没有"黄河之水天上来，奔流到海不复回"的磅礴气势，但它有种极致的静谧之美。院子里的土地更有自己独特的气息，浓郁而清新，如同埋藏了多年的陈酿被打开了盖子，气息中蕴含着诸多情思。

房间里的笔墨香

　　冬日暖暖的阳光透过窗子斜斜地照进房间，照得那满桌满地、或长条或方形的红纸格外鲜艳。红纸上是未干的墨迹，房间里弥漫着一股浓郁的墨香。一个身材高大、精神饱满、知非之年的男人正在挥毫泼墨；一个矮矮的平头小男孩则站在桌前，抻着手中的红纸，艳羡地看着他笔走龙蛇，同时贪婪地嗅着这好闻的笔墨香味。那是 30 年前的祖父和我。

　　祖父写得一手好字。那时候，临近春节，左邻右舍都会拿着红纸求他帮忙写春联，他总是乐呵呵地接下。春节越来越近，求写春联的人实在太多，祖父愈发地忙碌起来，家里忙年关的活就全堆在了我的祖母身上。我不解地问祖母："爷爷整天帮别人写春联，能换来啥啊？"祖母摸着我的头，微笑着："欢喜啊，帮助别人你爷爷就会欢喜！"祖母识不得几个字，因而对"字"似乎有种敬畏之情。当看到难得闲暇的祖父一脸认真地教我识字写字，祖母就赶紧戴上老花镜，凑过来，满脸虔诚地看着我写。看到祖父指着的字我能流利地读出写好，祖母就在旁边欣慰地笑。

祖父的热心在周围的村子里是出了名的，更出名的是他对中国汉字和中国传统文化的热爱。不管有多忙，祖父总会抽出时间练书法、诵诗词、读历史；也总是会抽出时间教我读书、写字，给我讲或有趣、或动人、或深奥的故事。

难忘那些看祖父写字的日子，我站在桌前抻着红纸或是宣纸，看祖父落笔、运笔、收笔。祖父的字或端庄大方，或凤舞龙翔，或中正平和，或古色古香，各具特色的真草隶篆诠释着独属于中国汉字的美。那时候，小小的我心里满是"一定要写一手好字"的愿望。

难忘祖父书写的那些对仗工整、喜庆文雅的春联，意蕴隽永、内涵深刻的《千字文》《诫子书》《兰亭序》，绕梁三日不绝于耳的唐诗、宋词，还有那大气磅礴、豪气干云的毛泽东诗词。

难忘祖父给我讲过的中国历史、英雄故事；难忘祖父说过的那句意味深长的话："写好中国汉字，学好中国文化，铭记中国历史！"如今，我又将写毛笔字手把手地教给儿子，让他在家庭文化的传承中感受源远流长的中华文化和光辉灿烂的中国历史。

院子里的木屑香

记忆的流光中，我又走进了祖父的院子，一股淡淡的木屑香气扑鼻而来。祖父又在做木工活儿了!

小时候,我常常见他弯着腰刨一块块木头,看着他轻松地旋起一朵朵漂亮的刨花;看着一块块木头变得细腻平整,露出清晰好看的纹理;或者我会见他用墨斗"啪"的一声在木板上打出一道直直的黑线,然后锯下一块块形状各异的木块,木屑纷纷落下,原木的清香袅袅四溢。

祖父并不是木匠,但他的木工活儿却是一绝。简单的刨子、锯子、斧子、凿子、尺子,再加一把锉、一个墨斗、一支铅笔,就是他全部的工具。每当祖母说家里又缺个什么家什儿的时候,祖父就会找出他这一套宝贝忙碌起来。

多么神奇呀!不用一根钉子,一块块木头就能变成一个个或高或矮、或圆或方的板凳,或者变成既精致又结实的桌子、椅子、柜子、盒子、马扎子……那时候我并不懂什么是榫卯技术,但心底却有一股热热的感觉在涌动。是什么感觉呢?现在想来,应该是对中国传统工艺最初的敬意。

父亲告诉我,忠厚老实的曾祖父老来得子,且只有我祖父一个儿子,在旧时代,不免会被人欺负。所以,要强的祖父从小就发誓长志气、学本事!长大后的祖父能言善辩,满腹学识,还有满身的本事。除了木工技艺精湛,农村盖房子的那一套也是行家里手——从最初的设计、打地基,到垒墙、立檐、封山、起屋;从垒炕、垒灶台,到房屋的修缮,样样不在话下。祖父不说愁,也不喜欢看到别人愁。

所以,小时候的我,总觉得祖父就是一个无所不能的英雄。而长大后,祖父那立志成才、勤奋好学的精神更令我敬佩。

田野里的小麦香

每年芒种过后,田野里的麦子就成熟了,风一吹,掀起一层层金色的麦浪，一股清甜的小麦香气氤氲开来。

祖父是一个地地道道的农民，春、夏、秋三季大部分时间都在庄稼地里。学校放暑假的时候，我就像一条小尾巴跟在他后面。

祖父总是那样心灵手巧，凡事用心琢磨，从不用蛮力！比如麦子脱粒以后，有些人扬场必须依靠风的力量，风大了不行，风小了也不行，没有风更不行。而祖父则不然，他深谙惯性的道理。不管有风没风，只见他用木锨扬起一个优美的抛物线，随着一阵阵悦耳的哗哗声，那浑圆饱满的麦粒就与轻飘飘的秕麦分开了。

他又是那样勤劳，那样追求完美！不但追求庄稼的产量，还要求地里的苗站得笔直、整齐，堆的麦垛也要完美得像个艺术品。为此，他不知道花了多少力气。路过的人赞叹一句，他就心满意足地笑了，他呀，始终坚守着自己的人生信条！

这种精益求精、尽善尽美的态度不正是我们中国传承千年的伟大精神吗？这样勤勤恳恳、追求完美的祖父又怎会不是我学习的榜样？

饭桌上的豆腐香

"滋啦……"随着水油相激的声音，一股浓浓的醇香飘散开来，很快，一碗香喷喷的豆腐汤就端上了饭桌。只见碗里飘着红红的辣椒、白白的豆腐、绿绿的香菜，真是色香味俱全！

祖父不常做饭，但这香醇的豆腐汤是他的一道拿手好菜。再配上祖母烙的又香又软的大饼，真是令人垂涎三尺！

我迫不及待地拿起筷子去夹豆腐，谁料豆腐像个泥鳅似的滑落在地。祖父立刻严肃了起来："小心点！谁知盘中餐，粒粒皆辛苦！一粥一饭当思来之不易！"

他像所有老一辈淳朴的中国人一样，把勤俭持家当成是治家的一个准则。他把家风看得很重，对儿孙要求很严。他教导我们勤劳节俭、刻苦学习，教导我们做事认真、正直勇敢，教导我们努力工作、全心奉献，还教导我们爱家、爱党、爱祖国……他有时会板着脸，而更多的时候却是灿烂地笑着。他总是忙碌着，忙碌在各种各样丝丝缕缕的香气里。

去年我回到故乡，却再也不见祖父的身影，他永远离开了我们。灯光师般的夕阳，穿过屋瓦缝隙照射进无数的小光束，将老屋定格。这里曾经萦绕着我幼小快乐的灵魂，还有对祖父不可磨灭的珍贵记忆。透过半掩的门望去，树已经不见，院内七零八落，狼藉一片。

天高，水深，人远。

成长的岁月，正如祖父所说，会伤心，会难过。每当我失落的时候，我总能感觉到，祖父轻手轻脚地来看我，他守在我的身边，俯下身伸出手轻轻拍拍我的背，告诉我要坚强，我的情绪就在祖父的宽慰下很快舒缓起来。

祖父始终注重家庭，注重家教，注重家风，时时处处给我们做榜样，他像一个光芒万丈的英雄，闪耀在我的心里，直到永远。

（作者：衡阳市耒阳市港湘实验学校学生家长）

"编故事"中的故事

魏乃昌

15 年前，65 岁的我终于当上了外公，又过了近五年，第二个外孙女又出世了。我与大多数中国老人一样，为了减轻女儿的负担，便承担起带外孙女的责任来，这就带来了隔代教育的新课题。隔代教育如何避免弊端？怎样突出隔代教育的优势？用什么办法让孩子更好地成长？我尝试用"编故事、讲故事、学故事"的方法进行隔代教育，取得了预期的效果。

如今科技发达，教育孩子的方式也多：打开电视可观看幼儿动画片，打开影碟机可播放儿歌或听故事，五颜六色的幼儿图书更是琳琅满目。

但我发现，这些幼儿文艺作品内容并不理想，除少数讲的是中国古代神话、寓言、成语故事外，更多内容都是国外的，如日本的阿童木、聪明的一休，美国的猫和老鼠、蓝精灵、变形金刚、忍者神龟、海绵宝宝等，其中很多作品追求娱乐性、趣味性、新奇性，故事拖拉，内容荒诞，东拼西凑，根本谈不上给幼儿进行什么教育，更缺乏中国传统文化中的"真善美"，这对幼儿成长很不利。每每陪看、陪听，我总有些担忧。

大外孙女上幼儿园后，每晚入睡前都要我讲故事。于是我动了自己编故事的念头，下决心编个适合幼儿听的中国现代故事系列，一定要把中国文化的精髓融入故事中。尽管外孙女只有三岁，但我坚信春雨润物细无声，时间一长，讲得多了，听得多了，中国文化总会在她幼小心灵中潜移默化，扎根发芽。

故事怎么编她才喜欢听？怎样编才能做到不重复、有新意？我费了不少脑筋，现在回顾起来，"编故事"过程中就有许多故事。

首先，故事要有一个吸引幼儿的名字。经过再三选择和比较，我把故事取名为《小花的故事》，因为"小花"这个名字很普遍，通俗易记，所有的故事可以围绕小花开展，使其具有连贯性。

接着，要确定故事中的人物。我编写的故事中始终只有四个主要人物：小花、小丽、小明、小亮，两女两男；他们同岁，同住一个小区，同上一个幼儿园，以后又同上一个小学。人物集中不易混淆，故事也更集中、更逼真。

然后，对四个角色准确进行性格定位。我把"小花"定位为第一主角，她求知好学，独立思考，爱憎分明，有组织能力，是比较完美的一位学生。"小丽"特别爱美，能歌善舞，心地善良，但胆小，性格懦弱。"小明"聪明能干，办事果断。"小亮"憨厚，热爱集体。性格定位之后，编故事就有侧重，讲故事就有立体感，也使故事中的人物"活"起来，内容容易记住。

最困难的要算故事内容的编排。外孙女年龄太小，深奥一点的道理她听不懂，会觉得乏味，不愿意听。我便确定从传授知识入手，先编一些她感兴趣的故事。恰好幼儿园老师给每个小朋友发了十几条蚕喂养，于是我就把这个课外活动编成了《养蚕的故事》，从蚁蚕→蚕宝宝→蚕眠→蜕皮→长大→吐丝→结茧→蚕蛹→蚕蛾→交配→产卵的过程详细描述，还带外孙女去识别、采摘桑叶，让她亲手用桑叶喂蚕，后来又指导她为吐丝的蚕搭建场地。"听"以致用的故事一下就激发了她听故事的兴趣。

夏天她要去看荷花，我就编了故事《采莲》，把荷叶、荷花、莲蓬、莲藕的知识穿插其中，变单纯观赏荷花为全面了解荷花，增加了她的兴趣。植树节到了，我编了故事《雨中栽树》，通过四位小学生雨天去公园栽树的全过程和感受，使外孙女知道绿化环境、保护环境的重要性，明白"前人栽树后人乘凉"的道理。如今，只要看见有人攀摘树叶、花草，她都非常反感，有时还忍不住上前制止。

外孙女上小学后，听故事的兴趣未减，每天仍然要我给她讲故事，当然这增加了我编故事的难度。于是我特意订阅了《长沙晚报》《三湘都市报》《潇湘晨报》，每天关注报上的新闻，从中发现真善美的事和人；还关注电视节目中的热点访谈节目，有意启发自己的灵感。如针对老人摔倒到底应不应该帮扶，我便编了故事《老爷爷跌倒了》，内容是四位故事的小主人翁在桃花岭公园春游时，遇见了一位老人跌倒，不少游人担心"碰瓷"受到牵连，围在周边不敢帮助，小花发现后，她指挥小明、小亮去搀扶老人，小丽帮老人抹去身上泥土，买水让老人喝，自己全程进行录像。故事告诉外孙女无论何时何地都应该尊敬老人，帮助遇到困难的人，让爱心从小伴随她成长。

如何关心帮助贫困学生也是现实生活中常见的事，我针对此事编写了故事《新同学》。内容是小花班上新来了一位家庭经济困难的女同学，她倡议全班同学，用爱心行动帮助这位新同学，在班主任支持下，全班同学都加入了助学帮困行动。这件事还引起了学校重视，全校贫困同学得到了帮助，学校还与一些贫困学校取得了联系，确定贫困学校为帮扶对象。听完这个故事后，外孙女对贫困学生有了全新认识，不再歧视，还主动捐献图书和文具。

新闻中我看到一所小学因下大雨，校门口积水严重，学生进校鞋袜全进了水的报道后，灵感被触动，我马上编写了《校门口的便桥》故事：由小花带头，小明、小亮、小丽参与，在附近建筑工人帮助下，借来手推车运来砖头，冒雨在学校门口搭建起一座便桥，让同学们顺利通过。这个故事对外孙女震动很大，她听后连连说："小花几个人真不错，我一定要向他们学习!"以后她每次都积极参加班上的公益活动，还称自己就是"小花"。

中国过年有给孩子"压岁钱"的习俗。我从新闻中了解到，有人利用这一习俗变相搞行贿受贿，于是我编了一篇《压岁钱的故事》。内容是小花的爸爸升职后，要求女儿过年不能收任何上门拜年人送的压岁钱，但小花口中虽答应了，却收下了三位叔叔的压岁钱，她也同时回赠了每人一张自制的贺卡。事后爸爸很气愤，严厉斥责了女儿，要她一一退回。我在讲这个故事时，还特意给外孙女讲了自己拒收家长红包的事。外孙女问我："为什么你不收呢?"我告诉她："给领导送物品都是有目的的，那位家长再三送东西给我，就是为了让我招收他的小孩入学，我收了就违规了，外公不能犯错误。"外孙女好像明白了其中的道理："我知道，小花的爸爸不许小花收压岁钱，也是怕犯错误。"我便趁机开导外孙女："你讲得对!收压岁钱看来是小事，但许多人犯罪都是从小事上开始的。"

暑假期间，我连编了三个故事:《小报童》《卖苹果》《送饮料》，讲的都是小学生如何利用暑假志愿当义工为社会服务的故事。《小报童》讲小花等四个小孩冒着酷热上街卖报、为同班生病同学筹资的故事。《卖苹果》是讲他们得知某地果农丰收但积压苹果的消息，主动与社区联系，在小区内开设苹果代售点，为果农分忧解愁的故事。《送饮料》则是讲他们主动为清卫工人送茶水、冷饮、防暑物品的故事。这些故事都贯穿了关心他人、帮助他人的红线，外孙女听后很感动，也与同学一起上街卖瓶装水为班上生病同学筹集善款，还积极参加社区组织的暑假义工活动。无疑，故事中小花等人的作为，已经对外孙女产生了正面影响，实现了我编故事、讲故事的初衷。

我的姐姐年岁高，身体不好又无人照料，去世前一直住在市"寿星公寓"养老，一切生活全靠护工照料。为了培养外孙女孝老敬老的品德，我几次有意带她去养老院。第一次去时，她看见躺在床上或坐在轮椅上的老人，感到很害怕，紧紧拉住我的手，一动不动。当看见护工为老人换尿不湿、清理脏物、抹身体、喂食时，又受到震撼。回来后我编成故事《养老院的护工阿姨》，给她讲述人都会变老的，有不少老人还会行动不便，生活难以自理，需要他人照顾，所以当一名护工必须有爱心，不嫌脏，不怕累，她们的工作很有意义。以后再去养老院她不害怕了，还用彩纸折了"千纸鹤"送到老人手里，祝福老人健康长寿，有时还帮助护工推轮椅送老人进行户外活动。

母亲节到了，怎样让孩子表达对母亲的感激之情？我编了故事《礼物》。内容是：小花提议母亲节不给妈妈送礼品，用优异成绩报答妈妈。小花、小明、小亮、小丽都报名参加学校运动会，经过刻苦训练，他们终于取得了优异成绩，用学校发给的奖牌、奖状祝妈妈节日快乐。讲这个故事的目的就是让外孙女明白：作为一名学生，给妈妈的最珍贵礼物不是买什么东西、送什么礼品，而是要成为德智体全面发展的人。

每逢春节我都要制作一种叫"藕夹"的传统家常菜，外孙女最爱吃。为了让她接触家务劳动，我便带她去购买主辅材料，教她进行初步加工，讲解制作这道菜应注意的细节，并让她参加半成品制作，让她明白做菜不仅辛苦，还很有学问。事后我编成故事《春节做菜》，她边听边讲自己的体会，充满了祖孙乐。

外孙女上小学高年级后，语文课中有不少古诗词，为了培养她对古诗词的兴趣，我精心编了一个新颖故事《春雨》。故事安排四个小伙伴相邀去岳麓山春游，中途遇雨，小花提议用自己知道的古诗词，对春雨进行接龙朗诵。这中间他们朗诵了杜甫的《春夜喜雨》《水槛遣心》、杜牧的《秋思》、陆游的《临安春雨初霁》、刘长卿的《别严士元》。这些描写春雨的古诗词外孙女虽没有全学过，但激发了她对古诗词的兴趣。

讲故事也得与时俱进，不断增加新内容。例如实行垃圾分类，小区增加了颜色不同的垃圾桶，我便编了《垃圾分类》故事，这个故事对提高她的环保意识很有帮助。有一次学校少先队组织清理梅溪湖绿化带垃圾活动，她不但顶着高温积极参加，还写了一篇小文章《捡垃圾》，被湖南读书会主办的《文学微刊》采用发表了。

从我对两个外孙女进行隔代教育的实践中，我体会到隔代教育如果方式方法恰当，还是有不少优势的。我有丰富的生活知识和深厚的人生阅历，有充裕的时间和足够的耐心去编写故事，这是爸妈们难以做到的。每晚在一起讲故事，祖孙关系融洽，也愉悦了我自己，享受了天伦之乐，不觉辛苦，只觉快乐。还有一个好处是我每天想着编故事，让大脑活动起来，防止老年痴呆。

当然，由于老人受历史条件和自身年龄特点的局限，隔代教育也存在一些不利因素，如容易形成溺爱，喜用老观点、老经验教导孙辈，这对培养他们开创性精神多少会有些影响。好在孙辈白天有学校老师的教育教导，这些不足的地方可以得到弥补。用"编故事、讲故事、学故事"的方式对孙辈进行隔代教育，我认为也是一种不错的选择。

（作者单位：长沙财经学校）

阳光驻进他心里

谭　敏

我带完毕业班，又新接了三年级二班，听说这个班有一个孩子特别令人头疼，被老师们称为"问题儿童"。

我在原班主任那里了解了孩子的全部情况，多年的班主任经验告诉我：这的确是个问题比较严重的孩子。

在和孩子相处的四年中，我调整好自己的心态，想尽办法，从孩子自身、家庭、老师、同学几个方面着手，家校联动，合力育人。最终孩子以优异的成绩顺利升入初中，后又考入明德中学。

每每回想起他的转变过程，我总是感慨万千……

状况百出真无奈

我知道，作为新接班的班主任，第一印象非常重要。我想给他留个好印象。新学期开始时，我特意打电话请他和其他几个孩子来打扫班级的卫生。他来时，我正在整理桌椅，他一进教室，发现是我在里面，着实吃了一惊。我告诉他，我是他们新的班主任。我陪着他们把卫生打扫完，再一一和他们说再见。他竟然主动地挥手和我说再见，脸上也多了一丝高兴的神色。他走了，我很高兴，看来孩子对我的第一印象还不错，这应该是有了一个良好的开头吧！

不料，好景不长，才短短两周，孩子却让我手忙脚乱，焦头烂额……

先说他的课堂表现吧！不管是什么课，他几乎不听，坐没坐相，站没站相，一双手不知在桌子底下忙活什么，兴致来了，他的左邻右舍还会遭到莫名的"袭击"，踢踢这个，捶捶那个，还不时在同学的书本上画几笔……整堂课告状声不断。

看着他的第一次语文家庭作业，我不由得倒吸了一口凉气。才发的作业本，别的孩子全用书皮包好，崭新、整洁。而他的，却早已粘上了一些污渍，看上去有点像鼻屎，好脏啊！翻开他的作业本，这哪像作业呢？一笔一画全都伸到格子外面，没有一个字是正的，全歪七歪八地斜躺着，错题一大片，阅读理解中的每个问答题都是只言片语，答非所问。

第一次测试，他是全班唯一的不合格。

这一天第一节是英语课，课才上到一半，他竟往一个女生的文具盒里放进一条黑乎乎蠕动着的毛毛虫，吓得那女生惊慌大叫。教室里瞬间炸开了锅，年轻的英语老师都不知道该怎么收场。

课下也是麻烦不断。有一天，有个女同学来告状，说她的水杯里不知什么时候多了几颗小石子，同学说是他偷偷扔进去的。还有几个男生大声告诉我，他把学校一个花盆里的花全部摘下来扔在地上了。

天天捣乱，天天有学生、老师、家长来告状。一天又一天，我就像个消防队员，不断地救火。刚开始，我还耐着性子处理，我不断告诫自己：他是我的学生，我要想办法转变他。直到有一天，校长告诉我，他接到了大学图书馆的电话，说我们学校有孩子砸坏了图书馆一楼的玻璃。经查实就是他干的，我一下子蒙了……

旋即一股无名之火噌的一下升上来，真是太令人生气了！我为他付出这么多，他就不知道吗？想起这一段时间的点点滴滴，我的眼泪竟然不由自主地流下来。

我把他喊过来，正准备狠狠地批评他一顿，却发现孩子正直直地看着我，那眼神，没有害怕，没有羞愧，什么都没有，连最能表示认识错误的低下眼帘的动作都没有。我猛然惊醒——他已经习惯批评了。批评，对他来说，应该是家常便饭，无所谓了。又气又急中，我自己也不记得和他说了些什么，就让他走了。

转变巨大好欣慰

因为他的存在，让从教 20 年、身为长沙市优秀教师、一直对教育充满热情的我第一次对自己产生了怀疑：对这个孩子，我就真的没办法了吗？他为什么会这样？他生活在一个怎样的家庭？父母是怎么教育他的呢？

我决定去他家里家访。没想到，迎接我的是一个面容憔悴的老人。家里是一室一厅的房子，收拾得还是挺干净，只是屋子里冷冷清清的，少了一丝热闹的烟火气。这天，我才知道，孩子父母早已经离婚，并且各自重组家庭。没有特殊情况，父母是不会来看他的，平时也没有电话，就更别说关心他了。老人还告诉我，孩子放学后从来不直接回家里，而是这里看看，那里停停，直到夜幕降临才回家，奶奶只好每天跟在他的后面……回家写作业时，他总要打开电视，边看边写。不会做的题，奶奶也没办法辅导他，他也从来没问过别人。学习越来越难，他也就越来越学不懂了。

唉，又是一个可怜的孩子，难怪作业写得那么差！我这才明白，为什么很多次下课，别的孩子玩得欢天喜地，而他总是孤零零地坐在座位上；为什么排队回家时，别的孩子看见父母都如小鸟一般飞过去，而他总是慢腾腾的，踌躇不前；为什么过生日时，别的孩子都会热情地邀请小伙伴去家里做客，而他从来不愿意邀请……

我内心的愤怒已经慢慢消退。现在，我担心的，不是他的成绩，而是他那双冷淡得和他的年龄极不相称的眼神，还有那眼神后面孩子自己层层包裹起来的真实的内心。因为砸玻璃这件事，孩子被叫到学校德育处谈话。我不放心他，决定送他回家。路上，看着孩子被灯光拉长的孤寂的影子，我的心被深深地刺痛了，他还只有八岁呀！我不由得怜惜起他来。我找出许多的话题，和他聊起来。可是，他一直低着头，总是用最简单的几个词来回答我的问题，看得出，他对我和他聊的这些都不感兴趣。

"写作业时能不开电视吗？"我问。

"家里没人陪我，电视里有人说话。"半晌的沉默后，孩子回答。

"一个人很寂寞，是吗？"

"嗯。"这次，他回答得很自然，也很认真，让我看到了他那颗属于他这个年龄才有的清澈的心。我知道，我一下子触到了他内心深处最柔软的部分。

"那这样，你放学后到我办公室写作业，好不？我陪你。"

"真的吗？"

"真的！"我肯定地问答。那一刻，我也暗暗下了决心。因为我知道，要做到这个承诺，并不是一件容易的事情。

就这样，我们边聊边走，孩子和我说了许多从前未和别人说过的话。他告诉我，他这样做，其实只是想引起老师和同学的注意，只是想气气离婚的父母，想问父母为什么要抛弃他。

此后，放学后，他就留在我办公室写作业。针对他的情况，我和他一起制订了学习计划，边学习新的内容边复习之前的知识。刚开始，他有一些吃力，我减慢速度，每天补习一点点。大概补了半个学期之后，他就完全能跟上班了。他很聪明，慢慢地，学习就不用我操心了。有一天开会回来，我发现他正捧着一本课外书在看呢！那一瞬间，我的眼泪竟不由自主地流了下来。作业写完后，我会和儿子一起送他回家，在路上和他讲讲在学校发生的事情，我发现他对科学很感兴趣，我买了一些科技方面的书，要他放学后回去看；我邀请科学老师一起，经常给他布置小实验，在家里完成，他每天阅读、观察、做小实验，放学后的时光过得非常充实，再也不觉得孤独了；我还常常请他到我家里，让儿子和他一起写作业、玩耍，两个孩子也成了好朋友。

在孩子的内心深处，最渴望的还是父母对他的关爱。父母的爱对于一个孩子来说，是任何人都代替不了的。我和他的爸爸妈妈取得联系，告知他们孩子的近况，请他们多多关注孩子，周末多带孩子出去玩，平时多看看他，多给他打电话聊天。刚开始，孩子爸爸妈妈以自己太忙为由，并未行动。但我坚持一周向他们通报一次孩子的情况，发给他们孩子不断进步的视频。一段时间以后，爸爸妈妈被感动了，开始关注起孩子来，有时还会一起带他去博物馆参观，孩子开心极了。

因为孩子之前的表现，引起了很多家长的担忧和不满。一、二年级的时候，他们经常向班主任老师提要求，不许自己的孩子和他同桌，也不准自己的孩子和他一起玩。还有几位家长曾向学校投诉，希望他能转学。家长的态度，在很大程度上影响了班上同学对他的态度，也更加增加了他的孤独。我召开了接班后的第一次家长会，我向各位家长说出了孩子的处境、本学期的变化和我的想法，请求家长们配合我的工作，给予孩子成长的时间和空间。我说得很动情，家长们也很有触动，都是当父母的，谁会不乐意助力一个孩子的成长呢？

半个学期后，孩子渐渐开朗起来，但还没有融入这个班集体。这天他告诉我，下周是他的生日，我眼睛一亮，有了一个好主意。

他生日前一天，一切都在悄悄地进行。同学们细心布置教室，用心书写生日祝福，精心制作生日礼物……第二天，他像往常一样走进教室。猛然，他发现教室的黑板上写着"祝子乐生日快乐"几个五颜六色的大字，他怔住了。就在这时，全班同学一起起立，唱起了生日快乐歌，温馨和感动洋溢在整个教室。接着，班长走过来，牵起他的手，来到讲台前，大家给他送上了亲手制作的生日卡，一个个热情地送上自己的祝福。很多同学告诉他，看到他在一天天进步，大家都很高兴，都愿意做他的好朋友呢！

他哭了。在我的引导下，班上的同学对他不再敌视，他慢慢地融入这个集体，笑容也回到了他的脸上。

内心不再孤独的他在我的鼓励下开始光芒四射。

他积极参加学校各项比赛，在演讲比赛、主持比赛中均取得了一等奖的好成绩。小学毕业时，他主动在毕业联欢会上表演了单口相声，表演惟妙惟肖，同学们被逗得捧腹大笑。他也被评为"优秀毕业生"，以优异的成绩升入初中。初中三年，我一直关注他的点点滴滴，进入青春期的他，并没有出现太多叛逆的情绪，他经常和我一起分享他的快乐和进步。每年教师节、寒暑假，他都会来学校看我。2021年6月，他参加了中考，成绩非常亮眼，考进了长沙市明德中学。

他，就是子乐，曾经的孤独男孩，现在的阳光少年。阳光不仅写在他脸上，更是驻进了他的心里。

对于他的转变，他的爸爸妈妈看在眼里，喜在心上。妈妈经常挂在嘴边的一句话就是："谭老师，您在乐乐身上的付出比我这个亲妈还多，我真的很惭愧。我们全家都感激您！"子乐的成功转变，让我特别有成就感，也让我更加坚信：对于问题孩子，爱就是世界上最好的药！

（作者单位：中南大学第二附属小学）

家校共建　圆梦成长

饶菊芳　张　丽　吴　琼

随着当今社会经济的日益发展，外出务工和创业的人越来越多，或远离家乡，或工作繁忙，无暇顾及自己的孩子，帮忙带孩子就落到祖辈身上，这已成为一个普遍的社会现象。会同县城北学校地处城乡接合部，隔代管教更为突出。在教育教学实践中，我们发现部分学生由于缺少父母关爱和教育，容易出现不良行为问题，形成不够健全的人格和不够完美的理想信念。近几年来，学校为了让隔代教育的学生有更好的成长环境，探索创新"家校共建、和乐教育"的隔代教育模式，取得了一定的成效。

深入调研，有的放矢

为了将隔代教育工作做得更细致、更有效，让隔代教育的体系更加完善，我们进行了深入调研。通过值周行政人员、教师、班主任的家访，以及问卷星的调查，我们得出了以下数据，了解了以下情况：

根据问卷星"隔代教育子女不良行为调查"显示：在违纪记录中，打架斗殴总人数51人，其中隔代教育子女占39人；撒谎逃学83人，其中隔代教育子女占65人；违纪违规123人，其中隔代教育子女占 97 人；隔代教育子女厌学、欠作业的现象在班级中占 64.86%，贪玩、缺乏上进心的占 81.08%，个人卫生差的占 68.92%，内向不爱表达的占 52.7%，性格孤僻不合群的占 17.57%，学业成绩优秀的仅占 2.7%。隔代家长受教育程度的情况更不容乐观，城北学校由隔代家长教育的孩子总人数为 1201 人，小学文化的隔代家长比重为 16.7%，高中及以上毕业的仅占 0.08%。

隔代家长的教育方法分为溺爱并充分满足、严厉惩罚、过分监督、耐心引导四种，溺爱并充分满足型占 62.3%，耐心引导仅占 0.04%。

从以上数据中，我们不难看出，隔代教育的学生在品行、性格和学习等方面都存在诸多问题，这些问题主要原因在于孩子们得不到他们最亲的父母的关爱与陪伴，在于隔代家长的教育方法不当。为了让这些孩子更好地成长，城北学校在创新"隔代教育子女"的教育方面作了以下尝试。

培训指导，方法多样

学校重点抓了隔代家长的培训教育工作。

培训内容序列化。隔代家长受自身教育程度、认知的局限，往往对孩子处于不同阶段应采取不同的家庭教育方式的重要性认识不清，方法不对。基于这些，城北学校将指导隔代家庭教育内容序列化。培训第一期，以"为什么需要隔代家长"为主题，转变他们的观念，加强他们的教育责任感。第二期，以"如何做好隔代家长"为主题，引导他们学会高质量陪伴。第三期、第四期以"谈隔代家长的教育方法"为主题，针对不同的教育问题确定不同的培训内容。例如，溺爱型家长该如何正确教育孩子，过分监督型的家长怎样教育孩子，如何指导孩子正确地管理使用手机等。第五期，以"自身隔代教育成功案例分析及改进方法"为主题，探讨如何教孩子才能成人成才。培训内容循序渐进，家长乐于学习，也容易接受。

培训方法多样化。为了让培训能更深入隔代家长内心，今年的培训方式打破了以往单一的讲授法，而是多种方式并存。①自学法。经常动员隔代家长们通过手机、电视、书籍、观看家庭教育电影等形式，提高他们的认识。②讨论法。学校多次召集隔代家长参加研讨会，让有经验的家长进行经验宣讲，组织他们相互交流，商讨正确的教育方式；讨论并建立家校合作的制度，加深隔代家长与教师的相互联系、沟通和理解，2021 年 11 月，我校隔代家长统一参加了由湖南家校共育网推出的"第五届新家庭教育文化节云上大会"，并在企业微信群里进行了学习讨论。③角色扮演法。培训时让家长们扮演各种角色，演示一个个案例，角色扮演的隔代家长们一个个精气神十足，培训者更是通过直观演示明了培训的意义。④案例研讨法。由隔代家长们一个个提出自己家的难题以及其他案例，通过讨论和案例分析，让培训老师或有经验的隔代家长，实实在在为隔代家长们解决难题等。通过培训方式的改革，再一次掀起了隔代家长们参加培训会的热情。

培训对象精准化。城北学校有一支高素质的家庭教育培训师队伍，由湖南省特级教师、家庭教育咨询师饶菊芳担任首席专家。由专家先对教师们进行全方位的培训，提升大家的素质；然后对全校班主任重点培训，细化指导，成长为隔代教育培训师；再由班主任对隔代家长进行专业的线上或者线下培训。除了教师培训家长外，我们还聘请优秀的外校和本校的隔代家长作为宣讲师进行培训。有时，发现一个区域的孩子问题较突出后，我们会联合社区，让社区的优秀隔代家长筹划培训，精心准备主题，让培训有的放矢。

精准指导，深化家教

我校作为"全国家庭教育实践基地"，为了巩固深化成果，进一步将指导家庭教育重点放在优化隔代教育上，并作为课题研究。我校的"关爱留守儿童，指导隔代教育"课题，已成功申报为湖南省教育科学"十四五"规划一般资助课题。本学年，我们延续了以往的家长进课堂、家长义工值勤、家长妈妈进食堂、家长参与管理等方法，并在此基础上，实行一对三上门指导模式。

一是指导家庭文化创建。我们发现，隔代家庭中，除了寥寥无几的书本外，几乎没有文化建设，有的甚至连一张做作业的书桌都没有。老师们通过深入家访、专题培训、"一对一"指导、设立评价机制等方式来指导隔代家庭文化创建，现已初见成效。大多家庭已创建出属于孩子的书香文化和特色文化，让家庭也成为他们展示的大舞台。学生唐邦桂是个头脑聪明但不愿阅读的孩子，语文功底差，原因何在？班主任深入他的家庭，了解到他父母在广州打工，很少回家，爷爷奶奶文化程度低，家中几乎没有书籍，更谈不上有好的学习环境。老师建议先从买书开始，并从自己家里捐赠了一袋子书，引导其爷爷奶奶拿起书本，以身作则。然后督促其父亲春节回家自己动手做了个简易书柜，一面墙设计为成长墙，张贴作品和荣誉证书，为孩子创设了一个读书的环境。经过半个学期的努力，唐邦桂渐渐爱上了阅读，进步明显。为了增强家庭的文化教育氛围，鼓励隔代家长撰写教育心得体会，在学校公众号里推出优秀家长作品。三年级唐子超的奶奶撰写的发自肺腑的家校协同育人心得，深受大家好评。

二是指导家庭教育方式。调查报告中显示，没有好的教育方法是隔代家长的最大难点。教育好孙子孙女为什么会让他们觉得如此困难，无从下手？讲师团的老师们经过谈话、家访、跟踪观察他们的日常生活方式，深挖背后的原因，针对不同的问题，给予不同的解决方案，指导隔代家长进行家庭教育。有位奶奶只有小学文化，对迷上手机游戏的孙女，一点办法都没有，好话说尽，打骂无用，反而越来越不听话。班主任老师了解后，坚持一个月送教上门，引导孩子爱上阅读和户外运动，与奶奶交流孩子的教育方法，告诉奶奶针对孙女的情况，应该如何教育。经过老师一个月教育方法的示范指导，孩子终于不再沉迷于手机，奶奶非常高兴地说："孩子转变了，我也学了一招！"

三是指导家庭心理教育。要让孩子健康成长，家长扮演着重要的角色，而这个角色如果不懂得如何对孩子进行心理健康指导，那么，失败的不仅仅是这个角色本身。接受调查的很多隔代家长中，他们都没有家庭心理健康教育的意识，只一味地满足或是严格操控孩子，加上父母又长期不在身边，导致部分孩子出现了心理问题。为此，讲师团的讲师制了家庭心理健康教育培训计划，对隔代家长进行指导。学校专职的心理健康教师通过开展三级培训、心理健康典型案例讲座及交流，指导隔代家长进行家庭心理健康教育。

搭建平台，多元共育

隔代教育是一种不得已的教育方式，每一对年轻夫妻都不愿意接受骨肉分离的事实。尽管隔代教育也有不少可取的地方，但是，其负效应还是显而易见的。针对隔代家庭教育的缺陷，我们重点做好三个搭建工作。

一是搭建隔代家庭互助平台。深入调查隔代教育家庭，统计隔代教育成功家庭和需要家庭教育帮扶的数目，发动隔代教育成功的隔代家长做志愿者，搭建隔代家庭互助平台。三年级钟易欣的奶奶教导有方，隔壁刘奶奶教育孙子感觉吃力，钟奶奶自愿加入志愿者队伍，经常与刘奶奶交流经验，帮助刘奶奶度过困难，共同进步。

二是搭建隔代直播教育体系。当今有许多爷爷奶奶都能使用智能手机，教育直播系统也越来越成熟。城北学校成立信息部，采取直播＋隔代教育的模式，为隔代家长提供了在家就能学习的机会，解决了有心却没能力教的窘境。二年级林敏敏老师发现班里有些孩子字写不好，爷爷奶奶又没方法辅导，于是她利用企业微信，在群里进行直播教学，爷爷奶奶直夸把孩子放城北真幸福，不但孩子学会了，自己也能跟着一起学。

三是搭建城北教育幸福圈。教育不是独角戏，需要家庭、学校、社会齐发力。为了使教育环境生态化，我校提出家庭、学校、社会大合唱，共同搭建城北教育"幸福圈"，即家庭教育每天最少半小时高质量陪伴，鼓励家长、孩子共同进行实践活动；以学校周边小区"水岸绿城"为试点，选拔一批有情怀、有热情的年轻家长化身共享"父母"、校外辅导员，既满足孩子们和小伙伴一起玩的期盼，也解决了隔代家庭带孩子难、辅导更难的长期痛点；学校还将一批留守儿童、有共同爱好的孩子集中起来，在晚餐后带领孩子们玩足球、打篮球、做健身操等，让他们进行有益身心的活动。随着孩子、家长的热情高涨，我们要做到留守儿童在哪里，"幸福圈"就覆盖延伸到哪里，工作就开展在哪里。

父母的陪伴是子女的最爱，祖父母的关怀是孙子的最暖，创新隔代家庭教育方法，促进家校合力，我们还行走在路上。回首走过的路，我们付出了心血与汗水，也收获了爱与欢笑。相信家校合力，会让我们的校园成为孩子们健康成长的乐园！

（作者单位：怀化市会同县城北学校）

做智慧父母　健全孩子人格

夏　彬

　　"建模赛，省一等奖！"读大三的大儿子在家人的内部汇报群里发了这样一条消息。接着，"2022 年湖南省大学生数学建模竞赛暨全国大学生数学建模竞赛湖南赛区比赛评审结果"的正式通报也证实了这条消息。打开电脑上的这个文件就能看到老大李佳洋的名字，省一等奖！真了不起！

　　细数儿子进入大学后的收获，还真让人欣慰。大一的第一个学期，考过了英语四级，第二学期，考过了英语六级；大一第二学期又考进了学院双学位的卓越班，同时学电气工程及其自动化专业和金融专业；担任院学生会宣传部干部；两次获国家竞赛奖；获校一等奖学金；因为数学成绩优秀，被聘请为院高数小讲师；连续两年被评为三好学生；预备党员；目标——保研或考研。

　　按理说，这些成绩，对很多优秀的大学生来说，都能做到，还有更多比这做得好的，有什么好搬出来称赞的呢？但对于我和孩子来说，取得这些成绩太不容易了。

　　我刚出大学的围城，就走进了婚姻的围城。可能是因为自己从五岁开始就没有了妈妈，内心对母爱的渴望强烈地促使着自己要做一位好妈妈，但遗憾的是，刚开始，我似乎并没有做到一个真正意义上的好妈妈。

　　我和弟弟一直就是父亲一个人带大的，我的父亲为了不让我们受委屈，宁愿一辈子单身，一个人用多病的身体，撑起我们的一片天。都说父爱如山，不擅长表达情感从不说爱的父亲，只会用自己拼命付出的实际行动来爱我们，最关键的是非常严格地要求我们。就这样，我从父亲那里习得的教育方式，也是非常严格甚至有点简单粗暴。但同时，父亲也教会了我自律、上进、乐观、好学。

　　当自己做了妈妈后，大儿子一岁多时，因为刚学走路摔倒，而我竟狠心让他自己挣扎着努力地站起来；当他哭闹时，我又狠心地让他立马停止哭泣；当他想去地上爬着玩耍时，我强烈地制止；他对周围的一切充满好奇时，我唯恐他弄脏或受伤，坚决不允许……

　　可能我从来就不知道妈妈的爱应该是什么样子的，所以，我以为这就是爱，直到三岁去上幼儿园时，我才发现，原本聪颖可爱的儿子，在我的严厉下，那份活泼已不知道从何时起变成了胆怯、木讷、惊恐、孤僻，一看到幼儿园的老师和同学，儿子就一边惊恐得哇哇大哭，一边用双手紧紧地抓着我，双脚拼命地用力夹着我，怎么拉都拉不开……

　　顿时，我意识到了问题的严重性，意识到自己简单粗暴的教育方式已经对孩子造成了伤害，我心急如焚。

　　我没有再急着将儿子强行拉开，而是先抱回了家，紧接着，拿着自己的教师资格证向幼儿园园长自荐，申请去幼儿园工作。非常巧的是，幼儿园正缺人，园长答应了，我欣喜万分，非常虔诚地开始做幼师，学做妈妈。学过的教育学、心理学全部像放电影一般放映出来，在那一刻我下定决心要学以致用。教育孩子没有范本，没有标准答案，世上没有两片相同的树叶，每个孩子都是独一无二的个体，唯有用心。

　　第一个学习的是埃里克森的人格发展八阶段，这是每个人发展的规律，他的基本观点是说：个体在每个发展阶段都面临特殊的发展任务，都会经历一次心理—社会"危机"，或者说矛盾冲突，只有尝试面对并解决这一冲突之后，才能顺利进入下一阶段，同时发展出某些特定的品质或"美德"。

零到一岁，是婴儿期。如果饿了、哭了、冷了、困了就有人过来照顾他，抱抱他，那么他就能感受到希望，就会信任照顾他的这个人。长大以后，对他人也会有信任感，就会对未来充满希望。相反，没人回应他的需求，那么他就会感觉很绝望，看不到希望。而且长期哭闹得不到安抚的孩子，他们内脏的自主神经系统会形成过度紧张的记忆，影响孩子的脾气秉性。

在儿子的婴儿期，我用尽所有母爱的细腻在爱他和照顾着他，母乳哺养至一岁多，日日夜夜寸步不离左右，给足了婴儿期的安全感和信任感，还好，这个时期没有留下什么遗憾。

有遗憾的应该是幼儿期，在 1~3 岁的这个年龄阶段，我忽略了培养儿子的自主能力。比如有一次，才两岁多的儿子跌跌撞撞地向我奔来时摔倒了，本来没有准备哭的，看到我严肃的脸，听到我提高音量的批评，他顿时吓得哇哇大哭；有一回，家里那只长尾的大公鸡，与两岁多的儿子瞪眼对峙着，那一刻我生怕儿子被公鸡啄上一口，立马呵斥他"不许靠近"，也吓得儿子从此见到家禽再也不敢下地。

诸如此类的事情，我愚蠢地做了好多。我忽略了这个时期孩子已开始渐渐有了自我意识，但仍不知是非对错，所以他做得对，就要鼓励他；做得不对，就要告诉他怎么做，而不是严厉批评他。如果父母严厉批评他，那么他就会害羞、胆怯，怀疑自己的能力。

如果我们能在这个阶段对他反复地手把手地教，考虑到他的需求，进行自主性的培养，在这个过程中会形成一个美德，叫意志力。当他摔倒的时候，他要自主，就对他说：宝宝没关系，咱们继续来，妈妈把你扶起来。如果他一摔倒你就笑话他或批评他，那这孩子慢慢地就会羞怯。因我教育的不当，才有了儿子到了幼儿园那个惊恐不安的场景，于是，我开始及时调整，弥补幼儿期的缺失。

儿子的适应力在慢慢地提高，三到六岁是儿童早期，这个时期的孩子各种大动作、小动作、精细动作，样样都很强悍了，想要不停地尝试新的事物，做父母的除了应该像第二个阶段一样，充分支持他，给予他引导外，还要跟孩子讨论规则，这样，孩子才会更加积极主动地去做各种事情。父母对他的引导，若是正向的，他就会更主动地去探索；若是负向的，嘲笑他，他就会比较泄气，慢慢地他就什么都不想干了。

转眼就到了儿童中期，就是上小学这个阶段了。在小学这个阶段，要学习文化知识，还要学习生存的各种各样的本领，各种各样的技巧。如果在这个阶段，能够进展得比较顺利，孩子就会形成一种美德叫能力，而这个阶段在学习上获得成就感也非常重要。

记得三年级开始，需要写作文了，而当时的儿子对作文还没有概念，不知道如何写。刚开始，我教他写，甚至把作文写好，让他照着抄一遍，就这样，他的作文总能被老师当成范文，在班级作文课上分享，而他也找到了写作文的乐趣。在我的引导下，慢慢地就能自己主动构思写作文，以至于在后来，他的作文一直能获奖，曾获校一等奖、市一等奖、省一等奖、二十届全国语文杯作文赛一等奖。

进入初中后，孩子就进入了青春期，这个时期的孩子最大的一个心理特征就是角色混乱与同一性，啥意思？就是突然他的角色变多了，原来，他只不过是一个学生，在家，是父母的孩子，但是，到了青春期，他有了很多的朋辈群体，处得好的哥们儿、姐妹儿，一群群、一伙伙的，都有他自己的角色，如果一不小心早恋了，还是别人的男朋友，这么多角色，一下涌到他一个人身上，他难免会混乱，会处理失当。

为啥？因为，如果他扮演好了别人的男朋友，他可能就天天跟人家买早点，搂搂抱抱，他就扮演不好好学生的角色，扮演不好好儿子的角色，所以叫角色混乱。反之，如果孩子能够做到既是别人的男朋友，又是好学生，还是爹妈的好儿子，然后，兼顾同学、朋友、父母、老师的感受，那么这就叫角色同一，这样就会形成一种美德叫忠贞。

这个忠贞不是说男女的忠贞，而是忠于自己，特别有个性。比如说我记得我儿子青春期的时候，印象特别深刻的就是有位亲戚来我们家，他都不搭理人家，一言不发，为啥？因为他觉得那个人是一个两面三刀的人，不实诚，他讨厌那种人，这就是他的自我同一性。孩子自己是正直的，不是两面三刀的，他不想当那种人，他讨厌那种人，所以忠于自己，哪怕别人上了我家门，他照样不搭理。当然了，长大成熟之后就不这样了。

老大青春期的时候经历了两次危机，如果当时不是因为我学习了很多有关教孩子的知识，如果用不当的方式处理的话，那后果可能真的会很糟糕。一次是初二时，一个女生给他写的信，满满的两大页，夹在一本不起眼的书中，被我无意间发现了，我很震惊，信的内容是女孩在追他，表示爱慕，两人是学生会认识的，信末表示想要得到确切的回复。

看完后，我悄悄放回原处，装作什么也不知道，表面风平浪静，但我内心已是波涛汹涌。

那天晚上，我特意早早地去学校接他，一路上，各种试探。比如，当下最重要的事是什么？自己对学习是怎么计划的？隔壁老张的儿子早恋被劝转学等，当然，都是在尊重、理解、接纳他的态度下试探的。儿子似乎知道我要说什么，回到家，他直接拿出藏好的那封信，递给我说："妈，隔壁班上的一个同学写给我的，我没有看，直接收起来了，你帮我看看吧。"

儿子的坦诚与自律，让我如释重负。

遇到事情做父母的要先稳下来，憋一下，别那么急着去下结论，别那么急着批评指责，让真相飞一会，让自己沉着冷静地去应对，也给孩子一份信任，相信信任的力量。

另一个危机也是很多父母都头痛的手机危机。刚进入初三没多久，我在给他打扫房间时，发现一个层层包起来的袋子，很奇怪地打开一看，居然是一台旧智能手机。顿时，我惊呆了，内心的火山即将爆发，准备在晚自习回家的路上严肃地审问儿子。

冷静下来一想：不对呀，手机层层包着，回来也没有时间玩，是不是先静观其变，适当的时候再说？

沉下心来之后，没几天，儿子主动把手机拿了出来，原来，是受同学的影响，悄悄用攒下来的生活费买的。但买了之后，一直不敢用，自己也察觉到这种行为不对，最关键的是他发现手机有被人挪动过的痕迹，就干脆主动交出来了。

很多父母都会说，青春期的孩子，真不知道怎么相处，怎么把握好教育的尺度。我总结了一下，最好的尺度是把握好以下几个词语：关系、情绪、成就感、希望感。父母要发自内心地欣赏孩子，尊重孩子，认可孩子，赞美孩子，相信孩子，这样才能有相对良好的亲子关系，任何关系都需要用欣赏、尊重、认可、赞美来维护，无一例外。

心理学上，有个著名的效应叫"罗森塔尔效应"，大意是说，在一批学生中抽取十个人，然后告诉他们是学校里最有发展前途的人。几个月后，再来学校调查时发现，这十名学生不仅成绩有了很大提高，而且变得更加自信乐观了。由此可见，善于发现孩子的优点，并经常赞美他，绝对地相信他们，对孩子的成长帮助极大。

育儿的本质，是维护好一段亲子关系。只有亲子关系中的情感联结到位了，孩子在未来的学习、生活、社交等方方面面才能得到正向的发展。而情绪呢，最影响孩子的学习动力。影响情绪的点主要有这么一些：

一是避免否定孩子，将孩子盲目地和他人比较。没有对比就没有伤害，我们自己也深有体会吧？詹姆斯说，人性中最热烈渴望的是他人的赞美。可见，每个人都渴望能被人欣赏、被肯定、被赞美、被鼓励。至于如何把握认可、赞美的尺度，这也是需要我们做家长的去学习的，但有一点是可以肯定的，得发自内心地发现真实存在的一些好的品质，哪怕他自己认为微不足道的地方，去欣赏他，去真诚而好奇地问："你是怎么做到的呀？"

二是避免反复不停地催促。不停地催促容易导致孩子的逆反情绪，就连开车都有"越催越慢，再催熄火"一说，人在被反复催促的情况下应激反应就是：偏不。怎么避免呢？记住一个非常重要的原则：提前告知。凡事如果做到了提前告知，引导孩子做好计划，提前规划，哪里还用得着催促呢？

三是父母要给孩子提供温馨有爱的家庭氛围，让孩子有一个情绪疗养的温暖港湾，当孩子在外面受到委屈时，回到家可以疗伤，这样，孩子情绪的恢复就会很快。

四是要常倾听孩子。在倾听的时候，尽量做到信任孩子，和孩子是一伙的。怎么样做到是一伙的呢？四不原则：不预设，不指责，不说教，不打断。并且，带着好奇心问孩子：你是怎么想的呀？还有哪些呢？这样，充分地去调动孩子的分享欲与倾诉欲，最终达到有效调节孩子情绪的目的。

当然，这些需要不断地练习，毕竟，人的自动思维都是挑错思维，父母的眼睛也都是火眼金睛，总是能一眼发现孩子身上的不足，然后就不断地唠叨这个不足，不断地强化这个不足，最后，变成了无限地放大不足。而我们要练习的是，不断去观察孩子，强化已经做好的，发自内心地欣赏孩子那些已经做好的，让孩子在被欣赏中找到更多的成就感。充满成就感的孩子，一定是能找到希望感的，他会有目标，有方向，有理想，有行动。

每一个年龄阶段的孩子都有不同的成长特点，父母用心把握每一个阶段的重点，教育才能发挥出最大的成果。

三岁前的孩子需要依恋，家长应该及时地满足其生理需要；三至十二岁的孩子需要规矩，家长对偏差应该和善而坚定地对其说"不"；青春期的孩子需要选择权，家长应该耐心而尊重地将其当作朋友……

心理学家李玫瑾在研究了上千例罪案后得出一个结论："孩子的问题，往往是成年人造就的。孩子的每一种心理或行为问题，都和父母的行为有关，和父母的教育方式有关。"我很庆幸，在孩子出现问题的时候坚持学习，陪孩子一起成长，两个儿子一直是别人口中的"别人家的孩子"，他们自律、上进、善良、勤劳、习惯好，性格开朗，阳光帅气，品学兼优，有着健全的人格。一路走来，我学习的专业知识不仅让自己和孩子受益，也常常帮助了很多需要帮助的人，有些孩子因为父母的及时改变而挽救回来了，我的帮助真的改变了他一生的命运。

家庭是孩子的第一所学校，父母是孩子的第一任老师。家庭教育涉及很多方面，而我们关注孩子的东西，不该只有分数和名次，更需要重视其性格、品德的养成，如爱与感恩、自信、担当、责任感、承受力等，有太多比分数和名次更重要的地方需要我们去重视。多给予孩子高质量的陪伴，让孩子领会爱的真谛；多用心培养孩子的好习惯，唤醒孩子的内驱力；多用发展的眼光去健全孩子的人格，让孩子的内心蓄满正能量。因为父母的终极使命，就是培养出一个人格健全、阳光温暖、能立足于社会大学的人。

我们在教育孩子的路上有可能踩过一些坑，不过没有关系，我们从什么时候开始学习都不晚。最后，用心理学里面的一句话共勉："一个人能被过去所影响，但不能被过去所决定。"

（作者：湖南师范大学附中博才实验学校学生家长）

花开于苦难　梦铸于逆境

邓　楠

顽石下钻出的小草

也许，每个人的人生都会有苦相伴。如果说苦难是上天浇灌人们成长的雨露，那么在我的人生里，上天好像对我格外慷慨。

小时候，父亲一直奔波在外，每年仅有几次放假回来可以陪我一会儿。可就是这样的日子也没有持续多久，三岁时，父亲便因车祸而离我远去了。在我的记忆里，父亲是模糊不清的，提到父亲，脑子里唯一浮现的画面是：他来幼儿园接我回家，我因为认不出他，边哭边说他是人贩子。

如果说父亲像一缕轻烟，如梦般飘过了我的生活，那我的母亲便像是一片云，徘徊于我的天空，永远飘浮不定。

我对母亲的印象是从奶奶口中了解的：她年轻活泼，追求自由，在还没有做好当妈妈准备的时候生下了我，两个月后她就悄然离开了。到现在为止，我见她的次数很少，她甚至连我的生日也记得不大清楚。四岁时，母亲改嫁了，我是从街坊口中得知这个消息的。

我这棵从顽石下钻出的小草，一出生就承受着生活的苦难。

逆风生长的向日葵

我是爷爷奶奶带大的孩子，在我儿时的记忆里，街坊邻居谈起奶奶时，总是夸奶奶能干。她不仅农活干得好，还能把橘子树养得枝繁叶茂，同时照顾我也是无微不至。和其他孩子一样，我无忧无虑地读完了幼儿园。

进入小学后，每每听到别人议论我："她爸爸妈妈都没有，只有爷爷奶奶。"看到别人投来怜悯的目光，我心里就堵得慌，这个时候我就会因为想念爸爸妈妈而黯然神伤。每到周末，看到别的孩子被爸爸妈妈带去游乐园玩，我心里羡慕极了，也想爷爷奶奶带我去。可爷爷是隧道工人，长期在外地打工，一年回来一次。奶奶既要照顾我，又要操劳农活，每晚回家衣服都会被汗水浸透，加上奶奶还有腰疼的毛病，我便偷偷地把这个念头藏到了心底，常常一个人坐着发呆。奶奶发现我有心事，经常和我聊天。她总是慈爱地告诉我："人这一生，总会有很多不如意的事情，活好当下，活好自己，就是最重要的。"在奶奶的开导下，我明白了，能改变现状的，只有我自己。于是我开始努力学习，因为我只有一个想法，我要变得优秀，改变自己的命运。

二年级时，我和奶奶说想到离家很远的县城学特长，奶奶毫不犹豫地答应了，亲切地对我说："咱们楠楠懂事呢，学点特长好得很呢！远一点是小事。"她总是这样，只要是我想要的，一定会毫不吝啬地给予我支持。就这样，我进入艺术学校开始了钢琴和舞蹈的学习。

我家离县城很远，那时坐车得要一个小时。奶奶有晕车的毛病，每次送我去县城学习都要吐一路，但奶奶一直坚持送我到四年级。从四年级开始，因为心疼奶奶，我不忍心奶奶再拖着虚弱的身体送我，就开始自己坐车去上课。有时课排在晚上，我只能在街上借宿。幸运的是老师对我极好，带我和他们一起吃饭，一起住教师宿舍，让我感受到了春天般的温暖。

学特长的学费并不便宜，但爷爷十分支持，说："咱赚钱就是为了楠楠，对她好的东西就要搞！"为了给我凑学费，他和奶奶在生活上能省则省。记得有一次，奶奶走路的时候鞋底掉了，旁边就有一家鞋店，她却舍不得买，说拿回家自己缝缝就可以穿了。

尽管家里生活清苦，但奶奶却像太阳一样，时刻照耀着我，温暖着我。我喜欢吃的菜，总会出现在餐桌上；我喜欢的水果，也在我的书包里准时出现。

学习舞蹈的时候，我的肢体软开度不够，奶奶每天干活回来，不顾腰腿疼痛就帮我压腿。每当我练好一个技巧后，她总会给我做好吃的奖励我，鼓励我坚持下去。

功夫不负有心人，经过重重选拔，我成功进入了专业班。专业班的学习技巧要求更高，但无论开脚背还是压腿多疼，我都没有掉过一滴眼泪。我牢牢记住了奶奶的话："坚持下去，不要放弃，你可以的。"

钢琴是我学习的另一门特长，我特别珍惜来之不易的学习机会，每天都能坚持练琴两小时。因为我刻苦练琴，加上悟性较高，基础扎实，进入了最优秀也最严格的专业一班。10 岁时第一次参赛，就获得了常德市十岁组的一等奖，这也激励我更为刻苦地练习，决心要通过自己的努力让爷爷奶奶过上更好的生活。11 岁时，我代表学校参加县"三独"比赛，获得了一等奖的好成绩。

特长的学习让我懂得了未来的道路很长，也很难走，所以我不敢有一丝松懈，学习成绩一直保持在班级前列。每当我取得好成绩的时候，奶奶总会说："要更加沉下心来，不要懈怠，未来的路还很遥远。"我暗暗下定决心：一定要严格要求自己，保持积极乐观的心态，坚持不放弃，闯出自己的一片天地！爷爷奶奶的爱就像阳光，滋养着我这株向日葵在逆境中成长。

暴风雨中的甘菊花

12 岁那年，就在我准备迎接初中生活，开启人生新阶段的时候，我们一家平稳的生活又突遭变故。爷爷在工地被钢板砸伤脊椎，虽抢救成功，却因养伤期间气管堵塞意外死亡。这是年少的我历经的第二次生死别离，命运好像总爱跟我开玩笑，专挑我振作向前的时候给我当头一棒。

那是中秋节的前一天，我从学校请假出来，来到治疗爷爷的医院，准备和爷爷奶奶一起过节。可第二天，最疼爱我的爷爷，却永远离开了我。我明明刚刚和他说完话，他还笑盈盈地看着我，答应着好好养伤，就一会儿时间，我就再也看不到他的笑脸了。我握着爷爷冰冷的手，望着他闭着眼安详的模样，听着奶奶撕心裂肺的痛哭，我茫然地坐在那，让眼泪一直流，像永远流不干一样，心里默默地说：爷爷你放心，我一定会照顾好奶奶的。

爷爷的离开对于我又是一次沉重的打击，街坊和悲痛的奶奶都担心我会被击倒，我茫然无助，我的方向又一下子模糊了起来。

日子总归是要过的，因为爷爷的离开，奶奶好像更苍老了，但平时在我面前总是带着笑，好像一切都没有发生过。她还一直激励着我，不要放弃，会好起来的。如若她没有在梦里都还在哭泣着喊爷爷名字，我对她的坚强估计会信得更多一些。我难以想象，经历了丧子和丧夫之痛的奶奶是如何调整好自己，不让我沉浸在悲痛中的。

庆幸的是，我并没有被这些打倒。我告诉自己：奶奶已经高龄，面对苦难还能振作起来，过好生活，我为什么不行？我一定要振作，好好照顾奶奶，撑起这个家，不辜负爷爷奶奶对我的期望。我决定和苦难和解，我要像甘菊花一样，在暴风雨般的苦难中开出最美的生命之花。

沙漠里的仙人掌

爷爷去世后，我不仅努力追赶之前落下的功课，还继续坚持学习钢琴和舞蹈，回家之后也从不懈怠地练习。同时，我还积极参加各项活动：在爱国日活动里取得了全校朗诵及演讲比赛一等奖；代表学校参加乒乓球县运会，取得了女子单打第五的优良成绩；"三独"比赛取得了县独奏一等奖、独舞二等奖。

中考时我的分数超过了一中线，成功考上了师范学校。我用成绩和奖项向大家证明，我不服输，苦难终究打不倒我，我已经学会在苦难中砥砺前行，成为更优秀的自己。来到师范后，谨记奶奶的教导，我没有让自己停止追梦的脚步，抓住一切机会，不断提升和锻炼自己。

我自幼体质较弱，还有点低血糖。在我看来军训是一个很好的增强身体素质、培养坚强意志的机会。于是军训期间，我认真对待每一个动作，听指挥，听命令，不言弃，不偷懒，成功入选了队列式方阵。因训练刻苦，表现突出，我荣获了军训先进个人称号。

新学期开学后，我竞选了班长并成功当选。在新型冠状病毒感染疫情防控期间，我耐心地稳定同学们的情绪，不厌其烦地向他们讲解疫情防控的重要性，解释需要填报各种表格的原因，及时办理疫情事务，保证了本班防疫工作的顺利开展。我已经成长为一个优秀的班长。

尽管从小没有得到太多爸爸妈妈的爱，但爷爷奶奶却给了我宽阔的视野，培养了我广泛的爱好与特长。乒乓球、钢琴、舞蹈、朗诵等竞赛活动中总能看到我活跃的身影。入学新生演讲比赛我获得学院第一名，成功入选院朗诵社团；我成功进入了院乒乓球队；参加常德市"三独"比赛，取得了市一等奖的好成绩。元旦晚会上，我与学校郭老师进行了小提琴与钢琴合奏，参加了乐队演出，荣获了"优秀表演工作者"称号。我这棵在环境严酷的沙漠里的仙人掌顽强地生长，终开出了艳丽的花朵。经过多年的奋力拼搏，我已成长为德智体美全面发展的优秀学生。

一路走来，披荆斩棘，我慢慢找到了自己的方向，学会和苦难共生共长。对我而言，苦难是修行，也是沉淀，是苦难成就了我。而奶奶便是我黑暗前行中的一抹阳光、一盏明灯。她是我的老师、我的引路人、我的精神支柱。她永不放弃、不畏苦难的精神激励我成长；用谆谆教导、循循善诱，把一个失去父母的迷茫无助的我引上正途；用她并不宽阔的肩膀给我依靠，给我温暖与爱，让我拥有前进的勇气和力量。

（作者单位：湖南幼儿师范高等专科学校）

院士养成记

文　磊

　　邹冰松，理论物理学家，中国科学院理论物理研究所副所长，2021 年当选为中国科学院院士。"言传身教，身行一例，胜似千言。"对于邹冰松院士而言，优良家风是他宝贵的财富，父亲邹自兴是他的第一任良师和榜样，在言传身教中告诫他做人做事的道理。耕读传家久，孝友继世长。下面，让我们一起来听听邹自兴老师讲述他是如何把孩子培养成院士的。

奉先思孝，处下思恭

　　1956 年，我考入了东北师范大学，因为家庭条件不好，我选择了公费师范生，攻读数学专业。毕业后被留校任教，与妻子育有一儿一女，从小他们都和我们夫妻住在东北。我对他们的教育理念里首要的是奉先思孝，处下思恭。

　　两个小孩从小就非常懂事，这也得益于从小到大一直在我们父母身边，我们一直陪孩子成长，我们给孩子讲远在南方家乡的爷爷奶奶、外公外婆的故事，讲小时候长辈把子女培养成人的不容易，故事里总是透露出不能在身边尽孝的遗憾，也让姐弟俩对和爷爷奶奶、外公外婆见面充满了期待。

邹冰松上小学时，我们夫妇教学工作忙，没有办法陪他报到入学，于是邹冰松便对我说："没事，爸爸妈妈忙，我自己可以去。"作为老师，下班后我经常在家加班写材料，邹冰松姐弟俩放学回家看到我们在认真工作，他们也认真完成作业后一起下下围棋，看看小人书，帮着家里打扫卫生，做做家务，非常懂事。

待人接物要平和，不要和别人起冲突，是我经常挂在嘴边的。那一年邹冰松上二年级，放学回家路上被其他同学欺负了，正好被我撞见。我了解情况后并没有批评他们，只是告诉他们要友好相处，并对邹冰松说："对待别人要平和，别人犯了错，认错了就要原谅别人，不要再和他们父母说，落了他们孩子的面子。"

1974 年，邹冰松离开父母回到故乡长沙求学，和爷爷住在一起。期间父子之间一直保持着书信交流，我经常在信中让邹冰松多帮爷爷干活，孝顺长辈，和同学相处也要和睦，乐于助人。邹冰松学习完总是帮着爷爷砍柴、挑水，做一些力所能及的家务，与班上同学的关系也十分融洽。因为学习好，讲礼貌，很受班上同学欢迎。

深受父母影响，对待长辈孝顺，对待平辈、同学有礼，这就是少年邹冰松。

倾己勤劳，以行德义

1976 年，我响应国务院、教育部号召，决定回到湖南，支援湘潭大学复校建设。邹冰松也跟随我来到了湘潭大学子弟学校读初中。

邹冰松成绩一直名列前茅，这得益于我严谨的治学态度、倾己勤劳的工作状态对他的影响。

有一次邹冰松期末考试没有考到第一名，他感到很沮丧。班主任李维利老师告诉我后，我没有责备他，反而宽慰孩子："读书和做其他事情一样，犹如逆水行舟，不进则退，没有考到第一名没有关系，说明还有进步的空间，希望你能够继续勤勉，考得好不骄傲，考得不好不气馁。"

对待自己孩子的教育和对待学生的教育是一样的，要充满耐心，言传身教，才能有助于他们的成长。

1980年，邹冰松以湖南省第二名的成绩考入北京大学技术物理系。攻读技术物理是受我的影响，当时国内技术物理、核物理人才急缺，我告诉他要到祖国需要的地方去，学习祖国需要的专业，更好地为社会主义发展做贡献。上大学前，我嘱咐儿子："北京大学的学生是全国各省的尖子生，你一定要保持奋斗的状态，继续努力，稳扎稳打。"在北京大学求学期间，我们父子一直保持一个月至少一次信件交流。1984年7月邹冰松从北京大学技术物理系毕业获得理学学士学位；1987年7月在中国科学院高能所获硕士学位，攻读中国科学院理论物理所理学博士，1990年7月获理学博士学位。

深受父亲的影响，并以父亲为榜样，勤勉学习，躬耕不辍，在祖国需要的领域实现理想抱负，这是求学期间的邹冰松。

宽大其志，足以兼包

邹冰松学习成绩优异，科研成果突出，很快被国外科研机构看中。为了更好地在自己研究领域的前沿发展，1990年邹冰松前往瑞士国立粒子物理核物理研究所PSI做博士后。出站后受聘于伦敦大学，在英国国立卢瑟福实验室工作六年，该实验室两年一签，邹冰松连续两次提前续聘。在国外期间，我与邹冰松依然通过信件沟通，1996年从湘潭大学退休后，我前往英国与儿子相处了十个月。

这时恰逢中国科学院高能所需要高级别人才，我主张邹冰松回国，勉励他："人应该有远大理想和志向，在英国所学也是将来为祖国奉献本领。"多年的求学经历和科研实践让邹冰松更加成熟，能力更强，责任更大，是时候回到祖国贡献自己的力量了。

回到北京，邹冰松工作非常忙，除了早上吃饭可以见到以外，一整天都在工作，回来后已经到了深夜。于是我接手了三个孙子的照顾和培养工作。培养自己的孙子，我用起了培养邹冰松的方法。对待长辈要孝顺，对待同学要友好；从小要立大志，行大德，要有包容心；"勿以善小而不为，勿以恶小而为之"；从小要德智体美劳全面发展，寒暑假会带孙子回到长沙乡下体验生活，参与劳作。

在我的教育影响下，三个孙子先后考取了北京大学。大孙子目前在英国攻读传媒学硕士学位；二孙子攻读心理学，目前在日本工作；小孙子现在北京大学攻读物理专业，一家四人本科都就读于北京大学。

邹冰松院士的家庭纵然有"书香门第"的天然优势，但父亲邹自兴老师的育人方式更值得学习。言传身教，做到奉先思孝，处下思恭；倾己勤劳，以行德义；宽大其志，足以兼包，这些家训足以让一个孩子成长成才。习近平总书记说过：中华民族历来重视家庭，正所谓"天下之本在国，国之本在家"，国是千万家，只要家风正，祖国一定能繁荣昌盛！

（作者单位：湘潭大学）

身教重于言教

段正华

1962 年 8 月 28 日，在四川金堂赵镇河坝街段家，传出"双喜临门"的喜讯！一喜是我考上大学；再一喜是我大姐顺利生下"胖儿子"，大姐打趣地说："儿子急着要与小舅去上大学呢！"孩子取名为"贺克斌"，意思是：日后，若习文则攻克科学难题；若练武，则克敌制胜。

次日，我带着"通知书"和简单行李，告别姐姐和刚来人间的侄儿。姐说："乖儿子，长大要像小舅一样，读大学！"刚来人间，母亲就为他锁定了人生目标。

入学不久，教育部领导到我校视察食堂，并传达了国家领导人的讲话："大学生是祖国的希望，要让他们吃好，吃饱。"我深切地感到：这是党的关怀，是祖国的温暖！暗下决心：必须努力学习，尽快成才，早日报效党的培育！

我非常喜欢物理学科，我们学的课程，其中包括四大力学（量子力学、理论力学、电动力学、热力学）和数学，这些课程是我们认识当今电气化、信息化、智能化本质的基础课程。这些课程我都进行了预习，并认真做了上课笔记，这些笔记一直保存至今。我很喜欢课外活动，在课外活动中，最喜欢的是航模设计与制作，因为各方面的难度都很大，要想使飞机上天，必须通过全方位的艰苦磨炼。我还以全优成绩考上了成都市摩托车运动队，在选拔考试中，内燃机原理成绩十分优秀。

1967 年末，开始毕业分配。根据我的情况，学校给我两个可选方案：一是江南造船厂（绝密，造军舰），二是湖南大学（机密）。我因喜欢大学的"科研、生产、教学三结合"的工作，于是选了湖南大学。

在读大学期间，我每年寒暑假都要回赵镇，与全家一起劳动。姐姐要克斌向我学习，把我学过的书给克斌，还对克斌说："你小舅，从初小到高中连续'保送'，初中毕业各科成绩全部满分（五级记分）。"姐姐还特别强调说："你要像小舅一样，学好数理化，你小舅高中数学平时基本满分，物理毕业考试 99 分！其中一分还是老师有意扣的，说是为了有发展空间。"

哥姐经常说起造船厂造军舰和大学当教授的事，在刚入小学的侄儿脑中也留下了"造军舰、大学教授"的印象。我临走时，两个侄女提议给我送行。六岁克斌，站在送行队伍最前面，望着小舅的背影，目光渐渐向远方的"军舰""教授"而去。

1970 年 9 月 1 日，周恩来总理向全国发出紧急号令："建立黑白电视发射台！"湖南省由李振军军长具体负责指挥。1970 年 9 月 1 日，湖南省建立黑白电视发射台的任务，下达给湖南大学无线电教研室，教研室老师立刻投入工作。在任务进行中，遇到了"难题"。校长兼书记、老红军张健下达紧急令："在全校寻找解难人。"老师举荐了我，工厂书记找到我说："毛主席号召！周总理紧急命令！校长全校找人，要你去电视台！"听工厂书记这样说，我毫不犹豫，响应毛主席的号召，接受使命！

这样，党中央"建立电视台"的重任落到我肩上，我脑中只有一个信念：干！日夜干！必须准时完成总理的任务。

1970 年 9 月 30 日，在张校长的关怀和领导下，在老师们的共同努力下，我准时完成了任务。连夜安装发射机，连夜调试，连夜培训韶山支部值班机务人员，我亲自合闸开播电视。我们准时看到了毛主席、党中央领导的光辉形象，我终于没有辜负祖国期望，圆满完成了党交付的第一个光荣任务！之后，我又完成了"彩色电视发射机"射频部件及其天线系统的设计任务。

在彩色电视攻关会战期间，军事课题遇到了难题，需要我参与研究，因此，彩色电视刚完，1973 年春，我就到了部队参加军事项目攻关，并采用了我的方案，投入了紧张的研究设计中。冯教授是清华物理系毕业、哈佛大学博士，是我的军研战友，也是我的良师。冯教授的英语很好，他告诉我一个学好英语的方法：一天强记 300 个单词。

1973 年 12 月，部队安排我乘飞机回老家探亲。见到了已经 11 岁的侄儿克斌，我要他把作业提前做完，用星期天强记 300 个英语单词，星期一再考他，结果他能记 250 个，从此，侄儿英语很快提高。部队每年都要安排我探亲，侄儿很喜欢听我讲我的故事。

1976 年 10 月，长沙市政府新建长沙火车站，将现代化的信息指挥系统项目下达给湖大无线电教研室，1977 年元月，我奉命返校，经刻苦攻关，我完成了"前所未有的人造系统"。此系统很快推广至全国，使祖国超前十年实现"信息指挥现代化"。

1978 年，我被选为湖南大学首届学术委员会委员，并参与负责筹建"湖南大学计算机系"。这时我感到："世界信息革命已经开始！"为党的事业，必须将时间超前。当时，国内很难见到计算机书籍，我赶紧着手撰写了《微型计算机原理》一书，后来作为电视教材，给全省万名科技人员电视讲课。

1981 年，我撰写了《近代通信理论》（包括信息论、噪声理论、估计理论等）；由于科学灵感驱动，在无人、无钱、无设备、无房子的情况下，我以顽强的意志克服重重困难，带领师生自力更生，在全国最早创建"五个"不同层次、不同类型的"计算机网络通信"新学科专业；1980年7月，克斌考入清华大学环保系。1984年夏，克斌南下看望我和段峰表弟。这两位南北兄弟，在我的潜移默化下，在成才的路上正一步一个脚印地前行！

1976年后，我凭借刻苦钻研和科学灵感取得一些成就：1978年出席全国首届科学大会，获首届教师节"优秀教师"殊荣，创新学科专业，创学风全校第一，在电视台给全省科技人员较早讲授计算机网络课，接受电视台记者采访……这些都被儿子段峰看在眼里，记在心上。

1987年，段峰11岁，就设计制造了"步谈机"，该机能使两人在200米以内无线移动通话。他小学毕业时，"步谈机"留在学校展览。段峰对电子、机械等产品都很好奇，很感兴趣，拿到手上就拆，拆坏就自己修，从不问我，只是喜欢仔细地看我做事，看完了，自己做。儿子得到众人喜欢，儿子同学的家长向我要秘方，我说："我的秘方是，他将我价值几千元的放像机、摄像机拆坏了，我装作没看见，他会刻苦钻研，动脑动手修好。"

1990年，预感到世界智能化浪潮即将来临，我便开始大量地指导"机器人毕业设计"，受到同学们喜爱，受到社会欢迎，学生思维能力大大提高。1993年初，我用精确的数学语言对"科学灵感梦思成果系统"进行描述和严谨的逻辑演绎，撰写了《DEDS完备群随机控制理论及其应用》一文，被第一届全球华人"智能控制与智能自动化"国际会议录用，由科学出版社出版。1993年8月，出席首届"智能控制与智能自动化"国际会议，"科学灵感梦思成果论文"受到大会分会主席以及与会全球华人同行学者关注，被评为学科组唯一第一，昭示了"科学灵感梦思成果"超凡的科学性。

1995年，段峰考大学时，正是我最关注智能的时期，所以段峰自己选择了湖南大学自控专业，毕业后，恰好与他的克斌哥一样被保送硕士研究生，接着又读"控制"博士。儿子从托儿所直到博士，都在湖南大学。他的博士研究课题是"工业视觉检测机器人"，是他自己确定的题目，大家都说做不出，但他自己硬要坚持做，就在家中做，家里提供视觉部件（摄像头）、材料、工具等。大热天都在家调试软件，经过几年的艰苦攻关，他终于研究成功。中央电视台两次播送了段峰的"工业视觉检测机器人"，特别给儿子的机器人取名叫做"挑刺机器人"。段峰 2007 年毕业，在读博期间的 2004 年，获得"国家科学技术进步奖"。毕业后，他选了一家打算做机器人的公司，在那里自力更生、从无到有创建起机器人业务。

段峰做的机器人种类很多，遍布祖国大江南北，都是为客户保密无法看到的，特别是军用机器人，为保卫祖国，为祖国统一的军工，迄今为止已忙碌了整整十年。

每个客户对机器人的具体要求不同，所以他不断地挑战自己，非常艰苦。工作 15 年了，没有房子，没有车，也不需要房子车子，因为居无定所。有公司愿意高薪加房子车子聘请，也动摇不了他的意志。客户都很信任他，他的团队也很信任他。段峰廉洁奉公，对科学事业非常执着，为摘取机器人这颗制造业皇冠顶端的明珠而殚精竭虑！

段峰北京的克斌兄也学业、事业有成。1980 年考入清华大学环境工程系，1990 年博士毕业后进入清华大学环境工程系任教，1993 年 1 月，前往丹麦技术大学环境工程系担任访问学者；1996 年 4 月前往美国哈佛大学环境研究中心担任健康访问学者；1998 年 8 月前往英国利兹大学燃料与能源系担任燃料与能源科学访问学者；2013 年担任清华大学环境学院院长，2015 年当选为中国工程院环境与轻纺工程学部院士、清华大学碳中和研究院院长。

当年我给克斌定下的"环保科学"，是一个与整个世界的生态环境和人类生命密切相关的新兴学科，这样的重担压在一个刚满 18

岁的小克斌身上，然而，克斌硬扛下来了，而且今天成就如此辉煌，成了"管天管地"的专家。

南北两兄弟，在我的科学思维、不断进取精神的潜移默化下，都取得了不俗的成就，一个是为了"健康中国"，一个是为了"智能中国"！

对孩子的教育，我感受最深的是"身教重于言教"，家长首先要做好自己，做孩子模仿学习的典范，当好孩子人生的第一任老师。

（作者单位：湖南大学）

让心灵与心灵约会

刘 婷

我很荣幸，因为我从事的是太阳底下最光辉的事业；从教 30 多载，从湖南江永教到广东东莞、顺德、深圳，再回到江永，走过初登讲台的青涩，走过年复一年循环的职业倦怠。回首来时路，在 29 年的班主任生涯中，有失败辛酸，有成功喜悦，有诸多说不完的故事。

班主任工作是神圣而伟大的，也是有挑战性的。每个班级都有学困生、"老大难"，他们学习跟不上的原因大部分不是智力问题，而是心理问题。这类学生大都基础差，并有一定的家庭问题。要帮助他们进步，我们教师只有悄然走进学生心灵里，了解学生，关爱学生，对症下药，方能巧治学生心病。

清楚地记得，2016 年我接手二年级一班时，一位叫邓剑锋的男孩让我很头痛。他的一身衣裤脏兮兮的，头发也总是乱蓬蓬的，且从没认真听过一节课，还经常在我的课堂上吼叫、拍打、打呼噜，甚至会突然发疯似的站起来手舞足蹈。最严重的是孩子的眼中总有一丝躲闪之色，似乎不敢正眼看人，好像自己做了什么坏事一样。一段时间下来，班里总有同学来告状，女同学说："刘老师，邓剑锋总是欺负我！"男同学说："刘老师，邓剑锋老是不打招呼就随便拿我的东西！"课代表说："刘老师，邓剑锋什么作业都不交！"

邓剑锋在大家的心里似乎成了一个没有优点尽是缺点的孩子了，同学们也不愿意和他一起玩，慢慢地，他被孤立了。

我试过严厉地批评，也试过苦口婆心地教育，可是，都收效甚微。无计可施之时，我跑去向有经验的老师们求教，还购买了许多有关儿童心理学的书籍，如饥似渴地一页页地认真阅读。书中经典的教育理论和教育范例，像沙漠中的一滴滴圣洁甘露，像拯救病危者起死回生的灵丹妙药，深深地震撼着我，使我豁然开朗。我意识到教育需要"触碰灵魂"，只有了解了孩子行为背后的真实想法，才能选择合适的教育方法。

通过深入了解，我终于明白了孩子这样做的用意了，原来三年前他的父亲因病去世了，这给孩子幼小的心灵造成了无法弥补的伤害，不久之后母亲为了生活带着孩子改嫁，面对陌生的环境、陌生的"父亲"，孩子更是把自己"装在了套子里"，接着小弟弟的出生无疑是对他更大的打击，每次看着原本疼爱自己的母亲抱着弟弟的时候，他总是偷偷流泪，觉得母亲不再爱他了，不要他了，大家都忘记了他的存在。从那时候开始，孩子变了，不再是那个活泼开朗、惹人喜欢的孩子了，他撒谎，偷东西，做一切"坏事"，他的目的只有一个——引起大家对他的重视。了解了这些，他的种种行为终于有了解释。这是心理问题，他做一切糟糕的事情，不过是自卑情结的外在流露，是想要通过这些花招去得到家长和老师的关注，证明自己的存在。那一阵阵的吼叫声、拍打声、呼噜声，分明是一声声的呼救。

比对各种教育案例与教育心理学理论，我知道了这样的孩子，需要的不是训斥，也不是两次、三次走形式的谈心，而是要长期并采用多种形式与学生的心灵进行约会。我多次去他家家访，与他的父母沟通，希望能从生活上多关心他，让孩子感受到大家都爱他，不再缺乏安全感；在班上，我组织主题班会"我帮你找优点"，让同学们互相说优点，轮到邓剑锋时，我看到了他眼中期望的神情，于是我先说了他的优点，我事先安排好的同学也纷纷说开了。通过这次班会，大家看到了邓剑锋的优点，也慢慢愿意与他交往了。半个多学期下来，来我这里告状的孩子少了，邓剑锋的朋友越来越多，他脸上的笑容也越来越多。渐渐地，他从开始的只会点头、摇头，到肯与我分享一点心里的小秘密；从说话不直视老师的眼睛，到看着老师时眼里闪烁着光芒。更令我惊喜的是，有一次他在课堂上举手争取发言，虽然当时有同学提醒他，他才答对了，可我还是大大地表扬了他，给他们小组加上了一颗奖励之星，顿时，班上爆发出一阵热烈的掌声，他激动地、腼腆地笑了。他的妈妈特意请假来到我办公室，高兴地说："刘老师，剑锋变了，真感谢你啊！"

这件事，使我知道孩子是感性而脆弱的，他们需要老师们大声地表达爱。于是，为了使更多的孩子感受到爱意的环抱，为了在更多的孩子脸上看到纯真而自信的笑容，我在班上建立了家长信箱，为家长与孩子之间搭建起爱的桥梁。读信，已经成了班上的一个传统节目，每当我拿着信封走进教室时，教室里会立刻响起那一首爱的主题曲："想把爱读给你听，听爸爸妈妈说爱你；想把心读给你听，让阳光照进你心里……"每一次读信，我都能在那一张张稚嫩的小脸上看到专注的神情，在那一双双明亮的小眼睛里看到打滚的泪水。

后来，在我的鼓励下，邓剑锋积极参加各种竞赛活动。几年来，他常获得各种级别的奖励，如2019年在期末统考中荣获年级一等奖。前年，邓剑锋还以全县前100名的优异成绩被我县的一中录取到重点班。

教育是一场温暖的修行，在这条修行路上，我是老师，也是学生，更是孩子们的朋友、姐姐、妈妈，用不同的身份，给予他们不同的爱，陪伴着他们一步一个脚印地成长。当听到孩子们坚定而羞涩地说着"刘老师，我希望您能一直教我们到毕业"，我突然明白，种瓜得瓜，种豆得豆，种爱得爱！教育不仅是温暖孩子们生命的过程，更是对这条路上所有灵魂的洗礼。

"班主任是把祖国的昨天、今天和明天连接起来的人格和智慧的桥梁，班主任的劳动铺就了一条学生成才之路。"我深切懂得了：心灵是智慧的发源地，是人类的灵魂所在，而孩子的心灵，是一方奇妙的净土，要成为孩子的真正教育者，就要把自己的心奉献给他们。只有了解学生的内心世界，在他们幼小的心灵里播下健康、美好、快乐的种子，唤起孩子们内心积极的情感体验，才会激励他们，因此班主任的管理必须是情感教育，走进心灵的教育。

让我们用和蔼、亲切、关心打开学生的心扉，做一个理解、尊重学生的老师，让每一粒种子都破土发芽，让每一株小苗都茁壮成长，让每一朵花蕾灿烂绽放，让每一颗果实都吐露芬芳。

（作者单位：永州市江永县实验小学）

陪孩子一起说话　一起做事

殷艳玉

2020 年 7 月 13 日是个周末，一如此前任何一个平常的周末，但这个周末，也有它自己的特色和新的内容，让我这个妈妈对什么是家庭教育有了一个深切的体会。我觉得可以用一句话来概括，就是陪孩子一起做事，一起说话。

何来此说？且听我细细道来。

周五，娃儿雅贝贝跟我说："妈妈，我想吃可乐鸡翅了。"我回复道："家里没有鸡翅了，只有排骨。""明天上午你去买可乐吧。"

第二天，孩子磨磨蹭蹭，拖到 10 点多才把早餐吃完。我批评了她几句，孩子很不高兴，买了可乐回来后，就闷闷不乐地进房间去了。我把她叫住，拉住她说："你怎么不跟妈妈打声招呼就走了呢？是不是刚才我们俩闹矛盾了，你心情不好？"孩子的眼泪就出来了："是的。我每次听到你批评我，我就会很难受，就会觉得你离我很远。"我很真诚地对她说："妈妈理解你的感受。每次批评你、跟你闹矛盾的时候，其实妈妈也挺难受的。"娃儿说："我希望我跟妈妈之间有世界上最亲密的关系。"我抱着她："妈妈知道。不过，雅，你知道吗？其实人与人之间闹矛盾是正常现象，只有从来不打交道的两个人才会不闹矛盾，就像一个从来不打篮球的人，才不会犯篮球的规则一样，你说对吗？闹矛盾不可怕，相反的，如果我们处理并解决好了矛盾，反而可以让我们的关系更进一步呢。"娃儿吃惊地睁大了眼睛："妈妈，真的是这样吗?"我很肯定地说："当然。你知道妈妈是教哲学的，哲学上有一个规律叫做矛盾规律。实际上，事物之间的矛盾反而是一种力量，它可以叫做是矛盾力。"娃儿："妈妈，那你可以举个例子来说明矛盾力吗?""好吧。就像我们俩刚才闹矛盾了，但是我们一起好好地找出我们为什么闹矛盾、怎么解决这个矛盾的方法。把矛盾解决了，你的心里是不是就感觉轻松了? 会不会觉得跟妈妈关系更近了更亲密了?"说完，我牵着孩子的手走进厨房。

　　我淘米做饭，孩子就洗辣椒、洗姜、剥蒜。娘儿俩一边做事，一边轻松随意聊天。饭熟了，我做可乐排骨，娃儿也做一个菜——青菜汤。两口锅子并排在火上，两个勺子在翻炒，两个人在灶台边，两张嘴在叽叽咕咕。娃儿的小脸在灶火的辉映下红彤彤的，妈妈的脸上也充满愉悦，刚才的不快一扫而光。当我们坐下来吃饭的时候，我就跟娃儿说："雅，刚才我们一起做饭，一起准备饭菜，你感觉怎么样呀?"娃儿好开心："妈妈，我感觉很开心。我觉得我自己做的饭菜特别香。"我说："我们俩刚才处理矛盾的过程，是不是让你感觉到了矛盾力? 如果我们刚开始在面对矛盾的时候，不是好好坐下来谈，并且一起去做事，来解决前段时间你跟我总是离得很远的矛盾，我们就享受不到今天这种一起开心做事的幸福感。"娃儿说："妈妈，那以后我们俩再出现矛盾的时候，我就不会那么害怕了。因为当矛盾出现的时候，反而是可以让我们的关系更进一步的时候。"我说："是啊，不仅跟妈妈出现矛盾的时候觉得没有那么可怕，就是当你在生活中跟其他人出现矛盾的时候，也可以用同样的思路去处理。"

　　这是我们周六通过一起做事，一起谈话，化解亲子矛盾并让矛盾升华，提高娃儿思辨能力、提升她的社会责任感的一件事。

第二天，有人要租我们的房子，娘儿俩一起去房子里等人看房。由于附近施工，旁近的一道小门最近一个月是封闭的，这让我们的进出很不方便。而如果我们从北门绕出去，那会是相当长的一段距离，会让看房的人等太久。于是，我跟娃儿说："我们俩先试着从那个小门出去，看有没有可能从那里过。"结果，等我们走到那个小门的时候，竟然发现门是可以推开的，于是我们很快就到了出租房里。看完房原路回来时，刚好有几个人看见了，他们觉得很惊奇，说这小门已经关闭了这么久了，而他们每天从这里经过都没有想到过把那扇门推开试一下。

一路上，我们又讨论开来。我说："雅，你知道我们为什么能够发现这扇门是开的、可以通行的，而其他大部分人都没有发现呢？"娃儿说："他们没有想到过要去推开试一下。"我："可能在此之前，他们试过几次都没推开，从此就认定这个门是不会开了的。"我提问："雅，你知道这种失败几次后就彻底放弃努力，这样一种心理状态叫做什么？"娃儿："妈妈，是不是叫做轻易放弃？"

我笑了："嗯，差不多吧。心理学家给这个起了一个专有名词，叫做习得性无助，这是妈妈非常喜欢的一个心理学家在研究动物时提出的，他用狗做了一项实验。刚开始他把狗关在笼子里，只要蜂鸣器一响，就给狗以难受的电击。多次实验后，只要蜂鸣器一响，不等电击出现狗就先倒在地上开始呻吟和颤抖。狗出现的这个状况就被命名为习得性无助。那你想一想，你在生活中有没有见到什么现象可以称得上是习得性无助的？"娃儿："妈妈，我们班有许多同学跟我一起在管乐团里学习，可是现在10多个人只剩下我和朱礼妍在坚持了，是不是有一些同学是因为学了一段时间，觉得自己学不会，就变成习得性无助了？"我大笑："不错，应该有这种心理。

我记得你们长笛班就有同学反映说吹长笛的时候头总是痛，有些同学上过几次课以后就不再上了。而你最开始也跟妈妈说有那个情况，但是你一直坚持下来了。爱迪生改良电灯的时候实验了无数次，但是，失败了 999 次，他第 1000 次还是在继续努力。这是不是逃避了习得性无助的魔咒，而变成了习得性有助？如果爱迪生也是习得性无助的人，那么我们今天就可能没有电灯用了。"娃儿："看来习得性无助，有很多害处。"

我："现实生活中这种人是不是挺多的？有些人谈过一次恋爱，受到挫折，从此就认为爱情是靠不住的。有些人被别人骗了一次，就认为别人都是不可信的。有些人借钱给别人几次，有人不还钱给他，就认为不能再借钱给别人。"娃儿："妈妈，那我认为你是坚持'习得性有助'的人。你借钱给了好多人，他们不还你的钱，你现在还是继续借钱给别人。"我："这可能是妈妈始终相信别人是善良的。我借钱给别人，那是我的善良，别人还不还钱，那是他的为人问题啊。我只能保证我的为人，永远保持自己的善良。我认为这很重要，你说是吗？"娃儿："嗯，妈妈，我也要像你这样。"

晚餐时，我们一起听历史故事。才听第一句话，娘儿俩就一起热火朝天讨论起来，后面的内容都没再听了。这句话是："没有哪个孩子不爱听故事。"娃儿一听到这句话，立即要求我按了暂停键："妈妈，我觉得这句话说得太绝对了，世界上肯定会有不那么喜欢听故事的孩子的。"我："你能举例吗？"娃儿歪着小脑袋："妈妈，我觉得有人在有些情况下是不爱听故事的。比如说思远哥哥，去年暑假他在我们家的时候，我们家有这么多的故事书，有这么多好看的故事电影，可是，哥哥一有时间就去打游戏了。可能在哥哥眼里，打游戏就比听故事看故事书有趣得多。"

我拍手叫好："好吧，这确实能够证明，有些游戏比故事更有吸引力。这就可以证明没有哪一个孩子不爱听故事这句话是不一定成立的。"我又提问:"雅,你知道'没有哪个孩子不爱听故事'这句话在哲学上犯了什么错误吗?这句话只看到了矛盾的普遍性,没有看到矛盾其实还有特殊性的一面。"娃儿:"妈妈,你能给我具体解释一下什么是矛盾的普遍性和特殊性吗?"我:"比如说,世界上所有的女性都爱穿裙子,你能找出一个特殊情况不爱穿裙子的例子吗?"娃儿大笑:"妈妈,我想起来了,兰姐就不爱穿裙子,我几乎从来没有看见她穿裙子。"我:"不爱穿裙子对于兰姐来说是普遍性,但是也有特殊性,她去年在她本科毕业的时候,我就看到她穿了一条裙子照相。"娃儿:"妈妈,如果我们总是只看到矛盾的普遍性,看不到矛盾的特殊性,会有什么不好的地方呢?"我:"我们就很容易责备别人,可能就不那么宽容吧。因为,我们很容易把我们自己喜欢的、爱的东西认为是其他人也应该喜欢的东西。比如,我们喜欢穿裙子,我们认定,女孩子就是要穿裙子才美。我们就会认为兰姐这样的女孩子是不正常的,不爱美的。就像第二次世界大战,希特勒为什么疯狂地屠杀犹太人?因为他认为犹太人很多方面和他们都不一样,而和他们不一样的人就是不正常的。所以他们就把犹太人视为蟑螂、老鼠、臭虫,从而疯狂地屠杀他们。"

娃儿:"妈妈,原来只看到事物的普遍性,看不到事物的特殊性,会带来这么可怕的后果呀。"我:"嗯,所以我们要不断学习,拥有一颗开放的、包容的心,让自己见多识广,看到许许多多事物的特殊性,这样我们或许就能避免一些这样的悲剧。"

这个周末,我们讨论了一些哲学问题,也探讨了一些心理学概念,比如"习得性无助""矛盾的普遍性和特殊性""矛盾力",懂得了拥有一颗开放的心是多么重要,做一个善良的人是多么有意义。诸如此类的讨论我们是经常进行的,每一场讨论,每一次一起做事都让我这个妈妈感觉到，所谓家庭教育，就是在这一点一滴中，一点点渗透，一点点改变，让孩子一点点提高情商，一点点改变自己的思维模式，在孩子心里注入成长的能量和前行的动力。或许，这就是家庭教育的本质和精髓所在！

愿我们所有为人父母者，和我们的孩子一起做更多有益的事，一起谈更多有意义的话！倘如此，我们的孩子便能身心健康，思维敏捷而灵动！那么多孩子抑郁、自杀或杀人的悲剧，或许可以减少甚至避免！

（作者单位：湖南警察学院）

风雨如晦　逆风起飞

魏　来

在遥远的东北有一个人口不到一千的小县城，那里贫穷、落后、闭塞。楼房最高二层，小市场摊贩不过十人，坑坑洼洼的黄土路，晴天一身灰，雨天两脚泥，这便是我出生的地方。

我的母亲自幼患小儿麻痹症，是肢体二级残疾，靠双拐行走，1986 年因开书店与父亲相识。父亲是退役军人，中共党员，吃苦耐劳，有责任感。二人结婚时无房无钱，是彻彻底底的无产阶级，凭借着父亲家电维修的手艺与母亲勤劳肯干的性格，这个小家便在风雨飘摇中建立了起来。

1994 年夏初，我的出生给这个家庭带来了无穷的欢乐和幸福，更是新希望的开始，然而，也遇到了意想不到的困难。因为母亲自己行动都不方便，抱不了也背不了我，我是在父亲的怀抱里长大的。

到了冬天，生活就变得格外艰难。东北的冬天寒冷而漫长，有半年是在冰天雪地中度过的。父亲一出去就是一天，留下我和母亲在家，为了让我们能暖和些，父亲提前准备好点火的材料，又教我怎样点燃炉火，于是，点火的重任就落在年仅六岁的我的肩上。有时煤烧完了，我就拎着及腰高的桶子，一块一块地把煤装到桶里，再费尽吃奶的力拎回来。我拣碗筷、端水盆、扫地等尽量做些力所能及的事，而母亲则教我看图、认字、唱歌、背古诗。七岁时我到

18 里外的县城上小学了，住在外公外婆家，也离开了那个寒冷却又温暖的小家。

少小离家，我非常想念父母，可为了上个好学校，又不得不做出痛苦的抉择。母亲千叮咛万嘱咐，要我好好学习，听老师的话，听外公外婆的话，那时还小，根本不理解母亲这番话的含意，直到长大后，走上社会才真正理解，这就是知识改变命运的逆袭之路。

带着父母的希望，我考上了当地的重点高中，数载寒窗苦，一朝大学梦，一切都按预想的发展着。2012 年，就在我考入大学 38 天后，祸从天降，父亲在打工中被 70 多块玻璃将右腿砸成粉碎性骨折，老板在交了医药费后就不管了，家里的天塌了，至今父亲的右腿依然肿胀，甚至萎缩变细，走路也无法像健全人一样。福无双至，祸不单行，同年，家中刚刚修葺完的房屋又遭遇拆迁，所有住户都迁走了，唯独我家被弃之不管，让原本艰难的家庭雪上加霜。

2015 年，正在我面临考研和就业的两难选择之时，父亲的腿又摔断了，面对如此境况，我对母亲说："妈，读研得需要很多钱，要不我去找工作吧！"母亲听后，斩钉截铁地说："就是砸锅卖铁，也要供你念书！"于是，我经过近一年的夙兴夜寐，终于顺利考上了吉林农业大学的硕士。在硕士第一年，导师为我提供了一个到广东省农业科学院联合培养的宝贵机会，想到家中行动不便的父母，我犹豫了，而母亲却坚定地鼓励我走出去，让我不要因为家庭牵绊住自己前进的脚步。于是，我远赴广州开始了为期两年的联合培养。也是这个决定，让我获益匪浅，在读研期间，我以第一作者发表了三篇中文核心期刊文章，以第二作者发表了一篇 SCI 论文和一篇中文核心期刊文章，为我的硕士生涯画上了圆满的句号。

然而，2019 年，在我硕士毕业之际，母亲的身体又出现了严重的状况，子宫病变，再一次让我的家跌入谷底。在医护人员的精心医治和护理下，母亲的手术成功，身体也在逐渐恢复中……

我是父母唯一的寄托、依靠和希望，在他们艰难的人生历程中，我每走一步都牵动着他们的心。从咿呀学语到幼儿园，从小学的启蒙教育到初中的青春成长，从备战高考到大学的日渐成熟，从读研到走上工作岗位，我的进步是在少先队员、共青团员、共产党员的称号中一步一个台阶走上来的，也是由小时候的课代表、团委副书记、高校辅导员一步一个脚印干出来的，刚刚在教育岗位工作一年的我被评为"优秀辅导员"，所带的班级也被评为"优秀班级"，一切都在我们的共同努力下向好的方向发展，我是他们的女儿，更是他们的骄傲和自豪！

"粗缯大布裹生涯，腹有诗书气自华。"父母虽然文化程度不高，但都酷爱学习。记得父亲总说"再苦不能苦孩子，再穷不能穷教育"，我家就是在那样困难的情况下，还是省吃俭用，于 2007 年买了一台电脑。父母开始学打字，写博客，用知识充实贫穷的日子，用新思想改变固有理念。2012 年作为一个分水岭，把普通的日子和苦难的人生从中劈开，让我们一家人再次面临命运的挑战，尽管困难重重，甚至到无解的地步，但我们没有退缩也没有逃避，手牵手，心连心，相互鼓励，相互支持，相互取暖，勇敢面对灾难。

父母对待生活有他们的表达方式，也有着与众不同的理想与追求。当父亲受伤后坐在轮椅上，母亲鼓励他可以学书法，为家里写对联。就是这样普普通通的一句话，却让父亲一坚持就是十年，每日必临池而坐，从不间断。在写作方面也是表现不俗，父亲创作的现代诗曾以农民作家的身份，于 2017 和 2018 年连续两次入选《吉林农民作家作品选》，还加入了吉林省科普作家协会和桦甸市作家协会。

母亲虽身有残疾，但从未放弃梦想，在自强不息的道路上，坚持不懈，孜孜以求。母亲天生一副好嗓子，喜欢唱歌，在当地的残疾人艺术团担任独唱，也曾登上过剧场和影剧院的舞台；母亲还爱好诵读，曾在浙江杭州举办的"海浪杯"首届全国残疾人朗诵歌唱网络大赛中获一等奖，写作也是得奖无数。最让我钦佩的是母亲对画画的热爱和努力，一次偶然的机会让 50 岁的母亲开始接触并学习了农民画，没想到竟接连在全国、省、市获奖。父亲更是全力支持，母亲因身材矮小够不到大画板，父亲就买来能转动的桌子，母亲参加活动，父亲便毫无怨言地陪伴。母亲现为中国农民书画研究会会员、吉林省科普作家协会会员、吉林市作家协会会员和吉林市残疾人文学艺术联合会书画家协会会员等。2017 年我的家庭获得吉林省和全国"最美家庭"、全国"五好家庭"、吉林省"书香润德最美家庭"等荣誉称号，各媒体对我们一家的励志故事进行了宣传报道。

严冰打寒窗，陋室墨飘香。明月常相伴，春风送暖阳。现在父母依然租住在一间毛坯楼里，没有高档的装修和家具，也没有高端的家电设施，唯有三张桌子是必不可少的，一张父亲用来写字，一张母亲用来画画，一张上的电脑用来看世界，而那些杂七杂八的东西因没有柜子装胡乱地堆放着，但这并不影响我们家温馨幸福、努力学习的良好氛围。

岁月的长河波澜壮阔，每个人、每个家庭亦随之沉浮，而我的家人却一直在谷底挣扎，追寻光明成了我们一直努力的方向和目标。父母的积极向上、乐观自强、正直善良、虚心好学等优秀品质，深深地影响和激励着我。身教胜于言传，他们用实际行动诠释着什么是"宝剑锋从磨砺出，梅花香自苦寒来"的内涵，让我这个教育战线的新兵，一个担负着神圣使命的园丁，在家贫和苦难的双重压力下，顽强向上，逆风起飞，奋力拼搏，向着理想的彼岸不懈前行……

（作者单位：湖南应用技术学院）

引导孩子战胜失败

高水平

俗话说，失败是成功之母。但有些家长看不得孩子失败，甚至对孩子偶尔失败一次都不能容忍。平心而论，父母的这种零容忍，不仅对孩子很不公平，而且对孩子这个弱势群体来说，也是一件很可怕的事情。

不论做什么事，都有可能面临失败，特别是第一次尝试，大多不可能做得很成功。因此，孩子在游戏、劳动和学习中，经历失败或受挫，是非常正常的事情。某些家长看到孩子失败受挫就来气，这种态度，反而有点不正常。

还是先给大家分享一下本人教育儿子的一个小故事吧。

儿子高翔八九岁时开始学弹扬琴，一年后通过了校级的"三独"比赛（独唱、独奏、独舞）初选，有机会参加市级"三独"比赛。儿子很兴奋，赛前也很认真地练琴。但校方音乐老师可能觉得高翔才弹一年琴，在市里拿奖的可能性不大，就把学校抽到的一号签安排给了他。

比赛时，儿子弹得还算不错，但评委给的分数在前三个选手里不是最高的。我当时就在比赛现场，目睹了儿子受挫时的伤心失望。我知道儿子的想法，他可能原本以为会拿奖的，没想到会得到这么低的分数，这对他来说简直就是一场重大的失败。

　　我牵着儿子的手走出比赛的礼堂，陪他在市幼师美丽的校园里转了半个小时，竭尽全力地肯定他、抚慰他，看他不再那么伤心失望了，我对他说："儿子，今天你的表现也很不错，没有弹错一个音符。这一年来你也很认真地练琴了，很值得表扬。不过，你才练了一年的琴，而且每天只练半个小时，而有不少哥哥姐姐都练了两三年了，他们练琴还相当刻苦，每天都要练一个小时以上。你想一下，评委是该把奖发给你呢，还是发给那些练了几年琴的哥哥姐姐们？"

　　儿子若有所悟地说："那是应该给他们发奖。"

　　紧接着我对儿子说："等你也练了两三年了，琴弹得更好之后，评委也会给你打高分，也会让你拿奖的。你想不想两三年之后拿奖呢？"

　　儿子天真地说："我当然想拿奖啦！"

　　我看着儿子说："我也觉得两三年后你一定会拿奖的。不过像你现在这样，每天只练半个小时，可能有点问题哦。那些哥哥姐姐练一年的时间等于你练两年。你要想一年后拿奖，是不是练琴要加时间？如果你改为每天练一个小时琴，也许一年后能拿奖的。"

　　儿子想了一会，说："那我从今天起每天也练一个小时琴吧。"

　　我说："那太好了！"

　　我对儿子的肯定、引导和鼓励起了作用，正是从那天起，儿子开始每天自觉坚持练一个小时的琴了。

　　功夫不负有心人，一年后，儿子如愿拿到了市级"三独"比赛一等奖。获奖之后，练起琴来也更加自觉，更加起劲，直到夺得两次省级金奖、一次国家级金奖和以艺术特长生的身份考取中国人民大学。

　　下面，是我根据这个故事归纳总结出的三点小经验。

经验一：孩子失败受挫，他的努力和付出你不能视而不见

孩子失败受挫，他也会很伤心，如果得不到及时的宽慰和理解，他的自信心会大受打击，自卑感油然而生。如果此时，孩子还受到父母的打击和责骂，他有可能一蹶不振，甚至自暴自弃，从此堕入绝望的深渊。

因此，在孩子失败受挫时，你首先要肯定他的努力和付出，要告诉他不论做什么事情都有可能失败和受挫，也可以给他讲你自己失败受挫的过往经历，让他释然，让他感觉到你是理解他的。

你最好给孩子一个拥抱，一些安慰，让孩子感觉到你是爱他的，让他能从你的关爱中感觉到温暖。

经验二：与其责骂，不如一起寻找失败原因

孩子失败受挫，做父母的，与其责骂孩子，不如静下心来，和孩子一起做个理性的分析，寻找这次失败受挫的原因，这样才有利于孩子下一步的改进，劲可鼓而不可泄。

原因有客观上的，也有主观上的。客观上的原因要想办法克服，主观上的原因也要引导孩子纠正，不能老在同一个地方摔跤。

经验三：最重要的，是要给孩子的改进支招

孩子在失败和受挫之后，都希望在下一回做得更好。但是，该怎么改进才能做得更好呢？也许孩子想破脑壳也找不到答案。如果你能理性地给他答案，他肯定会听取你的建议，如果你也没有好的办法，可以帮他向别人求助。

只有帮孩子找到了改进的办法，你的引导才算完成；只有孩子欣然接受了你的建议，你的引导才算成功。

每一个家长都要明白，你和孩子都是最平凡、最普通的人，不是天才，更不是神仙，每一个平凡普通的人都有可能经历无数次的

失败和挫折。教会孩子坦然地面对失败，其实也是一种正面教育。

经受过失败和挫折的孩子，在我们家长的鼓励引导下，会多一份抗压能力，多一份百折不挠的拼搏精神，多一份责任感。除了这些财富，我们还有什么更有价值的东西给他？

（作者单位：湘西土家族苗族自治州吉首市乾元小学）

成为更好的自己

黎　鲲　郑芳煜

2021年9月25日晚，孟晚舟女士一袭红衣出现在归国客机的舷窗边上，带着自信大方的妆容和微笑向等待她的朋友们挥手致意，从那天起她定义了信仰的颜色。彼时电脑前的郑芳煜大概不明白是否自己的信仰也有颜色，但于他而言信仰是一片海：当他如溪流般在高山峡谷间穿行、从悬崖绝壁跌落、从风浪旋涡中挣脱时，郑芳煜总是相信前方等待他的是一片宽阔的、平静的、蔚蓝的海洋。

郑芳煜常常听到一个词叫"原生家庭"，专家也好，普通人也罢，都会把各种成年后不太得体的习惯和性格归因于颇有状况的"原生家庭"，大家的"原生家庭"仿佛一定是乔布斯用来致敬图灵的那颗苹果——被人咬掉一口。"那我呢？我的'原生家庭'呢？"每每想到这里，郑芳煜都会露出一丝笑意：可能是被人咬掉一大口或者多咬了几口吧！

幼年丧父　母爱如炬

郑芳煜的童年和许多贫苦出身者的故事很像，打小生活在小乡村，一岁之前，他的生活就如大多数邻里一样，普通而幸福。但在他一岁时，父亲永远地离开了他，很遗憾他都没有长到足够大去记得父亲的样子，以至于每每思念时，郑芳煜其实定位不到一个具体的人，而是只有一个抽象的概念——父亲。大抵从那时候开始，母亲带着幼年的姐姐和襁褓中的郑芳煜讨生活，家里的状况变得困窘起来。

父亲离世，母亲从来没有在他跟前埋怨过，她含辛茹苦，独自供养他和姐姐两人。姐姐打小就懂事，或许是读懂了母亲的艰辛，初中读到一半就主动辍学出去打工了，那时才十四五岁的她肯定也会不甘命运的安排，但是姐姐仍然做了无私的决定，和母亲一道扛起了家庭的重担。侥幸得以上学的郑芳煜自然知道机会来之不易，无奈虽然成绩不算太差，但还是没能复制寒门学子的大翻盘。高考的失利如阴云一般笼罩在郑芳煜头上，对能力的质疑和对前途的迷茫一度令他无所适从。读书还是去打工？郑芳煜犹豫不决。这时又是母亲咬牙做了最苦的决定，她全力支持儿子继续读书深造。母亲说："既然已经懂得有知识有文化的重要，也还有机会学习，那就不要放弃。高考不理想再学还能补回来，若进了工厂那便浪费了前些年的积累了。"母亲的话像火炬一般驱散了郑芳煜心头的阴霾，给了他极大的勇气和力量。

母亲教会了他：任劳任怨，坚强果敢。

命运多舛　母爱如山

"麻绳专挑细处断，厄运专找苦命人。"在郑芳煜的身上一语成谶。就在他入学不久，母亲在外务工时因一场车祸，不得不背上十来万的债务，这让整个家庭的状况雪上加霜。可即便在那个节骨眼上，母亲也依然咬牙坚持，嘱咐他要好好读书，这些困难先交给她和姐姐。

庆幸的是，郑芳煜顺利被湖南工程职业技术学院工程造价专业录取。然而高考的失利和家庭的变故，加上大学生活刚一开始也并不如想象中那么美好，这一切都令他焦虑沮丧。好在母亲的叮咛言犹在耳，他始终没敢懈怠，但他仍然不太满意自己的状态。郑芳煜很想努力，想像姐姐一样帮上母亲，想用一场酣畅淋漓的翻身仗来证明自己！可不知为何却总感觉使不上劲，心有余而力不足。

后来在母亲、辅导员老师的悉心教导下，郑芳煜才明白，这些不如意不应该是重重束缚，而应该是让他前进的动力。郑芳煜从主观上尝试去扭转这些情绪，与困难共存共处。母亲建议他："得有自己的目标方向，这样才会有动力，也才知道应该往什么地方使劲，才不会去做无用功。"从那一刻开始，郑芳煜恍然大悟：原来成为更好的自己并不能仅靠一场所谓的翻身仗得以实现，而要结合自身情况树立阶段目标，规划时间，然后一步一个脚印地去实行，进而逐步达到预期的高度。

母亲教会了他：树立理想，坚持不懈。

逆风飞行　向阳而生

大学期间郑芳煜遇到了不少困难，但每一次在母亲、老师的共同帮助下，都能迎刃而解。

记得有一次母亲的工资还未到账，新学期的学费已经拖不得了。当时郑芳煜既尴尬又懊恼，尴尬于欠缴学费可能令老师难办，懊恼于自己没本事赚些钱回来为母亲分担。老师得知了郑芳煜的情况，向学校财务处申请加急发放国家助学金，用助学金给郑芳煜解了燃眉之急。国家政策的帮扶和老师的悉心呵护，让郑芳煜得以在不增加母亲太大负担的情况下顺利完成了学业。

因为始终感恩国家对他的帮助，所以在思想上，他积极主动向党组织靠拢，大一刚入校时郑芳煜就递交了入党申请书。从那以后，郑芳煜保持积极进取的热情，督促自己不断提升道德修养，积极参与各项志愿服务活动，受到了社会及学校的好评。2021年"三下乡"社会实践活动中，郑芳煜所在的"匠心专筑"志愿服务团队荣获省级优秀服务团队！

他学习上很努力，成绩稳居专业排名第一。学习是第一要务，郑芳煜始终把提升学历作为前进动力。大学生活伊始，本着谦虚严谨、满腔热情的学习态度，将提高专业技能作为学习目标，将考取技能证书作为学习动力。在将近400人的工程造价专业中，他连续三年专业成绩保持第一。每次期末考试前夕，郑芳煜的宿舍就变成了答疑基地，有人询问他CAD和广联达软件的实践操作，也有人询问计量计价的计算思路等，这些都已经成为郑芳煜美好回忆的一部分。不仅如此，在学好专业课程的同时，郑芳煜还积极参加工程造价各类行业竞赛，在专业老师的带领下取得了优异的成绩：2020年"全国钢筋平法应用大赛"获得三等奖，2021年"第七届全国高校毕业设计大赛"获得一等奖，2021年"全国数字建筑百万人才职业技能挑战赛"获得三等奖等。总计获国家级专业竞赛奖四项，"1＋X"职业技能等级证书三项。

工作中，他砥砺前行磨砺成长。或许是没有父亲的缘故，郑芳煜性格相对内向，更喜欢活在自己的世界里，起初很害怕去问老师问题，也不太擅长跟同学们相处，好在郑芳煜意识到他需要改变。军训期间，他克服了畏惧心理，站上了竞选班委的讲台，成功入选班级宣传委员一职。与此同时，在辅导员老师的建议和鼓励下，他也鼓足勇气参加了学院团学会办公室的面试，成为团学会办公室的一员。在老师及学长的指导下，郑芳煜慢慢地开始敢于在大庭广众下发表自己的观点，敢于与人交流。从上台怯场到坦然自若，从束手无策到有条不紊，他彻底改变了。换届之际，他选择留下来继续锻炼自己，也获得学院领导老师的认可，成功担任学院团学会主席以及学校学生委员会委员。在团学会工作期间，多次被评为优秀学生干部以及优秀团干部，共计获校级荣誉 20 余项。

在拿到这些奖项后，郑芳煜更加坚定自己要变得更优秀的想法，积极申报奖学金和各种奖励，通过自己的努力获得了国家奖学金、国家励志奖学金以及学校奖学金，这笔钱让他拮据的生活改善了不少，更主要的是激励他树立最高目标，奋勇前进。在他看来，成绩不是阻碍前进的包袱，而是一种动力，时刻督促着他快速成长。

老师教会了他：努力拼搏，砥砺前行。

社会历练　升本逐梦

到了大三实习期间，郑芳煜进入了一家施工单位，每天起早贪黑地干，白天根本就没有多余的学习时间，只得熬夜备考专升本考试。

由于升学考试的培训费用并不便宜，郑芳煜选择自学备考，十个月来严格按照规律作息备考，没有一丝动摇，他知道这是唯一一次提升学历的机会，只能赢不能输。他内心期盼顺利考上本科弥补高考时的遗憾！

最终，严苛的时间表带来了最幸福的结果，郑芳煜顺利通过专升本考试，成功考入湖南城市学院的工程造价专业。并且在专科毕业之际，通过考验，成为一名光荣的中共正式党员，终于通过自己的努力得到了党的认可！

在湖南工程职业技术学院的日子里，郑芳煜得到了许多锻炼的机会，屡败屡战，不断进步，最终获评"2022 年湖南省优秀毕业生"荣誉称号。

　　回首在湖南工程职业技术学院的那三年，每天虽然都很累，但是他过得很充实。在这重要的求学成长的三年中，他懂得并践行着不管遇到什么困难，都应该勇敢地面对，坚持且努力。正是设定目标、执行计划、实现目标的过程让他成为更好的自己。

　　专升本的目标已经实现，于他而言是再一次宝贵的学习机会和人生目标的提升。成为一名光荣的共产党员后，他将带着更为神圣的使命，不忘初心，在成为更好自己的道路上砥砺前行。

　　学校教会了他：自律自强，不断成长。

　　郑芳煜的心中，仍时刻牵挂着母亲和姐姐。他希望未来的自己可以把所学所知运用到广阔的社会实践中去，去改变家人的生活，去回报帮助过他的师友，去奉献给栽培他成长的社会。

（作者单位：湖南工程职业技术学院）

一撇一捺构成人　一横一竖立稳业

李健惠

出生于乡村教师家庭的王朝霞老师，从教 37 年了。每次说起自己的职业选择、事业追求、家庭观念，她总是谦虚地说："我还是老思想老观念，都是传承了父母的家教家风。"而这传承的老思想老观念成了王老师受益一生的力量源泉，让她在奋斗的路途上不知疲倦、不畏困难地拼搏。

一撇一捺构成人，撇是人品，捺是才华

作为湖南省名班主任工作室的首席名师，王老师跟年轻班主任聊家常时，总是会说这样一句话："一撇一捺构成人，撇是人品，捺是才华。"这句话是她从小听父亲说的。

（1）责任担当是家庭的基调。王老师的父亲是一名县城中学校长，母亲是一名乡村小学教师，带着四个孩子，常常一大早就下地劳动，然后从田间地头走进教室上课；到了中午就在学校照顾学生，每到夏天要守着学生不许到水塘里游泳；下午放学后还要顺路砍些柴带回家。勤劳善良是父母的本色，而父亲给整个家庭定下的基调就是"责任担当"！

在几十年的教学生涯中，因为有责任心，母亲从未放弃任何一

名学生，也从未对任何一名学生失去耐心。而作为中学校长的父亲，总是教育学生："一撇一捺构成人，撇是人品，捺是才华。先有人品，后有才华；没了人品，再高的才华也构不成人！"耐心地教育学生，鼓励学生通过学习提高才能，更重视培养学生的责任担当。父母的师德师风就成了优良的家教家风，传给了子女，也传给了孙辈。

（2）承担责任从照顾弟妹开始。王朝霞老师是家里的老大，作为长女，自然而然地承担起看护弟弟妹妹的责任。父母除了平常的教学管理，还要参加"扫盲"工作，周末都很晚才回家。父亲很严厉，总是要求家里的老大担负起更多的责任。她从小就给弟弟妹妹喂饭、洗漱，上学后负责组织学习、辅导作业功课。一张木头桌子上摆着一盏煤油灯，四个孩子各自坐一边，认真学习，不懂就问，经常相互讨论。勤学好问的学风就在这张桌子上形成了。

王老师说，其实，父亲所讲的才华很大程度上就是指养家糊口的本事，一门手艺或一份工作，能自食其力，能踏踏实实地生活。父亲并不要求子女要考出怎样好的成绩，更不要求子女出人头地，只要求子女有一颗热爱生活的心，有一双欣赏他人的眼睛，就是严格的道德品质要求，宽松的学业要求。兄弟姐妹四人都学业有成，王老师和妹妹都是正高级教师，两个弟弟都是博士。大弟弟14岁考上重点本科，后来成为合肥工业大学的教授；小弟弟15岁上大学，后来出国留学，学成归来在南开大学任教，现在是大型企业的高管。优良的学风是家教家风很重要的组成部分，只有不断学习才能让家族人才辈出。王老师的儿子从小深受家庭学风影响，17岁考上清华大学。

（3）老大应带头担起责任。王老师的爱人刚好也是家里的老大，非常有责任感。面对两个大家庭的侄儿外甥辈，两位老师像给学生做思想工作一样，耐心细致地启发开导，给予鼓励，还讲究

"物质文明和精神文明两手抓"。正因为这份责任感，两个大家庭的侄儿外甥辈都特别尊敬两位长辈，很愿意聆听他们的劝导和教诲。

逢年过节，大家族团聚，特别热闹。王老师作为主厨掌勺，红烧扣肉、水晶肘子、炖鸡熏鱼，煎炸蒸煮样样美味。她的爱人一会儿帮忙当下手，一会儿指挥小辈们洗菜配菜，一会儿招呼大家入席就座，上酒水饮料，分糖果瓜子。每到吃口味虾、口味蟹的季节，侄子外甥辈都来帮忙洗虾刷蟹，一齐上阵。和谐的大家庭氛围，让每个人都愿意肩负起责任，每个人都在团结和谐中感受幸福和喜悦。

一横一竖立稳业，横是底线，竖是原则

王朝霞老师的本行是教语文，后来工作调动，来到长沙财经学校，因岗位需要，转行教会计。教一行，爱一行，专一行，精一行。从会计基础知识到会计实务操作，再到财经法规、电算会计，王老师一门一门钻研，一门一门拿下。就连小技能，例如手工做账、手工点钞、传票录入等，王老师都能给学生示范，还多次指导学生参加全国技能大赛获奖。刻苦钻研，这本就是责任和担当的表现。

在追求事业的过程中，王朝霞老师和爱人彭建成老师有共同的感悟，那就是"一横一竖立稳业，横是底线，竖是原则"。众所周知，带班要培养良好的班风班纪，这与家教家风类似。王老师总是以身作则，结合会计专业课程教学，结合班级管理，让学生理解底线和原则。

1. 廉洁无私是育人的基本原则

长沙市首届"魅力教师"王朝霞老师从教 37 年，作为长沙市王朝霞会计工作室首席名师，她在教学领域享有盛誉，深受学生

爱戴。

每次走进新班级,王老师都说:"廉洁是长沙财经学校的校训,更是财务人员的第一品质!"王老师言传身教,历届毕业生都对她无偿帮助他人、不求任何回报的品质赞不绝口。她长期任教毕业班,在课余一直给学困生免费辅导,考前给会计专业学生义务串讲。在学校对口帮扶中,她为怀化商业职专无偿送课、送资料,还接学生到自己班上实习,接六名学生到会计技能队训练,分文不取,关怀备至。

学生在生活上感受到王老师的无私关爱,经常吃她亲手做的红烧肉、手撕鱼,分享她带来的巧克力、薄脆饼。毕业的学生来感谢王老师,首先分享学习方法,然后分享小零食,因为大家知道,王老师只要学生有收获就开心!她让学生懂得了分享,理解了无私和廉洁的真正含义,这是王老师育人的基本原则!

2. 廉明公正是管理的最大法宝

作为湖南省中职学校"王朝霞名班主任工作室"的首席名师,王老师在长达 37 年的教学生涯中,担任班主任 30 年。工作室每年开展全省中职学校班主任培训,更是培训了全国班主任能力大赛的金奖获得者。作为首届全省最美班主任,王老师说廉明公正是开展工作的最大法宝。

她公平对待每个学生。不论是座位、床位的轮换,还是卫生、值日等任务分配,她都平等对待,参加校内的比赛、表演等,她都要尽可能地以鼓励参与为主,让更多学生获得锻炼机会,增强学生的自信心和能力。

再如,跟学生谈话交流、做思想工作,王老师认为不能"只抓重点",应"全覆盖"。每个学生轮流来单独交流,一把钥匙开一把锁,班主任工作无死角。她常说,无私的爱要公正地播撒。

作为全国黄炎培杰出教师,王朝霞老师"学高以清为本,身正以廉示范",是我们身边的清廉典范!

3. 底线和原则的区别

在儿子上幼儿园和小学期间,也就是在调皮好动的年龄段,王老师扎了一把撩刷子(把竹子的末梢枝节扎成一把,一般用于打小孩,伤害性不大,疼痛感极强),挂在客厅里。有时候客人来了,就笑着问王老师的儿子这是什么。儿子一本正经地说:"这是用来专门教育不听话的小孩的!"客人如果继续问"你挨过撩刷子吗?"他会很诚实地说:"我犯错的时候就会挨打。"孩子从小就懂得,长辈关爱的底线是决不溺爱,如果犯错了就要接受惩罚,这是原则。

后来很多年过去了,王老师的孙子上幼儿园了。有一天放学时,有人问孩子什么是底线,什么是原则。他用稚嫩而清脆的声音回答:"底线就是不能做的事,原则就是要坚持的事!"来接孙子的奶奶辈们听到这样的解释,都会心地笑着,竖起大拇指夸他。优良的家教家风,传承有方!

一点一折护好家,点是关爱,折是包容

王朝霞老师在谈到怎样处理工作和家庭关系时,特别强调"革命生产两不误,工作家庭都兼顾"。王老师常常劝年轻老师,不要因为工作忙就耽误了婚姻等终身大事,也不能因为要照顾家庭而在事业上毫无追求。王老师还当过红娘,给年轻老师介绍对象,她开玩笑说:"撮合一对是一对!"

王老师说,她生孩子那会儿,父母还没退休,都在工作,公公婆婆又要在家照顾正在读书的儿女,加之经济并不宽裕,只能自己带孩子。那时候没有早教机构,王老师就白天骑着自行车带孩子上下班,上课把孩子放在围栏里,拜托同事看着。晚上在家边备课改作业,边踩摇窝(一种婴儿床,可以呈弧线晃动)让孩子睡觉。自

己带孩子虽然辛苦，但点点滴滴都是关爱，看着孩子成长，自然也就包容了。

王老师说："一点一折护好家，点是关爱，折是包容。真心关爱，才有包容；失去包容，关爱也难以延续。"守护大家庭，就必须和谐团结，唯有关爱和包容才能促进团结和谐。年轻时作为媳妇，王老师和婆婆相处融洽；如今，她作为婆婆，与媳妇相处和谐。

虽然父母和公婆没有给自己带孩子，但王老师完全理解长辈们的难处。在长辈们晚年时，她和爱人，在两个大家庭里都是孝敬老人的表率。侄子外甥辈都学习这份孝顺，传承这份孝心。

王朝霞老师常常与青年教师交流"师德师风"和"家教家风"之间的关系，与青年班主任交流"班风学风"和"家教家风"的关联。她说："两者相辅相成，互相联系，互相促进。父亲和我都把优秀的师风教风带回了家，成了我们家的家风！我们在传承优良的家风时，把家风带进班集体，促进形成优秀的班风和学风！"

这就是特级教师王朝霞传承家教家风的故事，是以育人为目标、以教书为路径的优秀班主任的故事，是家庭美满、事业有成的正高级名师的故事。这位融师风、教风、学风于一体的中职教育工作者，用行动阐释了传统而现代、纯正又优良的家教家风！

（作者：长沙财经学校学生家长）

机遇只偏爱有准备的头脑

李姗子

我家有一个不成文的规矩，准确地说应该是家风，那就是每一个家庭成员从不打牌，更不赌博。

在这个把玩牌视为娱乐、将麻将奉为国粹的当今社会，我家总给外人一种格格不入的感觉。其中缘由我曾暗暗追寻了好久，却一直没有眉目，不得已，求教于父亲。看到我脸上的好奇，父亲眼神流露出惊愕，接着立马转为暗淡，又慢慢变为悲伤。我刚想走开，父亲却在此时转身走向阳台，还招呼我与他一道坐下，他开始缓缓诉说自己不堪回首的童年……

1963年的春天，一位退伍抗美援朝志愿军战士的家里诞生了第一个宝贝娃娃——我的父亲。由于是中年得子，加之父亲刚生下来后身体一直不好，祖父母怕难养活，便取了一个贱名"丫头"。这个小"丫头"极为受宠：每天有蛋黄饼、桃酥吃，每周都能吃到肉。这在当时，可是有些奢侈的生活。这都源于国家对于抗美援朝"功臣"的优待。

正因为这万千宠爱，父亲成了村里有名的"皮猴子"：偷别人家豆子，用红缨枪戳人眉心，偷尝隔壁爷爷家叶子烟，下水野泳去隔壁村看电影……大人们都对这个无法无天的娃娃头痛不已。

可幸福美好的日子总是那么短暂。父亲八岁多时，爷爷奶奶相继在百天内突然离世。据说，爷爷死于肺病，与朝鲜战场上美军使用生化武器有关。而奶奶面对突如其来的噩耗，伤心过度，也跟着走了。家里只留下九岁的父亲和两个更年幼的姑姑。实在没有办法，更多的温暖和依靠来自父亲的外公外婆。自此，"父母骤然离世只留三个孤儿"的故事在全县传开。母亲曾回忆：幼时下地干活，见大人们聊起此事，也跟着直叹"作孽"（方言，可怜之意）！那时，母亲不认识父亲，却也开始心疼起这素不相识的同龄人。就这样，父亲家成了无人不晓的贫困户。

前路茫茫，严酷的考验才刚刚开始。

一年冬天的早晨，外面冰天雪地，北风呼啸，寒气逼人。洞庭湖区的稻草房里四壁透风，吱吱作响，空气中弥漫着湿冷。幼小父亲蜷缩在单薄的棉被里瑟瑟发抖。他全身仅有一件破单衣单裤、一双旧胶鞋。上学路上，他需要来回走 10 多公里。而且，由于吃不饱饭，父亲常常饿着肚子去，又饿着肚子回。有好几次差点在回家路上晕倒。这一切使他没有一点上学的兴趣。可在他外婆的反复催促下，父亲每天还是不得不背起书包，向学校挪去。

天寒地冻，风越刮越大，父亲才走了几步。忽然，前面的河堤上有大片大片的积雪滑了下来，上学之路变得愈发难走了。

就在这时，父亲发现路边有人家里烛火通明，好不热闹。原来是大人们常聚在一起打牌呢！大人的身后还跟着一帮不想上学或上不起学的小孩。看此情景，好奇心像磁铁一样把父亲吸了过去。父亲向往地看着大人们刺激的纸牌游戏。手气的比拼、智力的较量、现钱的输赢，让他心跳加速。天黑前，实在没忍住的他，把外公给他买作业本的五分钱全押了上去。聪明过人的父亲，赢得了他有生以来第一个五分钱。这五分钱在当时能买半斤盐，够一家节约着吃一个月。父亲满怀赢钱的喜悦，像只蚂蚱一样蹦回了家。

刚进门，父亲就发现家里气氛不对。果不其然，父亲的外婆呵斥父亲跪下，外公满脸严肃地坐在旁边，父亲这才知道大事不好。跪下的父亲不再敢抬头看外公一眼，也不敢再狡辩一句，只等着迎接暴风雨的来临……

然而那一夜，父亲并没有等到暴风骤雨，只有惊雷滚滚在心底炸响。

那一夜，父亲的思绪又一次跟着他的外公来到了戏台边，听外公说，人生如戏，戏如人生，演什么角色都是自己的选择。他更知道了自己已故的父亲那短暂的一生：上过朝鲜，开过坦克，戴过红花，为祖国打仗，为人民拼命，有美国人都害怕的精彩与辉煌……

那一夜，父亲的思绪再一次跟着他的外公来到了澧水河边，与小伙伴一起急流竞渡。听外公说：波涛、激流、漩涡，乃至鲜美的鱼虾都可能成为你前进的阻碍。不要以为自己多厉害，那些没有到岸的往往都是会水之人。也许，他们只是一次停下手脚，不能或没有奋力向前……

那一夜，父亲的思绪也被外公拽进了书中的"三国"。外公再也没有说起火烧赤壁的痛快、空城计里的精彩，而是津津乐道：秀才不出门可知天下事，诸葛不会武却能抵百万兵。更是反复念叨：默默无闻隆中对，三顾茅庐天下知。读书人只要学富五车，总有出山的一天……

那一夜，雪下得更大了，淹没了村里所有的道路，却再也无法阻挡父亲前进的步伐……

从此以后，村里多了一个走路吃饭都看书、夜夜点灯不睡觉的书呆子，少了一个调皮玩牌的小男孩。

几年后，父亲的外公意外地走了。那天正是父亲撑着外公新买的雨伞，第一天去县办中学读书的日子。考取高中的惊喜与失去外公的大悲在父亲心里碰撞着，内心复杂，前路依然艰难。顶梁柱的离开，让父亲感受到了前所未有的压力，他只得再次把这一切化成自己前进的动力。

高考那年，由于无钱住宿参加集中强化培训，没有老师授课，父亲只能靠自学迎考。公布成绩的那天是他一生中最难受的日子，仅差三分的父亲就这样与大学失之交臂。

回家务农的父亲开起了拖拉机，当上了电工，写起了大字报，总之什么都学，什么都干。只是，读书的习惯依然不改，想干一番事业的心始终未变。理想与现实的差距没有让他气馁，反而更加拼命。

多少个夏夜，父亲挑灯夜读，为防止蚊子叮咬，把自己双腿深深地插进装满水的桶里。

多少个寒冬，父亲钻进牛棚，依偎在水牛身旁取暖看书，全然不顾牛粪散发出来的阵阵恶臭。

为读一个国家级函授班，他卖掉了他外婆喂了两年的花猪。村里的人指指点点，认为父亲依然是个不知事的闲散少年，花钱毫无节制的"逆子"。只有善良的老人没有反对，她总是向不懂的人反复解释：读书是好事，读书是好事，读书是好事。

时间挨到了 20 世纪 80 年代，乡镇政府的七站八所相继建立，父亲期盼已久的机遇终于来了。父亲参加了全乡广播员招考，200多名高中生里他拿到了第一。然而，这个吃皇粮的名额却落到了未参加考试的复员军人头上。第二年，机缘巧合下，父亲得到了镇里"替补"考试身份，他又参加了全县乡镇干部统一招聘考试。考试那天，通知来得很突然，他来不及换衣鞋，就只得穿着套鞋、浑身泥巴地来到考场。他又以绝对优势再次获得第一。虽费尽周折，但终成为一名国家干部。后来，父亲成了家，有了我，再后来进了城……

1997 年，父亲开始接触电脑，便没日没夜地研究起来。别人用来打字，他却只对电脑程序感兴趣。

1999 年，我上初一，父亲开始接触我的英语课本。他常常跟着我一起读单词、背单词、默单词。我以为是为了督促我学习，哪知他已经开始学习电脑编程专业英语词汇。四十多岁的母亲在他的影响下也开始学习电脑，练习五笔打字，熟练操作办公软件、单位系统运用与疑难解决。母亲也成了所在单位信息技术水平最高的女性。

2002 年，我上了高中，父亲更加忙碌。他整日泡在办公室，每日每夜不知疲倦地工作。为了解决非税收入系统隔段时间莫名重启的问题，他守了四天四夜，不回家不洗澡，带着被子住在机房。他常常与方正集团工程师探讨，想尽快搭建起县里的非税收入系统。不负众望，在他的努力下，县里出台了一系列过硬措施，一律取消了各执收单位的收入过渡账户，让所有非税收入都进入全县统一的"非税收入汇缴结算账户"，形成了"单位开票、银行代收、财政统管、政府统筹"的新机制。澧县非税局成为了国家首批、湖南省首个非税收入管理先进工作单位，特批为湖南省首个正科级单位。湖南省人民政府多次为父亲记功，颁发证书；他还受邀接受了CCTV-2 财经频道专访；每年，全国各地区非税局都来这交流参观，学习非税收入系统建立知识和管理经验。

2005 年，我上了大学，父亲开始频繁来往于长沙与澧县的路途上。之后才得知，湖南省财政厅邀请父亲作为专家，编写了"票据"板块程序，作为湖南省非税管理系统的程序模板。因为他是财政系统里最懂电脑编程的国家干部，又是电脑工程师中最懂财会知识的人员。父亲默默做的准备，有了最好的展示舞台。

而对于我成长的引导，他从来没有放松：我参加考试，他要求8 点考试，6 点半赶到；我参加会议，他要求会前做好充分准备，会中做好笔记，会后做好反思；我想当好老师，他亲自来校拜托领导让我多上公开课，还请全校所有学科的老师前辈们都来听课，只

　　为得到他们的指导。每一次公开课他与我一对一演练，详细讨论。他总是说："孩子，不做好充分的准备，才会来不及啊！机遇，只留给有准备的人。"2021 年，我被评为长沙市卓越教师那天，不苟言笑的父亲频频点头，满脸欣慰。

　　从我记事起，觉得世界上就没有父亲弄不懂的知识、做不来的事，无论是天文地理、书法诗文、财务管理、电器维修、机动车维修，还是如今的智能手机运用与维修、电脑编程及难症解决、数据库分析与统计，他都样样精通，无所不晓。甚至还自学了英语，就连我的教育学、心理学、综合实践学科书籍他都仔细阅读，深入理解，详细分析，常与我交流讨论。父亲的工作在变换，但不变的是对知识渴求不止，视学习为娱乐，享受其中的快乐。因为他坚信：机遇，只偏爱那些有准备的头脑。

　　今年父亲 60 岁了，可学习的习惯仍然不改。读医学博士的晚辈在课题 DHA 数据计算分析中遇到难题，他又开始编程帮忙解决，并乐此不疲。

　　是啊！人生舞台多精彩，几人能见花流泪。把别人的休闲娱乐的时间利用起来，学点有用的东西，做点有益的事情，收获幸福快乐，这就是人生舞台上精彩演出前最好的准备⋯⋯

（作者单位：长沙市长沙县湘龙小学）

尊重生命　健康成长

雷雅妮

　　我的哥哥和嫂子，因为生计去了广东打工，将14岁的侄子和10岁的侄女留给了爷爷奶奶带。哥哥嫂嫂一年难回两次家。孩子成了留守儿童，缺少父母的关爱，与爷爷奶奶又少沟通，甚至是无法沟通，疏忽了对孩子的教育，差点酿成大错。

　　侄子本是个聪明上进的孩子，初二成绩偏中上，去年下学期升入初三，临近毕业，课程多，压力大，成绩逐渐下降。侄子因为没有考好，慢慢失去了信心，没得到父母的及时关心与引导，开始自暴自弃。又受到了几个街坊邻居中的不良少年的引诱，迷上了游戏打怪，瞒着家里，偷偷去网吧打游戏，喝酒猜拳，打架斗殴，经常伤痕累累。逃课、迟到、早退、上课睡觉、不按时完成作业，学习成绩一落千丈。老师三天两头喊家长，爷爷每次去学校，都是抬不起头，好说歹说，写保证，才保留学籍。可孩子还是没有往心里去，照样我行我素，与爷爷奶奶犟嘴，有时不吃不喝，不爱惜身体，作践自己。劝告他爱惜身体，他竟然说，大不了饿死，18年后，又是一条好汉呢。爷爷奶奶伤透了脑筋，又无可奈何，只能打电话，叫我回去。

　　匆匆忙忙赶回家，面对孩子那带着叛逆而又伤感的眼神，回想近日教育系统召开的几次紧急会议中提到的，某中学一女生跳河自杀，某中学一学生跳楼自杀，某学校高三学生私自下河游泳，溺水而亡……桩桩件件，触目惊心。几起重大事故，让人痛心，让人惋惜！结合自己的侄子，我深深反思，我们的孩子到底怎么了？为什么这么不懂得珍惜生命？作为家长和老师的我们，对孩子的生命教育，到底做了什么？到底该怎么做？

晚上，我把孩子拉进房间，也请了爷爷奶奶入座。我对侄子说："我与你分享一个视频吧。"孩子不解，疑惑地望着我。我打开影碟机，插入碟片，清晰的画面与解说词显现在眼前：《剖宫产全过程》。首先画面呈现的是嫂子临产时的阵痛，痛得死去活来，脸色惨白，外公外婆及爷爷奶奶焦急心疼，爸爸紧张无措。接着是推入病房产床检查。这个时候，嫂子却出现了大出血、呼吸困难、胸闷、差点昏迷的危险情况！嫂子脸色死灰、有气无力地对医生说：如果出现意外，一定要保住我的孩子！医生通知家属在病危通知书上签字，哥哥的手都在发抖，爷爷奶奶及外公外婆差点急昏。接着是紧急抢救，输血、输氧、打点滴……待情况稳定后，医生手入腹部取出带血的胎儿。护士简单擦洗检查后，将孩子放入保温箱观察。医生给嫂子缝合子宫，对腹部逐层缝合，手术持续了一个半小时。

视频结束后，孩子身子仍在轻微颤抖，满眼泪水，久久说不出话来，过了很久他才说："我的出生好可怕，太恐怖了！"我拥抱了他，他失声痛哭，我轻轻拍着他的背，让他靠在我的怀里，慢慢平静心情。他好像一夜之间就长大了。从此他变了，懂得感恩图报了，懂得感恩父母给他生命，懂得感恩爷爷奶奶的付出，懂得感恩老师的教诲，懂得感恩社会的给予。他变了，变得遵纪守规爱学习，放学主动值日了，也不说脏话了；不拉帮结派，不打架斗殴了；主动上交手机，不玩游戏了；全心全意投入学习了。老师和同学们都感到他前后判若两人，对他刮目相看。英语老师说他这学期成拼命三郎了，英语练习册的质量和书写都有了质的飞跃；语文老师说他最后这个学期正在逆袭，成绩直线上升几个台阶；数学老师说他的考试成绩已经名列前茅了。

侄子的改变，使我深刻体会到，孩子们的成长是个复杂的过程，不管孩子们今后是否能成才，首先得让孩子们活泼健康地生存下来，所以要教育孩子们热爱生命、珍视生命、尊重生命，这一点尤为重要！我想，对一个犯错的孩子，家长要多沟通，讲究方式方法耐心教育。在家长正确的方法引导下，孩子会有新的起点、新的转变。当孩子有了新的认识，就等于有了新目标，就会朝着新的目标前进。俗话说，"浪子回头金不换"，一个孩子，如果感到了耻辱羞愧，并把其转化为行动，就能爆发出惊人的力量。

（作者单位：永州市宁远县水市镇中心幼儿园大界分园）

心若向阳　一路生花

文韦桦

尊敬的张老师：

您曾说过："教育是一个慢功夫，不轻易打断孩子的成长周期，不急于逼迫学生在成长的道路上狂奔不止。"对于这句话，您做到了，我也深有感触。

因为有您，心中有路

您还记得吗？我曾经是一个问题孩子，逐渐对学习丧失了兴趣，高二时因为身体原因休学，经过一年的调整，我复学进入了您的班级。但是复学之后总觉得和新的班级格格不入，一度产生了厌学情绪，甚至拒绝进校学习，到校学习也只是把自己禁锢在座位上，从不与其他人交流。父母也不敢过度干涉我，只能终日以泪洗面。

然而正是因为您，给了我一个家，给我的求学之路点亮了一盏明灯。是您用您的关注、关心、关爱，去抚慰我心中的无奈和无助；去排解我内心的烦躁和压抑；去帮助我树立信心，找到希望，给我指明出路。

我永远记得，是您在我亲妈忙于工作没时间给我送饭时，早上给我买我喜爱的巷子米粉店的粉，中午从教职工食堂为我打饭，晚上回家给我做我爱吃的菜；我永远记得，在我心情不好的时候，您带我到操场散步，为我做心理疏导，陪我在操场的角落嘶吼发泄；我永远记得，在我不去学校上课的日子，您每天早晚的两次关心电话，还有您上完课到家里陪我学习的日子；永远记得您在 QQ 空间对我写的鼓励、期望的话语；永远记得……

正是您的无私的关心关爱，我终于慢慢走出阴霾，开始找回曾经那个在学习上舍我其谁的自己，开始努力奋发，下定决心考一所好学校回报您！

皇天不负苦心人，高考成绩出来后，我第一时间给您报喜："张妈妈，请允许我这样称呼您，我过一本线了！593 分！"听着您在电话之中的肯定和祝福，我不禁潸然泪下。

"时光不语，静待花开。"与其要求孩子改变，不如尊重他的节奏、他的风格、他的选择，接受他用自己的方式方法去学，只要他的方向和路线是正确的，就不要对他苛责太多，因为那样可能还会消磨他的学习热情，拔苗助长最终会导致他错过开花的季节。正是您——我的张妈妈的这种教育方式让我走出阴霾，走向成功。

因为有您，走您之路

老师是学生的镜子，学生是老师的影子。什么样的老师往往会培养出什么样的学生，教师的一言一行，学生不仅看在眼里，而且还会极力模仿。

布鲁纳认为：教师不仅是知识的传播者，而且是模范。一个老师对于学生的影响是非常大的，学生会模仿他的老师的样子。榜样的力量是无穷的，一个优秀教师楷模会在孩子的心中种下一粒梦想的种子，教师的教育态度和言行举止都在潜移默化中改变着孩子，教师的人格就是教育工作者的一切。张妈妈，您知道吗？您的思想、您的话语，充溢着诗意，蕴含着哲理，在学生脑海里，它们曾激起过多少美妙的涟漪！

高考填报志愿的时候，我提前批、本科批所有的志愿都选择了师范大学。

您知道我其实原来是不想做教师的，当您问我为什么没有选择其他学校时，我说是因为受您的影响太深。我说："如果您不当我的班主任，不当我的老师，我也就不会想着当老师了。"我还说，优秀的老师对人的影响是一辈子的。

您当时说您很感动！而且，我的选择让您有些意外，您说自己不是最优秀的老师，不知道究竟怎么影响我的。我说是您用您的一言一行、一举一动，感动了我，感化了我，让我自信，让我前行，您用自己的爱心、耐心和独特的教育方法，慢慢地打开了我的心扉。

最终，我被湖南师范大学文学院对外汉语专业录取。大学期间，为了成为您一样的教师，我始终努力学习，为以后的教师之路打基础。大学四年，我每年都获得奖学金，每年都被评为校"三好学生"。当然，我不仅只把学业学好，还让自己投身到社会活动之中去，参加社团，周末做兼职教师，为了锻炼胆量和口才，我去做家具推销员，去发传单。为了提升自己的教师素养和技能，我多次到偏远山区调研和支教。大四一年都是实习，我去学校国际汉语文化学院给院长做助理，带留学生学习，给留学生上课，为刚到中国的留学生无偿辅导，这所有的努力，就是为了追寻您的脚步，成为像您一样的老师。

在我读大学期间，您又把我的经历分享给后来的学弟学妹们，还让我去您后来所带的班级去分享我的故事，去鼓励他们，每次分享，我都止不住自己的眼泪。

经过四年的努力，我以优异的成绩从湖南师大毕业，已经收到马来西亚吉隆坡一所汉语学校去教中文的合同的我，在听闻会同乡村教师紧缺的消息后，我放弃了出国教汉语并保送读研的机会，参加了湖南省特岗教师招聘考试，笔试以优异成绩顺利过关。

我永远记得面试的时候，面试的老师问我："作为湖南师大的毕业生，你有很多更好的就业机会，你为什么要选择报考特岗教师？"我毫不犹豫地回答道："我的老师培养了我，我的父母和家乡养育了我，现在他们需要我，我们中国人讲究叶落归根，我为什么不能叶茂归根，用自己的青春去为家乡贡献自己的力量呢？我的老师作为一个外地人，放弃了其他学校的高薪聘请，始终坚守在我们那个偏远的小县城，我也要像她一样，为家乡贡献自己的一份力！"三位面试老师，给了我热烈的掌声："你是我们今天面试过的人中最棒的！你是目前为止的最高分。"最终我顺利过关，被分到会同县若水镇初级中学教语文，走上了教师之路。

我吹过您吹过的晚风，因为有您，我走上了您走的路。

因为有您，向您看齐

2015 年 8 月，我开始了我的教师生涯。而此时的您已经是各种光环围绕——"师德标兵""优秀工作者""优秀班主任"等。我深深地知道这就是我要追求的目标，所以我努力追赶您的脚步，争取向您看齐。

我始终坚持像您一样，热爱教育事业，为人师表；始终坚持像您一样关心学生，像您一样对学生一视同仁，用真心和真情去面对每位学生，把全部的爱奉献给学生。

到若水中学工作以来，我一直以您为榜样，作为班主任，我将班级管理得有声有色，让每一位学生有家的感觉，让他们在先做好人的基础上读好书；作为任课老师，将教学成绩当做生命线，努力提高每位学生的成绩，培养优生，辅导后进生，并从中积累了很多教学经验。因为我深知教学工作是学校各项工作的核心，也是检验一个教师工作成败的关键。在做好教育教学工作的同时我也注重其他能力的发展，2016 年 9 月接任学校团总支工作，2019 年 9 月接任学校教导主任工作，在相应的岗位上都得到了长足的锻炼并都取得了骄人的成绩。

为了追上您的脚步，我坚持抓好新课程理念学习和应用的同时，积极探索教育教学规律，充分运用学校现有的教育教学资源，大胆改革课堂教学，加大新型教学方法使用力度。努力做好教学六认真，虚心请教经验丰富的教学骨干，同时经常通过上网搜看有关教学视频和相关课件，研究教学设计和教学方法，从而让孩子们能轻松地获得知识，感受到学习的乐趣。我更是秉持着终身学习的理念，积极参加学校组织的校本教研活动，通过"以研促教"来提高自己的课堂教学水平；积极参加各种培训，认真进行教学研究。

终于在自己的努力追赶之下，我于 2021 年 9 月调入一中，又回到您身边。

有了目标，有了方向，有了您的鼓励、您的指导，我在我的教育生涯中慢慢地做出了一些成绩，五年间，先后被学校评为"优秀班主任"，被教育局评为"雷锋式好教师"，被若水镇党委评为"优秀共产党员"、镇"优秀教师"，被共青团会同县委评为"十佳工作者"，被怀化市团委评为"优秀共青团干部"，被怀化市人民政府记功嘉奖，在怀化市高中青年教师解题大赛中荣获二等奖，连续五年考核优秀。担任团总支书记期间学校团总支被团县委、怀化市团委评为"怀化市五四红旗团总支"。

是您，在我迷惘的时候，给了我一个家，给了我一个遮风避雨的港湾，让我有了两个家的关爱和教育，就像我亲妈说的一样：

"好好孝敬你干妈，她不是亲妈，胜似亲妈！你今天的成绩离不开你干妈的教育和培养。"

张妈妈，对您的敬仰和感激之情难以言表，最后，让我再一次向您致敬！

您的如儿子般的学生　文韦桦

2022 年 10 月 6 日

（作者单位：怀化市会同县第一中学）

爱与坚持

郑湘宁

2020 年 12 月，我的女儿任郑青荣获"外研社·国才杯"英语演讲比赛的全国总冠军，当时人民日报客户端湖南频道的新闻报道是这样写的："在全国英语演讲大赛中，湖南师范大学外国语学院 2018 级本科生任郑青同学从全国 52 万参赛者中脱颖而出，斩获全国总决赛冠军。这是湖南省学生在该项赛事上取得的历史最好成绩，实现了历史性突破。"

孩子夺冠后，家长和朋友们纷纷问我是怎样培养孩子的，为了给大家做一个详细的分享，我就写了一本书——《坚持的力量：全国英语演讲冠军养成记》，内容包括十几年来我陪青青学习英语的全过程和一些育儿的心得体会。

青青其实是一个非常普通的孩子，她能取得这样的好成绩，离不开学校老师的辛勤培养和她自己的刻苦努力。同样，按她自己的话说，也得益于多年来父母有几分"清奇"的教育方式。我们把这种教育方式浓缩成四个字，就是"爱与坚持"。

春风化雨，静待花开

在青青的成长过程中，我们不时会遇到一些小问题。比如，当我发现孩子缺乏某方面的天赋该怎么办？记得青青读小学一年级的时候，美术老师拎着一张画过来对我说："宁宁啊，你的崽可真是没有一点美术细胞呢！"我笑笑没说话，把这张画端端正正地贴在了办公桌前。青青课间过来看到了，得意地问："妈妈，我画得好吧？"我笑着抱住她说："当然，那还用说！"后来，受到鼓励的青青坚持要报一个美术班，每周一次的课总是上得那么认真而开心，参加美术比赛还一不小心得了个大奖呢。

再比如，孩子学数学总是不开窍怎么办？女孩子很多天生怕数学，我就是这样，现在 40 多岁了，一做噩梦就是考数学，所以青青数学不大开窍，我一点都不觉得奇怪。但我担心孩子对数学产生厌学情绪，如果她放弃学习数学那就麻烦了。我决心一定要保护好她的数学学习兴趣。

大约是三年级的时候，有一次我无意中从教室门口走过，听到数学老师边发试卷边说："任郑青，48 分，全班倒数第二！"我当时一惊，不是觉得孩子考得不好，而是担心伤害了她幼小的心灵。所以，一下课，我就安慰她：一时的失败没有关系，但是我们一定要好好努力不放弃。

尽管从小学到高中，青青的数学都学得比较艰难，考试成绩也不稳定，但她始终保持着浓厚的学习兴趣，遇到难题都会积极去思考，实在做不出来就去请教老师和同学。

我们几乎不太关心青青的考试成绩和排名，只是告诉她学习是自己的事，不认真学习或者不按时完成作业的话，挨批评的也不是爸爸妈妈。同时，考试的主要目的是检测你学的知识有没有真正掌握，没必要过于在意某一次考试的成绩。要调整好心态，胜不骄，败不馁。

每次考试之前，我们都跟孩子说只要你尽力就可以了，不用跟别人比。孩子爸爸甚至经常跟她开玩笑，说："你别考得太好了咯，考得太好下次就没有进步空间了。"正因为这样，青青每次考试都比较放松，心态良好，在中考和高考中都超水平发挥，取得了比平时好得多的成绩。

上初中时，青青特别痴迷美剧，担心我们阻止，她就总是偷偷看。其实我们是知道的，但没有点破。原因之一是青青平时学习太紧张了，我们也想让她适当放松一下。另外，看美剧其实也是一种学习英语的途径，通过看美剧，既可以训练孩子的听力，还可以吸收到很多鲜活的口语表达方式。后来在各种场合都有专家夸青青语音好，也许美剧看得多也有一份功劳吧。

有的时候青青坐在自己房间的书桌旁，看上去像是在做作业，但实际上手机放在两本书之间了。她爸爸从她房间门口走过去时，还总是故意加重脚步，因为他担心脚步太轻吓着了孩子。青青爸爸就是这样，他始终相信孩子有一颗努力的、向上的、向善的心，孩子在成长过程中或多或少的会有点小问题，没必要大惊小怪。

青青爸爸爱孩子，除了宽容，还有信任。他总是相信青青一定能行。青青参加中考的时候我们没有给她任何压力，尽管我的内心还是焦虑而紧张的，毕竟当时初中毕业生升入普通高中的概率只有百分之五十左右。但她爸爸一再提醒我不要在孩子面前把自己的焦虑表现出来，他则一直坚信青青一定能考出好成绩。

我有时候还真是佩服孩子爸爸对孩子的这份无缘由的信任，任何时候都相信她能行。就凭着青青一直以来只有3A3B左右的成绩，而她爸爸却坚信她中考能得6A，结果青青还居然真的考了6A。2020年12月青青去北京比赛的前一晚，我在家看上一届全国英语演讲比赛冠军得主的比赛视频，青青爸爸凑过来看了一下，自信满满地说："我家青青肯定能表现得比她更好！"我当时笑他太过自信，但神奇的是，青青还真就在这次比赛中拿了个全国冠军。也许父母这种对孩子充分的"相信"真能创造奇迹吧！

养育孩子，其实是一门"慢"的艺术，大部分的时候我们能做的就是精心呵护这株小幼苗，给她浇水、施肥、除虫，给她充足的阳光与养分，然后，静待花开。

持之以恒，坚持不懈

对于青青的考试成绩，我们的要求相对宽松。但是，对于另外一件事，我们要求比较严格，也不轻易妥协，那就是要求她每天学英语。青青爸爸一直强调，一个人一定要有一技之长。青青小时候表现出了对语言的喜爱之后，我们就决定让她好好朝这个方面发展。

从三岁多开始，我们就有意识地培养孩子的英语学习兴趣。青青从小喜欢听故事，我就在家陪她学英语童话故事。青青学的第一个故事是"小猫钓鱼"，整个故事也就二十个左右的句子，所以青青大概学了半个月就能完整地表演"小猫钓鱼"的故事了。青青每学会一个故事之后，我们就鼓励她讲给爸爸妈妈听，或者来客人了，也会鼓励青青给客人们表演。每一次我们都会给她最热烈的掌声和最真诚的赞美，有时候还会即兴来个献花环节或者颁奖环节。苏霍姆林斯基说过，成功的欢乐是一种巨大的情绪力量，它可以促进儿童好好学习的愿望。请你注意无论如何不要使这种内在力量消失，缺少这种力量，教育上的任何巧妙措施都是无济于事的。在我们不断地鼓励和夸奖下，青青一直保持着浓厚的英语学习兴趣。

到了小学三年级，青青正式开始学英语了，我选择了《新概念英语》作为学习的主要内容。一开始，我就定下计划，每天学一课，集中学，大量学，天天学。《新概念英语》第一册一共146课，我的计划是带着青青五个月之内学完。实际上我们用了将近半年的时间完成了这个任务。我工作的学校离家比较远，中午是不回家的，青青又不喜欢午睡，我们就选择每天中午学习一个小时。

那个时候我每天中午陪着青青学习一篇新的课文，第二天早上背诵。由于家里离学校大概有 20 多分钟车程，路上青青爸爸开车，我和青青就坐在后面背课文。每一次青青都是背诵完前一天刚学的课文后，又把之前那些背诵过的课文再背一遍。她老爸除了开车，还负责给女儿加油，就是不停夸女儿背得好。就这样，《新概念英语》第一册的课文每一篇青青都是至少背了几十遍的，几乎任何时候都可以脱口而出。这样最直接的好处是让她形成了良好的语感，考试做题时，很多时候都可以凭借语感不假思索地选出正确的答案。

进入初中，学习负担陡然加重，青青一下子忙起来了，每天做完作业已经是哈欠连天了，我心疼孩子，心想青青的英语已经学得还不错了，英语考试得个 A 完全没有问题，那每天就做做阅读，不再额外学那么多了吧。但孩子爸爸坚决反对，他坚持每天再忙也要学英语，哪怕半个小时也可以。所以，从小学到高中毕业，我们基本坚持每天学英语至少半个小时，青青的英语成绩一直是名列前茅，有了一技之长，孩子也特别的阳光自信。

在学习的过程中，当孩子有所懈怠或者想要放弃的时候，我们并不是一味地给她讲道理，而是会以身作则，从自己做起。我平时很少在言语上要求青青学习上要如何刻苦努力，但自己先做到了坚持做一个终身学习者。在家时我几乎不看电视不玩游戏，孩子做作业时我就在另外一个房间看书、备课。这些对于青青学习习惯的养成有着潜移默化的作用。在青青初中时写的一篇作文里她是这样描述她的妈妈的："母亲为了做好榜样，她每天 6 点钟起床，在阳台上大声地朗读英语。她说要活到老，学到老。她只要有时间就读英语，两个大书柜里满满塞着的几乎全是母亲的英语书。"

进入大学后，青青第一学年就参加了 21 世纪杯的英语演讲比赛，代表学校参赛获得了湖南省一等奖第一名的好成绩。接下来青青有幸进入了湖南师范大学演讲队，开始了系统的训练。

演讲队的老师们十分敬业，几乎每天都会给孩子做演讲训练，在新型冠状病毒感染疫情期间，老师们就把训练转到了线上，这样的训练经常不分白天或黑夜，也不分工作日还是休息日，几乎是天天坚持着。

一进入大学，我们就反复跟青青强调，大学阶段是学知识长本领的黄金时期，要找准自己的目标，全力以赴地努力。所以青青在大学阶段的努力超过了她以往任何时候，周末和假期泡图书馆都是常态。2019年暑假期间，青青要同时备战两个大型比赛，每天一早她就带着我提前做好的午餐去图书馆学习，一学就是一整天，通常学到图书馆关门才回家。每天老师布置了题目后，青青就开始着手写演讲稿，从搜集资料、提炼论点到成文，再到录制一个完整的音频，几乎要花三四个小时。最多的一次她一天写了六篇演讲稿，最晚的一次她录音录到了凌晨四点，因为担心被早起的我发现，她才赶紧睡下。

功夫不负有心人，大三的时候青青一路过关斩将，终于圆梦北京，获得了"外研社·国才杯"大学生英语演讲比赛的全国总冠军，这是湖南省学生在该项赛事上取得的历史最好成绩，实现了历史性突破。

我们和孩子一起品尝胜利的喜悦，也一起相约：成绩属于过去，未来还需努力，我们得继续踏踏实实，一步一个脚印，朝着下一个目标携手再出发！

回望孩子一路走来健康成长的点点滴滴，与孩子在一起的时光，有欢笑，有泪水，有烦恼，有欣喜，我们的人生又何尝不是因为孩子而变得更加丰富多彩呢？每一个孩子都是独一无二的，我们家长能做的就是用爱陪伴他们，鼓励他们坚持梦想，脚踏实地，做最好的自己。

（作者单位：长沙理工大学子弟学校）

传承红色家风　培育时代新苗

姜　英　李　枫

中华民族历来重视家风建设，注重家风传承。涵养良好家风，贵在落到实处，以红色家风为"传家宝"，一代代传承至今。中南大学校本部幼儿园将"立德树人"作为根本任务，把家教家风建设作为幼儿人生的"第一颗种子"厚植心中，切实发挥家园社的最大合力，充分发挥中南大学优质的教育、环境资源，引领幼儿传承优良家风，为全面建设社会主义现代化国家培育出德智体美劳全面发展的时代新人。

英雄史，家国情

红色记忆是我们永不褪色的"传家宝"，一份传家宝，一脉家国情。11 月 3 日，一封追寻红色"传家宝"的倡议信从校本部幼儿园发出，鼓励每个幼儿家庭追溯家族历史，积极参与活动，讲述红色"传家宝"背后动人的故事。一张发黄的老照片、一枚珍藏的纪念章、一份珍贵的资料……每一件红色"传家宝"背后，都有着感人至深的故事，每一个故事都承载着优良家风和家国情怀。很快，我们找到了老红军蒋庆南、李昌银及革命烈士刘希斌三位爷爷的红色"传家宝"。

杨钧涵小朋友的"传家宝"是一枚珍贵的抗美援朝纪念章，它诉说了爷爷蒋庆南保卫祖国、奋勇战斗的故事。蒋爷爷 17 岁入伍，参加过抗美援朝战争，在五次战役中担任炮兵，在战斗中多次负伤。他曾在孩子们的课堂上讲述那段故事："我军缺食少穿，许多人冻伤饿晕，战斗力减弱，伤亡较大。但是我军有党的坚强领导，有坚定的理想信念，有不怕困难、勇于牺牲、顽强拼搏的精神……孩子们，你们今天的幸福生活是许许多多志愿军战士用生命换来的，你们一定要比我们更强大，要热爱祖国，保卫祖国！"孩子们听了眼中含着泪说："爷爷，我们一定好好学习！我们要成为保卫祖国的接班人！"

刘虹希小朋友带来的"传家宝"是一张泛黄的革命烈士证明书，它见证了其曾祖父刘希斌为信仰奋斗一生的故事。1926 年，22 岁的刘希斌加入中国共产党，受党组织派遣，他以共青团澧县特别支部教育长的身份回到澧县，组织发展青年运动。不幸的是年轻的他受党组织派遣去苏联学习路经长沙时，被叛徒出卖而被捕，壮烈牺牲在小西门外河滩上。

高翊石小朋友的"传家宝"是一枚金光闪闪的"抗战胜利 70 周年纪念章"，它的主人是爷爷李昌银。他爷爷 1942 年参加新四军，担任过皖苏独立旅警卫员，同日军作战 50 余次，并在抗美援朝中为保护首长身负重伤，经抢救才得以保住性命。老人在党的关怀下美满生活到 2020 年逝世，享年 93 岁。通过家人的转述，孩子们得知李昌银爷爷经常教育子孙后代要爱党爱国，缅怀革命先烈，珍惜来之不易的和平岁月及美好生活，传承好红色基因。

"传家宝"是生动的育儿教材，这三份红色"传家宝"将作为校本部幼儿园红色课程中的珍贵"档案"，永远留存，代代传颂。在向幼儿讲好经典红色故事的同时，深入发掘身边的红色家风，让红色家风成为我们宝贵的精神财富，让一颗颗红色的"种子"在幼儿心中破土而出，悄然发芽，将来长成枝繁叶茂的参天大树。

　　"一座岳麓山，半部近代史"，东方红广场、爱晚亭等红色景点承载了厚重的革命精神。中南大学校本部幼儿园开展"同走红色路，聆听英雄史"岳麓山亲子打卡活动，家长与孩子共同为栖身麓山的忠骨英魂献上一朵花，为孩子们讲述了为国尽忠、报国捐躯的先烈英雄故事："小我自己，大我国家"的黄兴、"为救中国而死，救四万万人而死"的禹之谟、"办好教育，培养知道爱国、有学问的人才"的陈天华……让幼儿在"润物细无声"中感悟爱国情怀，与家长共同营造出爱党爱国的家风氛围，让红色家风永不褪色，代代传承。

孝顺心，敬老情

　　国风之本在家风，家风之本在孝道。习近平总书记在不同场合多次谈到"在家尽孝、为国尽忠是中华民族的优良传统"。为传承"尊老爱老"传统美德，中南大学校本部幼儿园和岳麓区云麓园社区联合举办了"讲孝心故事，树良好家风"主题活动。毛楚涵小朋友动情地朗诵了古诗《游子吟》，现场播放"孝心少年鑫秋"的故事：父亲因意外伤害而双目失明，母亲离去，两岁的小鑫秋便承担起了照顾父亲的重任，成为父亲的"眼睛"，给父亲带来希望与光明。故事结尾，鑫秋的父亲唱起了那首自己为女儿创作的歌，孩子们情不自禁地随着歌声用小手拍起了节奏。活动最后，社区"最美孝心家庭"代表、老党员卢玲芝同志向孩子们讲述起了她和丈夫如何长期照顾瘫痪母亲的动人故事，她告诉孩子们："孝亲敬老是传统美德。孝敬老人，并不一定要给老人锦衣玉食，而是在日常生活中，对他们多一点尊敬和关爱。老有所养，老有所乐，老有所为，老有所安，让老人享受生活的幸福和快乐是我们晚辈应尽的义务和责任。"

我们开展了"孝心传承听您讲""温情重阳，爱在本幼"等主题活动，小朋友们争做"孝心宝贝"，做力所能及的事情：踩在小椅子上为爷爷奶奶洗碗，递上一杯热水，给爷爷奶奶捶背；孩子们和爷爷奶奶一起制作艾草包，表演手势舞《中华孝道》……全园幼儿携手家长与爱同行，心中常怀敬老爱老之情，将"孝顺心、敬老情"付诸行动，接续弘扬中华民族"尊老爱老"的传统美德。

强国梦，报国志

家风的"家"，是家庭的"家"，更是国家的"家"。一国之富强离不开科技之进步，中南大学在多个领域科技成果层出。何继善院士深耕祖国大地20余年创立"双频激电法"，为消除水患提出"拟合流场法"，为实现国家能源自主提出"广域电磁法"，不断攀登科研事业高峰，为祖国的科技发展奉献自己的一生。为传承弘扬"科学家精神"，今年国庆节前夕，何继善院士来到幼儿园看望孩子们，为他们上了一堂生动的教育实践课。孩子举起小手踮起脚，给爷爷递上自己的画表心愿："这是我们画的祖国，等我们长大后也想成为像您一样热爱祖国、建设祖国的人。"何爷爷不禁摸着孩子们的小脑袋，眼里尽显欣慰地说："你们一定能够成为比我们更加优秀的一代。"这句话寄托了老一辈科学家对孩子们努力学习、科学报国的殷切期望。

为进一步挖掘高校附属幼儿园资源，中南大学校本部幼儿园"科技强国，'爸'气来袭"主题活动"卷"了起来，来自粉末冶金、化学化工、交通运输工程等学院身怀绝技的爸爸们纷纷走进幼儿课堂，趣说科学知识，带孩子领略祖国科技成果。孩子们走进中南大学生物楼、科技馆、安全教育体验馆……第一次近距离看到

"爸爸"们的工作。甘杜若小朋友的爸爸甘敏副教授带来了以"神奇的小细菌"为主题的生物实践课，让小朋友们分辨什么是"好细菌"和"坏细菌"；徐智逸小朋友的爸爸徐德刚教授从事无人智能研究，他带着智能汽车团队为小朋友们科普了无人智能汽车知识；韩湘怡小朋友的爸爸韩奉林副教授组织的"趣说机器人"游戏活动寓教于乐，让小朋友了解机器人的"秘密"；岳明哲的爸爸岳龙老师带着小朋友用 VR 虚拟科技深度体验自然灾害、火灾逃生、消防灭火、水中逃生、汽车驾驶等，丰富了安全知识；孙奕芸的爸爸孙琮皓老师在"趣味化学课堂"上，带领小朋友亲手探索压力喷泉、火山爆发、银树开花、火中飞龙等化学奥秘。

一次次活动点燃了小朋友们对科学的浓厚兴趣，"我想要件航天服""人类太空探索的发展""飞机为什么会飞"等 15 余次"爸"气来袭精彩活动还在持续上演，让幼儿能够为父辈们的科技创新成果自豪，传承好父辈们的爱国创新、求实奉献、协同育人的"科学家精神"，树立起"科技强国，有我传承"的"中南"好家风，培养出一代代爱国爱家的"中南娃"。

家风纯正，雨润万物；家风蔚然，国风浩荡。中南大学校本部幼儿园持续深入厚植家国情怀，充分发掘身边的优质资源，形成爱党爱国的"家风"，传承美德的"作风"，创新向上的"园风"。弘扬优良家风，培育时代新人，我们正步履不停，奋楫前行！

（作者单位：中南大学校本部幼儿园）

养不教　父之过

王运用

《三字经》云："养不教，父之过；教不严，师之惰。"就我家族的传统而言，特别重视子女的教育。我只有五岁时，祖父就教我读书识字，最初的蒙学教材是《三字经》《百家姓》《千字文》《增广贤文》等，在认识一定数量的字之后，祖父、父亲便教我读"四书""五经"。所以，当我自己做了父亲之后，也特别重视对子女的教育。我对子女的教育，简而言之是六个字：严管、勤教、亲导。

严管

对"严师出高徒"的古训我是深信不疑的。世界著名的教育家马卡连柯在其《教育诗》中说："我认为，在集体和集体机构没有成立前，在传统没有形成、最起码的劳动习惯和生活习惯没有养成之前，教师可以有权力采用强迫的方法。"由于家庭传统和上述理念对我的影响，所以我对子女的教育是严格的。

之所以"严"，是不让其懒惰、松懈，而让其从小好学，立志成才。因此我尽可能地为他们创造好的学习条件。在严管严教之下，女儿成绩一直很好。女儿在家乡读小学时，在班上是第一名，小学毕业以优异成绩考入桃源一中，后随我迁来常德，参加常德市一中的插班考试，又以优异成绩被录取，顺利进入常德市一中就读。

同时，我还根据孩子的具体情况，引导其选择适合自己的成才道路。女儿语、数、外成绩均好，尤其是外语特别拔尖，我就鼓励其考外语专业，1988 年顺利考入长沙铁道学院外语系。女儿毕业后被分配到常德市物资局所属的申湘汽车有限公司，虽然工资待遇不错，但专业不对口，实则是一种浪费，于是我又鼓励她报考研究生，终于在参加工作十年后的 2002 年考取了湖南大学外国语学院研究生，毕业后留校任教。儿子数学、外语成绩欠佳，但语文成绩优异，尤喜绘画，擅长书法。初中毕业以后，我就鼓励他进常德市七中特长班，终于在 1993 年顺利考入湖南大学工业设计系装潢设计专业（该专业只有专科而无本科），1996 毕业后，我又积极鼓励并支持他参加"专升本"考试，被湖南师范大学录取，仍修装潢设计专业，1998 年获湖南师范大学本科毕业文凭。

但是，回想起来，在"严管"方面我也有诸多失误。最主要的是严厉有余，温和不足，致使与子女之间无亲切之感。他们对我都非常害怕，戏称如"老鼠见到了猫儿"。可能是受了"女儿要宠着养，儿子要贱着养"思想的影响，对女儿还时有呵护，对儿子则往往是声色俱厉，尤其是在 12 岁以前，更是如此。总是教育他们要怎么怎么做，不能怎么怎么做，很少与其进行思想交流，很少甚至完全不听他们的意见，致使其平时感到非常恐惧，生怕做错事，一旦做错了事，又生怕挨批评，遭打骂，便千方百计地遮掩。这样又往往更加激起我的愤怒，长此以往，限制了他们思想的自由发展，对其成长极其不利。在这一点上，我的女儿与儿子都比我要做得好。他们对子女的管教也很严格，但既有严格的教诲，也有亲切的疏导，从不强行其事。比如，孙女从幼儿园起就学钢琴，小学四年级便考过了五级，但进入五年级以后，她感到学习任务繁重，不想再学了，儿子也没有硬逼着她去学，便停了下来。读六年一期时，期中和期末考试，成绩都不够理想，尤其是数学成绩欠佳。面对这种情况，要是我，可能会怒发冲冠，而儿子却是心平气和，与其促膝谈心，引导其找出原因，改进方法，力求迎头赶上。但儿子同样对于孙女有很强的威慑力，比如，有时我们要她怎么做，她往往不放在心上，但一说是爸爸要她这样做的，她便"千斤不移"了。女儿对外孙的教育也是如此，虽不像我那样声色俱厉，但同样具有极高的威信，比如，为了不让外孙沉迷电脑而影响学习，规定平时除了在网上查资料之外，不许用电脑，且家里的电脑都加密上锁。有一次，女儿用了电脑以后因事出去了，电脑未上锁，外孙知道后，马上打开电脑玩起了游戏，不一会，女儿回来了，外孙听到了妈妈开门的声音，马上关了电脑，躲进书房学习去了。

勤教

对于子女的培养，除了严管，还要勤教。如果说严管是不让其懒惰、松懈，而让其从小好学，立志成才，那么勤教则是给其学习方法和具体操作的技能、技巧。比如，儿子对语文颇有兴趣，我便发挥其所长，经常督促他背诵课文的名篇、名段。不过，有时我要求他背某篇，他说老师规定这篇不要求背诵，我要他背诵某篇的全文，他又说老师规定只背某一段或某几段。当时，为了树立老师的威信，我就没有过分强求，但老师规定要背的名篇、名段，我是要求其全背不误，而且亲掌其书，篇篇、段段过关。为了帮助他把字写好，从五岁开始，便教他写毛笔字，开始摹写，我帮其写好"范本"，他拿不稳笔，我便扶着他的手写；后来临帖，我又帮其精选字帖，并教他临帖的方法：先要读帖。所谓"读帖"，是说平时没有事的时候，常拿着帖看，细细揣摩、欣赏，提高对字的感悟能力。具体临写时，告诉他要仔细研究每个字，使之烂熟于心，然后落笔书写，一气呵成，切忌"看一笔，写一笔"，否则便会阻断书写的气势，使字没有了"灵气"。另外，每当他参加学校、市里、地区的书法比赛，我为他提供必要的帮助，令其成功。所以他在育英小学读书时，以《登高》作品（楷书）参加地区书法比赛，获小学组第一名，此作品后来还登载在了《福建日报》上。他在常德市七中读高中时临写的岳飞的《前赤壁赋》（草书），被校展览馆放在突出位置展出。再比如，为了帮助女儿提高写作能力，我要她坚持写日记，并将"生活是人生演进的过程，而日记是人生演进过程的记载"的名言赠送给她。还告诉她，日记既可以叙事，也可以抒情，还可以发表议论，有话则长，无话则短，机动灵活，有啥说啥。女儿从中学到大学都一直坚持写日记，不仅提高了写作水平，还提高了观察、分析能力。她能以优异成绩考进大学，后又考取研究生，毕业后留在高校任教，且教学效果良好，日记是功不可没的。

同时，我还告诉他们读书的方法。古人云："书读百遍，其义自见。"我一直坚定地认为，书是读好的，不是老师讲好的。

那么，怎样读书呢？总的原则是"多读与精读"相结合。首先是遵照"开卷有益"的原则，广泛阅读，这就是要"多读"。知识浩如烟海，书籍多如牛毛，而人的生命是有限的，时间和精力也是有限的，这就要求我们根据自己的兴趣爱好，尤其是自己工作的性质、专业的特点，选择好书加以"精读"。古人云："半部论语治天下。"说的就是一本好书的重要意义与价值。

精读就是细细品读，做到读、思、写、用相结合，做到反复读、做笔记、写心得，要把所学的东西运用于实际工作和日常生活中去，指导自己的行动。

我常将上述理念与做法告诉我的孩子们，并以自己"手不释卷"的实际行动为其做出表率，还将自己做的读书卡片拿给他们看，使其耳濡目染，潜移默化，深受启发与教育。所以，我的子女，甚至连孙子辈也都养成了读书的良好习惯。

亲导

我这里所讲的亲导，主要是指自己如何为子女树立良好的榜样。父母是子女的第一任老师，起表率作用，对于子女的健康成长是至关重要的。所以，我十分注意自己的表率作用，要求子女刻苦学习，自己首先刻苦学习。比如，自己坚持写字，并常常为他们示范，孩子们看到我写的字是那么漂亮、刚劲、有力，无形中受到启发与教育，增强其把字写好的信心。再比如，我总是将儿子要背诵的课文先行背熟，示范性地背给他听，并将自己背诵的方法教给他。儿子遵照我教的方法行事，背书的效率和巩固率都大大提高。

所谓做子女的表率，更重要的一点，就是要以自己对祖国忠诚、对人民忠诚、对事业忠诚的崇高精神境界，去教育、感染子女，使他们牢记"天下兴亡，匹夫有责"的古训，做到工作兢兢业业，治家严谨，待人诚恳，立志走正道，做好人，真正干出一番事业，为社会做出应有的贡献，使自己无愧于心。

功夫不负有心人，经过多年的教育、培养，儿女孙辈们均个个成才。在当时挤"独木桥"的时期，女儿儿子均能考上大学，读到本科毕业，女儿还考取了研究生，并能在高校任教。孙女考取了英国艺术类顶尖大学——伦敦艺术大学，攻读服装设计专业，明年即可毕业。特别是外孙，从小学至高中，一路直升，后考取复旦大学，毕业后，又升本校本专业研究生，明年即可毕业。儿孙们都成为或即将成为社会的有用之才，我多年严格而有方的教育，也达到了预期的效果。

（作者单位：湖南文理学院）

长大后我就成了你

肖梅芳

小时候，奶奶对我说，挂在墙上画像里的爷爷是老师；妈妈也对我说，田间耕作的爸爸是老师。我不明白，我们家的老师为什么在田里？长大后，我明白了，他们都扎根乡村一线教育，无悔奉献着自己的青春。我的爷爷黑发积霜织日月，粉笔无言写春秋；我的爸爸春风化雨育桃李，润物无声洒青春。受其影响，我也决心要像他们一样，成为一名光荣的人民教师，尽自己所能让山沟里的孩子们能学到知识，能成人成才。

衣带渐宽终不悔，为伊消得人憔悴

听爸爸说，爷爷1917年出生，是一位高中毕业生，因学习好表现好，毕业后不久就在祁阳县的瑶头铺初小任教，因工作出色又调入高小任教。家里祖祖辈辈干农活的，竟突然出了个教书先生，这在当时还是非常荣耀的事情。爷爷一共养育了六个孩子，其中一个因体弱多病夭折，但微薄的工资要拉扯五个孩子实属不易，高高瘦瘦、文质彬彬的他在学校里是尽职尽责、受人尊敬的教书先生，节假日回到家里干起农活就是拼命三郎，每次一回来就扛着锄头下地，连下雨天也不例外。干着老黄牛的活，吃着最差的饭食，有时连饭也顾不上按时吃，长此以往，他犯了严重的胃病，卧床不起。当时没钱去不了大医院，就在当地的一家小医院做手术。手术整整做了一天，整个胃切除了四分之三。经过奶奶的悉心照料，爷爷慢慢恢复了健康，又能重返讲台，精神抖擞地给孩子们上课了。可是噩耗再次降临，那天晚上爷爷突发脑出血，从此撒手人寰。那一年，他才 63 岁；那一年，新房还没建好；那一年，他最小的儿子（我的爸爸）才刚刚结婚几个月；那一年，我还在我妈的肚子里。可怜的爷爷，一辈子操劳没有过上一天好日子；可敬的爷爷，一生兢兢业业、勤勤恳恳为乡村教育尽心付出，但他"衣带渐宽终不悔"，总是嘴角含笑不言累。

长大后我成了你，勤采百花酿成蜜

好男儿志在四方，我爸爸 1976 年高中毕业后本想着和同学去新疆闯荡一番，无奈爷爷极力反对："我身体不好，愧对孩子们，我欠他们的希望你能帮我还上。"就这样爸爸留在家乡成了一名民办教师，每月领着 11 元的工资。现在我妈还笑我爸："当时去你家相亲的时候，站在门槛上可以摸到你们家的房顶，你们家床上唯一的一床蓝底印花被子还是从别人家借过来的嘞！"虽然民办教师待遇差，家里这样穷，但爸爸一直兢兢业业扎根教学第一线，1979年爷爷正式退休后，他补员转为公办教师，待遇才有所好转，每个月可以领到 36 元了。他先后在小学、中学担任过副校长、事务主任、校长等。子承父业，相同的是他们仍然忠于乡村教育事业，仍然要一边教书一边干家里的农活。在我的记忆中，爸爸很辛苦。在学校，教学的事不少，管理的事也多，经常是一个人顶两个人用。大至劝学、做思想工作，小至换灯泡、维修课桌椅，能自己做的绝不找别人。碰到旱灾，学校的水井缺水，爸爸还要一大早组织学生出去找水，担水回来后再给寄宿生分发洗脸刷牙的水。周末放学后他就急匆匆往家里赶，抓紧时间干家里的农活。当暑假遇上"双抢"，那他就是"三抢"了，因 7 月份是黄花菜丰收的季节，每天必须在下午五点前采摘回来，不然开花了就不值钱，此谓"一抢"；而这时又是水稻收割的季节，要割稻子，要插晚稻，时机延误不得，此谓"二抢"；可每年这时爸爸又恰逢期末季，学校里也有一堆事要抢做，"三抢"加身，可谓是焦头烂额。多少次，爸爸头顶星光去摘黄花菜，身披月光割稻子；多少次，爸爸在学校和家里来回穿梭……难怪，爸爸现在的走路速度那么快，我要是不小跑都跟不上他，都是那时候养成的习惯啊！

双抢期间有时实在忙不赢了，爸爸就拜托伯父家的几位哥哥给妈妈帮忙，但学校的事从来没有耽误过。在他担任校长期间，学校工作开展得有声有色，多次得到嘉奖。他在业务上也是一把好手，1997 年组织的小学教师业务水平考试，他所考的小学数学拿了 90 多的高分，一般科班出身的老师还没有这么高的分数呢！

受爸妈的言传身教（妈妈也是一名代课教师），我初中毕业后，怀着对教师职业的崇拜，怀着对教育事业的憧憬与热爱，面对医卫类和师范类的抉择，毫不犹豫地选择了师范。我于 1997 年参加工作，成为一名光荣的人民教师并扎根农村。"长大后我就成了你"，才知道那支粉笔，画出的是彩虹，洒下的是泪滴。

还记得刚参加工作时我还不满 17 岁，自己还是个孩子就要带几十个孩子，我也曾迷惘过，无助过，在家里守着爸爸妈妈哭鼻子抹眼泪。爸爸妈妈找来各科教材、教学用书，手把手地教我怎么备课，怎么上课，怎么抓教学重点，怎么突出教学难点。至今还记得，那个炎热的暑假里，那个空荡荡的闷热教室里，就坐着我们一家四口，一会儿爸爸上数学，一会儿妈妈上语文，一会儿我和妹妹分科目上，爸爸妈妈做指导。他们的言传身教使我很快成为一名合格的老师，也影响了我们一辈子。

还记得我刚参加工作时晚上食堂没有饭可吃，自己又不会做饭，怎么办呢？爸爸就像天使一样来到我身边，带过来了整套厨具，还买了辣椒、猪腰花、白菜。他教我使用液化气灶、切菜、放油、爆炒……爸爸一边说一边做，上下翻飞之间，香喷喷的饭菜变戏法似的已经出锅上桌，而我也就是从那时起慢慢地学会了做饭做菜，一个人的生活也能过得有滋有味。

痴心一片终不悔，只为桃李竞相开

爷爷、爸爸都是乡村教师，我扎根乡下一晃也有 20 多年了。从盯着录像带一句一句地记人家的课，到自己能够精心设计属于自己风格的课；从跟着老教师学做幻灯片、学做头饰，到自己能够熟练地使用三机一幕；从在办公室虚心向老师请教，到自己能指导青年教师，我在培桃育李的跋涉中留下了一串串前进的足迹。

为了提高教学水平，不论严寒酷暑，不管外面的世界有多热闹，我都专注于方寸电脑屏幕，请教同事中的高手，请教网络中的高手，请教电化教学课堂上的高手。终于，我的电脑屏幕上就能呈现出一幅幅青翠欲滴的春景图、一幅幅孤舟蓑笠翁的寒江独钓图、一幅幅歌颂人们战天斗地的顽强拼搏图、一幅幅充满童趣好像都能传出笑声的小儿嬉戏图……决不计较与退缩，只管自歌自舞自开怀，无拘无束无碍。这样独自静坐专注于课件的场景，在我的生活中是常态，我一路走来，为今天的成绩付出了不知多少鲜为人知的艰辛。

为了上好一堂公开课，要熟知课标，要钻研教材，要精心设计，要无数次地打磨课件，要通过不断地对空试讲、修改教案，要做好各种预案以应对课堂上各种不同的状况……如此枯燥乏味的场景我却是不厌其烦、乐在其中：周末的时候别人休假我构思，早读的时候学生早读我琢磨教法，深夜的时候我独自一人挑灯奋战，散步的时候我和同事商讨教学细节，真是如痴如醉，不知疲倦。

在多年的班主任工作中，我孜孜不倦，兢兢业业，认真地总结了一些行之有效的经验。在班级管理中，我做到三管：勤管、严管、善管，对学生充满耐心和爱心，做到严中有爱，严中有章，严中有信，严中有度，从小处着手，寻求最佳教育时机，给他们慈母般的关怀，给他们春风沐浴般的教育。我自始至终都牢牢把握这样一个原则——把爱洒向每一名学生，尊重学生，用"心"育人，让桃李竞开。

星光不问赶路人，时光不负有心人。我采撷了一串串的硕果：市里说课、评课、上课一等奖，代表县里去作省级健康教育一等奖课例展示，湖南省在线备课大赛一等奖，"一师一优课，一课一名师"部优……收获了众多荣誉：县级优秀教师、骨干教师、教学能手、学科带头人，立三等功两次，连续两届被评为衡阳市骨干教师，成为湖湘方阵成员、教师资格证面试考官；35 岁晋升中小学副高级教师，2018 年考入长沙市望城区，拿到了优秀人才引进补贴。

点点滴滴，如数家珍，以前的一幕幕，今日想来犹在昨日。我在实践中不断提高自己的思想觉悟，做到了热爱自己的本职工作，学高身正，做到了鞠躬尽瘁，一腔热血洒杏坛，痴心一片终不悔。学无止境，我不敢有半点松懈，活到老，学到老，执着追求，不断超越，是我在教师这个岗位上终身的轨迹。我成了爸爸妈妈的骄傲，相信九泉之下的爷爷若有知，一定也会替他素未谋面的孙女儿感到高兴的。

而今，我的女儿也 18 岁了，正在上大二，目前准备考普通话和教师资格证，日后也想成为一名小学语文教师，而我就是她想成为的模样，我很开心，亦很欣慰。

教师虽然清贫却不清苦，虽然平凡却不平庸，虽然淡泊却不淡漠，虽然简约却不简单。习近平总书记在全国教育大会上表示：要增强社会各界办好教育的责任感、使命感、紧迫感——共同担负起青少年成长成才的责任。我希望我们能够一代代传承下去，拥有一颗平凡心，心系世代教育情。

（作者单位：长沙市望城区周南望城学校）

传承给我这一代的家风

刘赤符

我们家从邵阳迁居常德，到我这一代是第三代。祖父刘石渠，新中国成立前及 50 年代初常德四大名中医之一；父亲刘天健，在湘雅医学院从事中医医疗教学 20 年，调回常德后为常德七八十年代三大名中医之一。我们这一代中，笔者是国家二级教授，享受国务院政府特殊津贴专家，全国优秀教师；大弟是教授级主任医师，享受国务院政府津贴专家，湖南省名中医。我们的成就与我们的优良家风紧密相关。近年我整理祖父、父亲遗留的旧体诗集《石渠诗联丛话》《剑盦医余诗草》，诗作中他们以"诗教"形式全面地述说了我家的家风，与我所眼见耳闻的先人事迹结合在一起，我的家庭传承给我这一代的家风变得十分鲜明、具体。

读书治学、工作事业、家庭亲情、家国情怀这四个方面是最能体现家风的所在，祖父、父亲的"诗教"正是从这四个方面以"四个传家"诉说了传承给我这一代的家风。

书香传家

爱书、藏书、读书、著书，是我们家三代人一直秉持的传统，这形成了我们家的浓浓书香。

关于读书治学，祖父以自身的体会对后人提出了五点告诫：第一，要"乐读"。他的"乐读"不仅仅是要以读书求温饱，而且是使读书上升到一种更高的境界——读书是一件非常享受的事情。第二，读书要淡名利。祖父能"活到老，读到老"的根本原因是他"一生名利淡"（《老来忙》诗）。读书若只是为博取名利，自然会因名利的得到而终止；如果读书是为求生存、谋发展、陶冶情操，他就会有永远读书不辍的动力与喜悦。第三，读书要有"得"有"感"，即能把厚书读薄，对书的内容形成一种高度的概括，力求悟出书中内容的种种内在外在的必然联系，"悟到天机从动起，心迎意会自通神"（《读梅花易数有得》诗）。第四，读书贵创造。强调读书治学要有一种可贵的创造精神，真正做书的主人，把文化科学不断推向前进！第五，读书要求实效。通过读书掌握某种高超的技术，或精通某学说，或在某方面达到较高造诣。

父亲则以他读书治学的一生为后人作出了四个方面的榜样：一是刻苦读书、到老不倦。从他人生最初的青春岁月"唯与书周旋"，到晚年"老来犹自惜分阴"，父亲读书的一生永远是我们后人学习的楷模。二是遇逆弥坚，发奋向上。他有正确的人生态度，"境如遇逆志弥坚"；他读书有刻苦努力、发奋向上的精神，"燃藜曾补旧编残，起舞闻鸡夜未阑"。三是取法乎上，追求卓越。他向名师学习："文史师三赵，医经仰二张。金针黄石度，太极学拳王。"他博学多知："诗爱剑南字爱颜，拳研太极重形圆。医欣教学传薪火，更喜春回指顾间。"四是热爱知识，书伴终身。"世间之物最爱书"，父亲一生与书相伴，青年时代常罄薪酬购书，使祖父感叹："如果书中能播粟，千钟常乐有盈余。"因为深知是书籍带给他知识，使他能维持生存，并有所奉献于社会，因此誓言"纵是贫穷不卖书"。

第三代继承了读书治学传统，以笔者为例：我是国家二级教授，全国优秀教师，国务院享受政府特殊津贴的专家；获过曾宪梓教师奖二等奖，曾被评为湖南省劳模与湖南省高等学校优秀共产党员；有四项成果获国家级、省级教学成果奖；出版专著七种，在多种专业刊物发表论文 140 余篇。承继家风也算小有所成。

医学传家

我家从先祖玉堂公（1770—1821）开始业医，至先父天健公时已历五世医传，医学传家是五代人的执着愿望。父亲去世的前一年，在《健公藏书目录手册》的扉页鲜明地题写了四个大字：医学传家。五代人在如何对待工作事业上形成了医学传家的优良家风。

祖父以高尚的职业理想、美好的人生观、崇高的敬业精神业医，"为悯苍生沉痼苦"（《题〈天人集〉》），体现了祖父以救死扶伤为己责的崇高情怀，以及"馨香祝祷人皆健"（《述怀》）的崇高职业理想。"行医本是儒学事，写赠活人药一囊"（《诊例》），他常免费为平民治病并赠送药物；"绿水青山今有价，红云白雪古无俦。驱除疫疬大地新，耕牧渔樵勿再忧。"（《咏红白二丹》）1941 年日寇在常德投掷细菌弹传播鼠疫，祖父带徒四处出诊，并创制红云丹、白雪丹，普济乡人。祖父不仅有高尚的医德与医行，还有高超的医疗技术："随写几样平常药，神见惊奇鬼见愁。"（《放怀》）"萍迹卅年胡作伴，《灵枢》一卷日随身。"（《读〈内经〉感怀》）他高超的医疗技术来自长年不懈的钻研，在《梦诊》一诗中，他举了一例："梦诊妇人脉有孕，书方题诗赠与之。"他为医治病患竟至废寝忘食、日思夜想的程度！这些都让人洞见他的敬业精神。

父亲在从医的道路上无愧地走过了自己的人生。"只缘但愿人皆健，我病何妨臂折三。"（《庚子年病中作》）"底事求攻折臂医，欲从小技定安危。"（《赠小苏学外伤科、针灸、按摩、医学》）抒写的正是父亲崇高的职业追求与抱负；"老农腿痛不能耕，奔向田边问病情。顺手金针从髋下，扶犁跬末一身轻。"（《下乡支农纪事》）"用药何如用按摩，端从手指起沉疴。拈来一穴轻轻运，遍体春回在刹那。"（《为魏毛作按摩》）这些诗句鲜活、生动地记录了父亲以科学为指导取得的优异医疗实践成绩。

刘家第三代从医成就最大的是大弟刘智壶。他70年代末硕士研究生毕业于湖南中医学院，退休前在湖南常德市第一人民医院担任科研、教学、临床工作，职称是主任医师，是享受湖南省政府特殊津贴的专家，湖南省第二批名老中医。他在国内率先利用现代科技研究中医腹诊，其"中医腹诊按压穴位诊断心血管、胆、胃疾病的临床研究"处于国内领先水平，并以此获省科技进步成果奖。他在1998年新加坡"跨世纪医学新进展论坛暨世界名医成就颁奖大会"上获名医成就奖。他一共出版13本医学专著，发表《中医腹诊概述》等20余篇论文、译文。他很好地实现了父祖"医学传家"的遗愿。

亲情传家

祖父、父亲的家庭，只是旧中国底层普通的旧知识分子家庭，而且还长期生活在贫困之中，但它却是一个亲情浓郁、和谐温馨、进取向上的家庭，它所体现的家风至今感动着后人。

祖父的亲情可用"孝""爱"二字概括。祖父对母至孝，其《题先慈陈太夫人遗像》诗曰："生我劬劳性率真，伤心未报枉啼痕。"平易朴质、真切感人的词句倾吐出祖父不忘母德、感恩父母的内心情感；祖父对妻、对子至爱，其"多病怜卿甘尽瘁，伤心恨我苦长贫""安排走走黄泉路，喜得看看白发妻"的诗句，展现的是祖父与妻子同艰共苦、生死不渝的爱情；祖父《示儿辈》诗曰：

"爱惜精神爱惜身，好将技术寿黎民，人生不抱虚生恨，半事济人半事亲。"教训、期望儿孙珍爱生命，不虚度人生，孝顺父母，服务社会，体现的是祖父对子孙的大爱。

父亲的家庭亲情是一种更为深沉的爱。父亲把他对自己亲人的无限挚爱，上升为一种责任——做最好的自己，担当起对亲人的爱。他在《思念祖母及严亲有感并示智儿》诗中提出"须知裕后即光前"，为"裕后光前"，就要做最好的自己。父亲还把他对自己亲人的无限挚爱及责任凝聚在一个具体的目标与期望上，那就是"医学传家"。他在《拜老父遗像读自题诗有感》中明白写道："遗嘱传家只在医，服务人民志勿移。而今三世承衣钵，凤愿今赏应不迟。"父亲为儿女在继承医学上取得的成绩而由衷欣喜，在《智壶生辰题赠》中称赞他"家风初继河间志"，在《俚歌一首赠德儿》中鼓励他"欲承三世业，须伴五更鸡"，坚持刻苦攻读。

爱国传家

祖父、父亲心中充满对国家、对人民的爱，它所体现的家风至今教育着我们。

祖父曾目睹日寇侵略中国的罪行。1945年他出诊安乡，写下《乙酉重游安乡感怀》："廿载重来旧地游，疮痍满目不胜忧。可怜劫后犹遭病，太息天灾尚未休。"以此谴责日本帝国主义的罪行，关心人民的疾苦。1941年日寇在常德投掷细菌弹，爆发了鼠疫，祖父研药，普济乡人。他热情欢呼迎接新中国成立，常德解放后他满腔热情地写下《庆解放》诗："梧桐为报新秋至，一叶轻轻堕地来。天欲万林齐解放，金声玉振迅如雷。"只可惜他于1956年病逝，未能更多地用他的医技为他所热爱的新中国服务。

父亲青年时期曾写诗谴责日寇侵略中国的罪行，他写道："洞庭湖畔浪滔滔，老幼孑身四散逃。""扶桑飞舶投瘟鼠，细柳移营避海螯。""忍听哀鸿彻夜号，异乡游子赋离骚。"新中国成立后，父亲于1950年被市卫生局委派担任常德市中医公会主任；1951年被委派担任常德市卫生协会副主任，常德市首届、第二届人民代表会议代表；1953年调任湘雅医学院工作20年，后请调回常德。父亲曾有诗抒写对新社会的热爱："厌旧重财还重势，喜新无贱更无贫。谋生夙昔嫌我，治病而今党爱人。""康庄大道今伊始，胜似长生寿老聃。"晚年的他积极投身建设四化的新长征中，先后担任常德市第八届、第九届人大代表，政协常德市第四届、第五届委员会常务委员。父亲有诗云："医疗教学与科研，服务中心要占先。老骥忘疲奔四化，新征踊跃写新篇。"鉴于他做出的巨大贡献与取得的成绩，1985年父亲出席了中国农工民主党湖南省"为四化服务经验交流和表彰大会"，大会印发了他的先进事迹。

笔者是长在红旗下的一代，对祖国无限热爱，立志献身人民的教育事业，曾获八个国家级、省级荣誉与奖励，在我从教40周年时，曾写《水调歌头》词抒写自己心中的家国情怀："幼饮两江水，魂梦亦思答：栽培杏坛嘉木，心血育新芽。九载桃源何悔，人远武陵岂怕，矢志报中华。欣喜毕生汗，化作每年花。书山耸，学海阔，道无涯。人生苦短，休教分秒手中滑。事业追求不懈，奉献真情愿傻，回首自能夸。挥笔绘新画，明日美如霞。"

最后要回到本文的标题上来。笔者之所以用"传承给我这一代的家风"，是因为笔者现在的这一代有八姊妹，建立了七个家庭，七个家庭对家风的理解、认同与选择并不一致，家风也各不相同，他们有权对自己的生活进行选择。我认为"传承给我这一代的家风"是一个优良的家风，期望世世代代相传的子孙能继承并发扬这一优良的家风！

（作者单位：湖南文理学院）

简单的教育最美

陈爱芳

教育家杜威说过："一切教育的最高目的是形成性格。"在每个人的生命成长中，没有比父母更重要的老师。

我希望我的孩子成人成才，有独立的个性，有自由的灵魂，有强烈的好奇心，有自爱与爱人的能力，而这一切取决于我们父母的教育方式。最美的教育最简单，我们要给予孩子更多的是陪伴、理解、耐心与尊重，以平等的姿态蹲下来倾听孩子的心声，让教育自然而然地发生。

陪伴与看管

在女儿一岁左右时，我和她爸爸给她买了彩笔，看着她在纸上、墙上乱涂乱画天马行空，感受涂鸦带来的感官刺激及快乐，我的老父亲老母亲内心也是很愉悦的。但是每次一顿猛操作下来，衣服上、手上、脸上、鼻子上，甚至嘴巴里全是她的杰作。女儿奶奶觉得会影响孩子的身体健康，于是禁止玩彩笔。

我觉得这样强行禁止会抹杀掉涂鸦带来的乐趣，压制她的天性，这对孩子来说过于残忍。于是我想出了一种既能让她尽情享受画画又不让我们操心的办法：一起画画。我们一起在纸上乱写乱画，她兴奋得手舞足蹈，我画我的，她画她的，偶尔会问问她画的是什么，更多的是让她自由发挥，最大限度地给她发挥空间，不去打扰她，让她沉浸在自己的世界里，尽情地遨游。

大概半小时之后，我引导她自己把彩笔一支一支盖好笔帽，放进彩笔盒，然后收起来。整个过程下来，和谐友好，没有鸡飞狗跳，没有鬼哭狼嚎，也没有用嘴巴去舔，原来她把画笔往嘴里放，在手上画满线条然后用嘴巴去舔，都是为了引起我们的注意，她想要的仅仅是有效陪伴而已。而我们对这一行为的解读，是孩子太捣乱太不懂事。细细想来，孩子很无辜。

我们在陪伴孩子的过程中，要经常反思自己，给予孩子的到底是心灵交融式的陪伴，还是放牧式的看管。我们要了解孩子内心深处的渴求，并及时做出回应。

牵着蜗牛去散步

有人说，教育孩子就像牵着一只蜗牛在散步。教育孩子的过程，其实是共同成长的过程，甚至是父母自我疗愈的过程。

我的女儿经常做一些让我自愧不如的举动，也是她让我静下心来，慢慢找到自己热爱的事情。某一天，刚吃完中饭，女儿居然赤着双脚蹲在餐桌上。我一股怒气冲上心头，正准备冲她发火，却看到她拿着一张纸巾，全神贯注在擦桌子上的油渍。擦完之后一个人喃喃自语说擦好了，然后又一个人慢慢地从桌子上挪下来。原来，她看到奶奶在厨房洗碗，于是便帮忙把还没来得及擦拭的桌子给擦干净了。多么可爱贴心的小棉袄！若是当时我训斥了她，我便是犯了大忌！即便她脚踩桌子实为不雅也不安全，但出发点是好的，我只需要好好引导她就行了。

我的内心为之一震，原来教育孩子有些时候只在一念之间。当孩子做出某些行为的时候，不要急于评判对与错。我们可以多给孩子些时间，多观察多思考孩子的行为与动机。等等，再等等，或许会给我们带来惊喜。

吃饭，就像一个大型修罗场，最考验父母的耐心。大部分时间，我们吃完了饭，女儿碗里都还会留下四五口的量。孩子她爸便会催促她快点吃，一遍不行就两遍、三遍。原本就没心思继续吃饭的她，开始反抗起来：用勺子随意地搅动着碗里的饭，或者直接拿手把饭一抓，丢在地上。

爸爸提高说话分贝，扯着嗓子喊起来："快把饭捡起来！"女儿听到这句话，索性不吃，离开了餐桌，自顾自地玩去了，留下爸爸在原地不知所措。爸爸继续要求她快点把饭捡起来，女儿依旧无动于衷。

我走过去轻声细语道："宝贝，你丢在地上的饭，准备什么时候捡起来呀？是准备过一分钟、两分钟还是三分钟？"她停顿了两三秒，回答说过两分钟。两分钟过后我提醒她："宝贝，两分钟到了，你现在能把饭捡起来了吗？小心踩到哦。"她回答等一下，现在还不想捡。我顺着她的意："好吧，两分钟过去了还不想捡，那我们就再等等，我知道我们家宝贝一定会捡的，因为你是个说话算数的好孩子。"

听到我这样说，我发现她脸上有了丝丝笑意，但内心还是抗拒的。就拿了张餐巾纸，把丢在地上的饭，用纸巾扫来扫去，嘴里还念念有词。我在旁边默默地看着，不去打扰她、催促她。

我知道当时的她内心正在作斗争，一方面她知道乱丢东西是不对的，另一方面由于她爸爸不停地催促，导致她叛逆，跟大人对着干，她需要一点时间缓冲。

反复几次后，她终于把饭捡起来，丢进了垃圾桶。我马上为她竖起来了大拇指，并夸赞她，母女俩会心地笑了起来。

"快点吃饭""快点走路""快点学习"……这些催赶着孩子前进的话语，表面上是在激励孩子成长，实则让她们更加不知所措。

每个人的节奏不同，每个阶段的步伐也不一致，越催促，越慌张，越迷茫，特别是各个方面都处于萌芽、发育状态的孩子。

把我们的孩子当作一只蜗牛吧！让我们陪着她们慢慢走，牵着她们去散步。我们会闻到花香，感到微风，听到鸟叫虫鸣，看到满天闪亮的星斗。

二孩家庭的平衡术

在小儿子出生以前，我经常会给女儿"打预防针"，跟她说："宝贝，你知道妈妈最爱你了。妈妈肚子里有个小宝宝，小宝宝出生以后，我们一起爱他好不好？他也会很爱姐姐哦！他可以陪你一起玩，一起吃饭，一起长大，这样你就永远都不会孤单了。"有时她会回答说"好"，有时沉默着不说话。

小儿子出生以后，女儿跟着奶奶来医院看我，看到我的第一句话就是："妈妈，我想你了。"我抱着她，瞬间泪目。当她看到我身边躺着一个小小的婴儿，知道那就是她的弟弟时，大声地哭了起来，说："我要躺在妈妈身边。"那一刻，我的心情既懊悔又愧疚：过早生二胎对女儿是否太残忍？以后会不会因为二胎忽略女儿的感受？我把女儿抱在身边躺着，让她奶奶把小儿子抱到小床上，她满意地笑了。

月子里我在月子中心休养，出了月子回家，我发现女儿就像变了个人：动不动就哭，还时不时打弟弟一巴掌，或是用手抓弟弟。那也是我最后悔、最难过的一段时间。庆幸的一点是，她还愿意把她的情绪、小心思摊开给我们看，这说明她平时在我们身上得到的爱是足够的，她是信任我们的，她的内心是敞亮不压抑的。

二胎出生后，我努力思考如何照顾好角色发生改变的大宝的心理，让她感受到虽然有了弟弟，但父母对她的爱一分都不会少，让女儿一起来爱弟弟，让她把父母对她的爱，反馈在弟弟的身上。

我们在做决定的时候，会先问过她的意见，比如给弟弟买衣服，让她来选款式和颜色。她会感受到在这个家里，她是被尊重、被需要的，她是这个家庭的一分子，这个家需要大家共同守护，这样自然而然也会去爱弟弟。

有了小儿子后，我们也不忘给女儿完整的爱。一有空，我就会单独带女儿出去散步逛街。她爸爸下班回家，也会带她出去逛超市玩摇摇车。甚至走亲戚，或是外出游玩，大部分时间我们也都是带她，而不是带弟弟。我们努力给她单独的、完完全全属于她一个人的陪伴与爱。每次出去玩过之后，我都发现她笑容多了，也更爱弟弟了，经常会亲他抱他。当弟弟不在家的时候，会打电话说想弟弟了。慢慢地，她对弟弟不再充满敌意。

小孩子能有什么坏心思呢？无非是想要得到父母的关心与爱罢了。简单点，再简单点，孩子不是充满恶意的大坏蛋。在教育孩子的过程中，我们更多的是要关注大宝的心理需求，多关心她，让她感受到爱。当她拥有足够多的爱时，她会把爱反馈在弟弟妹妹的身上，我们可能还会因此收获一枚生活中的得力小帮手。

不把孩子当稚子

好的家庭教育是什么？我觉得在孩子的成长过程中，给她爱，更给她自由，才是父母给予孩子最好的教育。

我从来不把女儿当成什么都不懂的小孩子来看待，而是以一个平等的姿态对待她，跟她沟通。我女儿表现出来的行为，也像个小大人一样。

每次去超市或者外面玩，看到喜欢的东西，不管是零食、水果还是玩具，她不会哭着赖着，必须得到才罢休，而是向我们表达她的诉求。我们跟她沟通，她也懂得聆听。这得益于我们平时一直跟她平等地交流，这是一种有效的双向互动。比如说，她想买一个玩具，刚好家里没有，而且在预期之内，我们会满足她；如若不能满足她，我们也会告诉她原因，而不是以一种不可抗拒的、下达命令式的方式回答她。

我女儿最近总是很晚才睡觉，因为她是和奶奶睡，每次都需要奶奶不停地催促才不情不愿地上床。很多时候是精神太亢奋睡不着，也有些时候是还想和我们聊天，想黏着爸爸妈妈。

那天给她讲完故事后准备睡了，她跑过来把我们的卧室门打开，问我要剪刀，说要剪蚊帐上多余的线头。我一想这是好事，说明我女儿有自己的想法，观察也仔细。可她才两岁半不到，已经十一点了，怎么办呢？我回答女儿："哇！我家宝贝这么小就懂得持家过日子了，真厉害！不过，现在太晚了，剪刀已经睡觉了哦。"接下来女儿的回答让我大吃一惊："那是机器人在保护剪刀睡觉吗？那宝宝也睡觉吧，晚安妈妈！"说完自己爬上床，不一会儿，脸上挂着甜甜的笑容睡着了。

我为女儿的奇思妙想所震惊，也庆幸自己没有用简单粗暴的方式，直接命令她上床睡觉。那一刻我明白了，跟孩子好好说话，就是对她最大的尊重。她是一个生命个体，有自己独立的思想与见解，她的灵魂应当是自由的、快乐的。

把孩子放在平等的位置去沟通交流吧！不把孩子当稚子，你会发现教育是一件很轻松的事情。不需要刻意的说教，在一言一行中，教育已经发生。

美好的教育是简单的。把孩子当作一个平等的"人"来看待，她不仅仅是你的孩子，更是一个独特的个体，有着自己独特的轨迹。让孩子成为一个身心和谐的有用的人，是父母给孩子的最好的教育，这对于孩子来说，是生命中最美的馈赠。

（作者单位：永州市新田县龙泉第一小学）

礼义承先祖　诗书裕后昆

曹　峰

　　湖南省桂阳县太和镇长乐村是曹氏家族聚居的古村落。建村八百年来,《曹氏家训》教育着一代又一代的长乐曹家后裔。据古代《长乐曹氏族谱》记载,先祖的家训概括其精髓是"应顶天立地做人,顺天理良心处事"。1993 年,长乐曹家续修族谱时,便把五个"家",即忠孝立家、勤俭持家、创业发家、礼义传家、教育兴家作为家族的家训刊在谱册中。因其言简意赅,易读易记,族人用它教育孩子,起了极大的作用。

　　八百年来,曹家后人遵循家训,文人武将辈出,精英荟萃。据历次《长乐曹氏族谱》记载:古代有武略将军保疆卫国;近现代有在湘阴抗日保卫战中马革裹尸还的英烈曹克人,有曹雁飞、曹泽学、曹长讲、曹春耕等中共党员,为新中国的解放事业作出了巨大贡献;当代有在市县党政领导岗位上尽职尽责的多位国家工作人员。"忠孝传家",后继有人。

　　"教育兴家"的家训在长乐曹家深入人心。20 世纪 60 年代,曹家出了三个大学生。恢复高考后,初中毕业的曹振高又考上了大学。1978 年,曹述武等几个超龄青年又考取了大学。有了榜样后,长乐人把"教育兴家"当成大事教育孩子,每年村里都有十多人考上大学。曹荣茂的一儿二女均是硕士研究生毕业。当年被媒体报

195

道，一时传为佳话。

"长江后浪推前浪，世上新人赶旧人。"长乐人才辈出，不断创新高。

曹三毛先生的儿子曹晋，大学本科毕业后，曾留学比利时，现为国家公务员。

曹建华的女儿曹燕，研究生毕业后，任职国家公务员。

曹树青的父亲是个开明人士，除了家族"家训"，还常以"耕读为本"教育他。曹树青勤奋好学，但他年轻时所处时代，无法大显身手。初中毕业后，他当了一名民办教师，通过自学取得了大专文凭。曹树青的妻子谭氏，是个贤妻良母。夫妻二人以"耕读为本，志存高远"为家训，为让孩子去郴州市上好学校，谭氏还去陪读。在严父慈母的教诲下，儿孙们一个个茁壮成长起来。大儿子曹鑫大学本科毕业，现已是中学高级教师；二儿子曹磊博士研究生毕业，现为中山大学教授。孙辈们青出于蓝，曹磊之妻罗女士，大学本科毕业，亦是中山大学教授；孙女曹一秋，博士研究生毕业，现系清华大学教授，她曾参加美国大学生数学建模竞赛，荣获国际二等奖；孙子曹力张是在读本科生；外孙女曹文颖是在读研究生。曹树青一家，书香盈室，是践行《曹氏家训》的佼佼者。

长乐村子大，人口多，每年考取大学生多，是"曹氏家训"结的硕果。在长乐村东面，离长乐村十几里路远的龙渡岭山窝里，有个小山庄，叫梽冲岭村。山庄泥墙青瓦的房舍，悬挂在一个山崖上，远远望去，恰似一幅色彩瑰丽的中国山水画。村里聚居着曹氏后裔，建村已有百年许。新中国成立前，村中文盲充斥，仅有一位老者上过私塾。这位老者在村中办私塾，教孩子们知书识礼。他把"礼义承先祖，诗书裕后昆"写成对联，贴在各家各户的神堂上，作为梽冲岭人的"家训"。新中国成立后，村里曾办过小学，但因孩子少，学校被撤了。村里孩子只得走三四里路，去山下的麻石小学读书，因此孩子们读书的热情不高，往往是读到小学四年级便辍学在家，直到 20 世纪 80 年代，改革开放的春风沐浴着这个近于封闭的小山村，读书之风才兴盛起来。1976 年，村里出了第一个中专生曹述祖；1978 年，曹述善成为村里第一个大专毕业生；2000 年，曹承斌成为第一个本科毕业生。这些人先把"读好书，才有出息"的明灯挑亮，"教育兴家""诗书裕后昆"的家训逐渐被山民们接受。于是孩子们考上中专、大学的，就像那竹山里的春笋，在春风吹拂下，纷纷破土而出。

曹述庭一家五兄弟，共有五个大学生，其中曹会华、曹华星为硕士研究生，曹述猛的儿子曹承阳为中国科技大学博士研究生，曹述善的儿子曹俊港、曹述财的儿子曹会函、曹茂清的女儿曹美芳均是硕士研究生，曹根生的儿子曹德章、女儿曹丽娟均是大学本科生，曹宏富的孙女曹惠琴是大学本科生。其他的大专生和在读大学生还有 13 人。这个昔日文盲充斥的小山村，如今在籍 52 户人家，竟有 18 户家中有大学生，占比 35%，真是"前无古人"呀！

值得一提的是硕士研究生毕业的曹美芳，不愧为"励志笃行"的典范。她的父亲曹茂清和母亲吴氏，均半文盲。父亲对她的家教，除了身教外就是一句朴实的话："攒劲读书，要像承斌哥一样考取大学。"（曹承斌是她大伯的儿子）曹茂清为让女儿读书条件好些，把家搬到了乡中学附近的清和墟上，住在他父亲一栋低矮的房子里，伙房旁边便是猪圈。茂清在一家私营冶炼厂打工，妻子养了一头肉猪，租种别人一亩水田种稻，一家人过着刚够温饱的生活。曹美芳初中毕业后，考上了县重点中学桂阳三中，她的学费、生活费多了，便利用寒暑假去打零工，挣点生活费，她还申请了困难补助。曹美芳不负众望，高中毕业后考取了楚雄师范学院。上大学期间，她靠助学贷款解决学费和生活费。在父母的影响下她不怕吃苦，矢志不渝，大学毕业后，又考取了福建师范大学硕士研究生。曹美芳砥砺奋进，正是《曹氏家训》的践行者。

长乐后人，遵循"家训"，"踔厉奋发，笃行不怠"，人才辈出，故事多多。限于篇幅，不能——列举。

"家训"是中华儿女传统的修身治家的法宝。长乐曹氏"家训"，能结出如此丰硕之果，只有在中国共产党的坚强领导下，在政府关心下才能实现。

"少年强则国强，少年智则国智。"我们要牢记习近平总书记的教导，帮助孩子"扣好人生的第一粒扣子。"这才是全国各族人民最好的"家训"！

（作者单位：郴州市桂阳县职业教育学校）

浅谈家庭教育中的偷懒艺术

邓　娣

　　家庭是第一教育场所，父母是孩子的第一任老师。家庭教育的好坏优劣、父母的教育方法是否得当，直接关系到人一生的素质高低和未来的走向。我们觉得，做一个"懒妈妈""傻爸爸"也是培养优秀孩子明智的选择。

适当的偷懒培养孩子的生活能动性

　　教育中的"忍"是指我们能够忍受孩子做的效果不如我们的期望，要放手让孩子做，还要接受效果不好的结果。做一个"懒妈妈"，首先要"忍"。我试验了我的四岁女儿天天，在暑假回家大扫除活动中，明确分配了家庭成员的任务，爸爸力气大，负责移动沙发、拖地；妈妈比较细心周到，负责擦洗家具、窗户；女儿年龄小，负责扫地。本来还担心女儿扫不干净，想着爸爸拖地的时候也能二次打扫，应该是安排得很完美的。不承想四岁的女儿拿着自己的劳动工具一点一点扫得认真仔细，还指挥爸爸移动沙发、茶几，完成得比爸爸还优秀。看着自己的劳动成果，得到了爸爸妈妈夸奖的女儿获得了满满的成就感，还嚷嚷着要帮妈妈擦窗户，兴致满满。在女儿眼里，她不觉得扫地是负累，是辛苦，而是一种玩，一种可以获得荣誉感、成就感和快乐的玩。

不仅是劳动，还有吃饭、穿衣、刷牙、洗脸等，适当地放手，适当地"偷懒"，让孩子自己去尝试，都会收到意想不到的效果。女儿刚开始自己吃饭的时候总是吃到饭凉了都没吃完，饭也掉得到处都是，奶奶忍不住直接上手去喂，女儿理所当然地不肯自己吃了。"懒妈妈"于是决定跟女儿来个吃饭比赛，看谁吃得又干净又快，赢得比赛就可以获得购买一本新故事书的奖励。女儿很感兴趣，并且信心十足，妈妈也不甘示弱，扬言走着瞧。激烈的比赛开始了，爷爷奶奶在一旁观战，爸爸担任解说员，对比赛情况进行实时解说："妈妈吃了超大一口，天天要加油了哦。""哇，天天吃了更大一口，居然没有掉饭，真厉害！""妈妈还在不停地吃菜，饭都没动了，天天快超过妈妈了！"女儿不停地舀饭、吞饭，妈妈则在优哉游哉地吃着，在妈妈的明显放水下，女儿顺理成章地赢得了比赛，高兴得手舞足蹈。赢的快乐让她每餐饭都要跟妈妈比赛，妈妈慢慢地不需要放水了。一周过后，女儿熟练掌握了吃饭的技巧，可以完全自主吃饭，并且能保持较快的速度和较干净的桌面。正是赢的荣誉感和成就感让孩子获得了生活能力，不仅轻松了父母，也锻炼了孩子，给了孩子一个成长的机会，培养了孩子的生活能动性。

适当的示弱培养孩子的学习能动性

在女儿学习珠心算的过程中，妈妈学会了示弱。珠心算是我教女儿的，五颜六色的算盘很快捕获了女儿的芳心。刚开始接触 1~4 以内的加减法的时候，一颗下珠代表一，拨动起来很简单，每一次的做对、每一次的夸奖都让她很开心，因此每天都记得提醒妈妈给她布置珠心算。可是升级到包含 5 的加减法的时候，一颗上珠代表

5，这打乱了她之前的认知，做题开始出现错误，于是她不高兴了，开始出现了畏难情绪，怎么也不肯承认自己的错误，硬说自己是对的。正当我有些束手无策的时候，"懒妈妈"想到了示弱，根据我对她的了解，此时不能跟她硬碰硬，她其实心里已经知道自己的错误，但是就是不愿意承认，于是爸爸开始起作用了。我跟她说："天天，你现在会珠心算了，你教教爸爸，他还一点都不会呢。"小家伙立马振作起来，自己可以当老师，那必须是精神抖擞。开始一本正经地教爸爸："爸爸，看啦，先拨2，再拨5，上面一粒就是5，所以就是7啊，你知道了吗？"爸爸也做出恍然大悟的样子，就这样在爸爸的装傻示弱下，女儿享受了当老师的感觉，慢慢地熟悉了1~9以内的算法，正确率提高了，自信心回来了。

小学的学习，示弱也是父母检验孩子学习的绝妙方法。女儿每天放学回来，我都会好奇地询问今天在学校里学习了什么知识。当女儿兴致勃勃地告诉我的时候，我也会用崇拜的眼神认真看，认真听，跟着她读，并且适时提出问题。比如在讲《九月九日忆山东兄弟》这一课时，女儿读一句我会跟着读一句，读到"遍插茱萸少一人"时，我又发现了问题："怎么会少一人呢？""少了王维自己啊！"女儿一脸自信地说，"因为王维到别处去了，所以少了他自己。""哦，你真厉害，知道得这么多，谢谢你告诉妈妈。""不用谢，还有什么问题尽管问。"看着女儿满脸得意，我忍俊不禁。每天回来的家庭作业也是自己完成然后要妈妈拍照打卡，妈妈只需要恰当地示弱，恰当地表扬，女儿就能获得满满的成就感。在孩子们面前，成人适当示弱，适当让他们"得意"一下，是有利于他们的成长的。

适当的放手造就孩子的榜样能动性

在带弟弟的过程中，"懒妈妈"更是带出了"勤快姐姐"，适当地放手真是个屡试不爽的好办法。

临近中午，妈妈要做午饭了，这就到了姐姐展现能力的时候。女儿带着弟弟看《神探狗狗》绘本，一本正经地给弟弟讲着书上的图画，还时不时提醒弟弟"看书不要隔太近了，对眼睛不好"。看了一会书，又带着弟弟玩玩具、堆积木，堆完以后还不忘向弟弟描述："这是一个城堡，这里是大门，这里是花园，我们一家人都可以假装在里面住。"也不知道弟弟是不是真的听懂了，反正指着城堡手舞足蹈，很开心的样子。玩了一会积木，弟弟已经想要换新的花样了，开始去翻磁力片了，"弟弟，想要玩下一个玩具就要先把之前的玩具收拾好，不然弄得家里乱七八糟。"女儿的口吻俨然就是翻版的妈妈。弟弟也没听懂，注意力早就被磁力片吸引了，女儿不干了，跑来告状："妈妈，弟弟玩了玩具又不收拾。""你最有主意了，你想办法让弟弟跟你一起收啦。"我满脸期待地鼓励着她。"哦，我有一个好主意，我跟弟弟玩一个让玩具回家的游戏，他肯定就会收了。"女儿立马想出了一个好办法，然后就屁颠屁颠地去客厅里，一会儿两姐弟就把散落一地的积木收拾好了。于是女儿又开始了教学模式，告诉弟弟这是三角形，那是正方形，讲得头头是道，有模有样。

除了玩玩具和看书，吃饭和吃零食时，女儿也像妈妈一样喂弟弟，女儿会告诉弟弟垃圾要扔到垃圾桶里，不能乱丢。在带弟弟的过程中，妈妈适当地放手和偷懒，女儿仿佛找到了小大人的感觉，把平常妈妈要求她的那一套都搬到弟弟身上，并能自觉处处做好榜样让弟弟学习。

所谓"偷懒"，并不是对孩子不管不顾的放养，而是要做到身懒心不懒，密切关注孩子的一举一动，对孩子的行为给出具体的引导评价。正确地赞赏孩子，从眼神到肢体、从语言到行为适时适度地表达出来，不能一味地滥用苍白无力的"你真棒"来表扬，不然孩子会感觉到你的敷衍，甚至形成盲目自大的性格。父母"身懒心不懒"，能给孩子自己动手自己成长的机会，能充分发挥孩子的潜力，培养孩子良好的生活能动性、学习能动性和榜样能动性。

（作者单位：岳阳市钱粮湖镇城东明德小学）

三年终圆武大梦

李小红　柳晓红

2022 年 8 月 18 日，武汉大学新生报到日，闺女鹿鸣正式成为一名珞珈山的新主人。她汗流浃背扛包拉行李，攀上援下挂蚊帐、铺床单，晚上发来照片，床铺桌椅已经收拾得齐齐整整。其能干独立，大大刷新我们对她的印象。进入最心仪的武汉大学，读最喜欢的专业，这个幸福到冒泡的小姑娘，让我生发无限的感慨：梦想如花，你肯耐心守候，就一定会迎来绽放的时刻。

犹记得 2020 年初春，武汉遭新型冠状病毒感染疫情肆虐，雅礼中学组织募捐，购买防疫物资送往湖北，鹿鸣捐出自己的一千元零花钱，绘制同心战疫的漫画作品。奇怪的是，我们跟她分享武汉大学发布的樱花盛开唯美视频，她却很是气恼，不愿观看。原来上网课间隙查询到 2019 年武汉大学在湖南的录取分数线后，正处在高一第一学期挫败感里的她，更觉沮丧。

2021 年 6 月，各大学到雅礼中学进行招生宣传，选派高二学生当志愿者，鹿鸣班上立志考北京大学哲学系的同学就被派去北京大学展台，果真今年入读北大。鹿鸣协助的展台有些冷清，于是得空跑到武汉大学展台，拿取招生简章和赠送的书签贴纸。今年收到武汉大学录取通知书后，她感慨道："当时就想，武大于我，可能就是书签贴纸这点念想了。"当时妄自菲薄的她，一直将武大的书签珍藏着。

高三来临的那个暑假，正值东京奥运会，我们看跳水比赛有点忘情，评论的声音有点大，影响到正在"瞩目"摄像头前居家考数学的鹿鸣。等考试结束，鹿鸣爆发了，一反平时的温婉静默，又哭又闹。我们知道，疫情一直伴随，网课效果不好，焦虑学习，才会如此。终于安抚好她的情绪，我们夫妻达成一致：无论月考成绩如何沉浮，决不责怪她，只平和安慰和做我们能做到的，比如爸爸精心做好每顿饭菜，妈妈帮她评改月考作文。高考前，我们帮鹿鸣制作了一本文集，收集她高中三年的月考作文共46篇，其中有十几篇习作通过雅礼特级教师邓志刚老师的推介，在报刊发表。鹿鸣高考语文131分，她说："在数学低迷时，是语文大力一脚，将我送进理想大学之门。"居家上网课期间，为了放松心情，她琢磨做墨鱼丸子，味道很美，没想到这个经历，成为她与大学外教老师交谈的触发点。当然这是后话了。

就在距离高考70多天时，雅礼校园发生新冠病毒感染疫情，只能边隔离边上网课。鹿鸣也在酒店隔离数日，忍受做鼻咽拭子的酸涩，忍受可能感染病毒的担心，忍受高考在即的焦虑。她的淡定从容让人惊叹，她的顽强高效支撑她度过了一段艰难的时光。

高考后，每次模考估分都八九不离十的鹿鸣情绪有些低落。帮她一起收拾高中课本时，我们说："看你做得满满当当的复习书，记得密密麻麻的笔记，写得整整齐齐的要点，无论考出什么成绩，爸爸妈妈都不忍说你啊。"还记得高考成绩出来的那天，鹿鸣默默地在房里看书，妈妈安静地打扫卫生——万一比预想的还差，整洁的居室也许能让心情不那么糟糕。而爸爸不时刷新分数查询平台，卫生快做好时，也查到了鹿鸣的高考成绩，超出我们的预估。赶紧给鹿鸣班主任汤老师汇报，给亲人们打电话。鹿鸣神情很是淡然："这个成绩可以填报武汉大学吗？"我们联系到武汉大学的招生老师——文学院的冷老师，他给了我们最热心的解答与鼓励。最后，鹿鸣被第一志愿录取，三年的武大梦，终于得以实现。我想，给孩子平和的爱，给孩子提点却不提线，放手却不放弃，托底却不兜底，坦然面对心中的期许和现实反馈的不对等，往往就能收获惊喜吧！

鹿鸣从两岁开始上幼儿园，小学六年在黑麋峰下的桥驿镇明德小学度过，养成了专心听讲、热爱阅读的习惯，学习一直比较轻松。假期也没被培训班束缚，而能参加一些公益活动，比如前往沅陵扶贫结对。六年级时，她被评为"望城区十佳少年"；进长沙长雅中学读初中，后直升雅礼高中。她很重视社会实践和综合素质评价，学习之余，依然热心公益。2018年被评为湖南省"新时代好少年"。雅礼中学的校歌中"及时奋发精神，好担当宇宙"的博大情怀，渗透进她每一个奋斗的日子，高中期间，她多次被评为"三好学生""优秀团员"。进大学后，她虔诚地向党组织递交了入党申请书，期盼得到党组织培养。现在她在最美大学读书，正为将来建设更强中国积蓄力量。

（作者单位：长沙市望城区第二中学）

用爱让每个孩子都活得色彩明艳

谭贵萍

"人之初，性本善；性相近，习相远。"每个人生来都是一张白纸，只是在后天的成长过程中涂抹上了不同颜色。有的涂上了红色、黄色、绿色等美丽的色彩，有的则染上了黑色、灰色等晦暗的色彩。这些色彩晦暗的少年被人们称为"问题少年"，在学校里则被称为"问题学生"。

这些问题学生由于受到家庭、社会、学校等方面的不良因素的影响及自身存在的有待改进的因素，导致在思想、认识、心理、行为等方面偏离常态，需要在他人帮助下才能步入正轨。

在教师的教学生涯中，都会遇到所谓的"问题学生"。我之前带的那一届学生中，也有一位这样的"问题学生"。身为一名小学教育工作者，一名班主任，管理好班级，教育好学生，这是我的职责，也是我的理想目标。因此，如何让这名"问题学生"转变为一名好学生，我用了很多方法，花了很多心思，最终结果不负众望。

"问题学生"义某，性格倔强，自尊心强，我行我素；不爱学习，行为习惯不好。如：课堂上讲笑话，扰乱课堂秩序；欺负同学，打架斗殴；不能按时完成老师布置的作业，字迹潦草；不做家务，辱骂家长；不讲卫生，蓬头垢面。

我经过一段时间的调查了解、观察分析之后，发现形成的原因主要有三方面：

一是家庭教育方式不当。义某妈妈在他很小的时候就离家出走了，一直没有回来过。爸爸脾气暴躁，不懂得如何教育孩子，遇事非打即骂，且经常不在家，家中只有义某与奶奶两人。奶奶年事已高，无力管教，只能保证他的衣食温饱，又溺爱孙子，犯错也舍不得责骂。在这种有些畸形的家庭环境下，义某没有受到正确的引导，也感受不到家庭的温暖，导致性格偏激，不愿与家长交流，也不与老师沟通。

二是学习目的不明确，缺乏上进的信心。由于他不太讲究个人卫生，经常违反校纪班规，同学们也不太喜欢他，更加重了他的自卑感。他认为自己并不蠢，还有点小聪明，内心渴望父母、老师和同学的重视，却不知如何争取。

三是老师和同学对他也是批评多、鼓励少。个别老师不懂得学生的心理特点，不能正确对待他所犯的错误，处理方式不当，使矛盾和冲突日益恶化。

一位老校长经常强调："只要用心，只要有爱，就没有教不好的学生。"我也经常用这句话来鞭策自己不放弃任何一位学生。为了让义某变好，我认真思考了许多教育办法，关键是突出一个"爱"字。苏霍姆林斯基说："要成为孩子的真正教育者，就要把自己的心奉献给他们。"教师只有向学生倾注全部爱心，使他们感受到老师的关爱，才能感化他们，促使他们不断进步。对此，我具体的做法是：

（1）尊重信任，打开心扉。我通过多种渠道、多种途径，了解分析义某成为"问题学生"的主要原因。我放下老师的架子，把他当"大人"，与他坦诚相待，以心交心。但是，由于家庭的特殊，他不愿意向我透露过多的家庭信息。有一次，他在课堂上与一位同学打架，拉都拉不开，为此我很生气，于是打电话叫他爸爸来到学校，结果他爸爸到了学校后，直接就动手打他，打得还很凶，吓得我赶紧拉开。从那之后我就对他保证："只要你以后不再违反校纪班规，你能对自己的行为负责，老师再也不叫你爸爸来学校了，也不跟他告状。"一直到他毕业离校，我再也没有叫他爸爸来过学校。对于此事，义某既意外又感动，慢慢就对我敞开了心扉，也就是从那时开始他把我当成可亲、可信、可敬的老师，无论好事坏事，只要我询问他，他都愿意告诉我，为我以后和他沟通打下了良好的基础。当然，他顽固的逆反心理不是一两次说服教育就可消除的，要反复抓，抓反复。我平时很留意观察他的情绪变化，经常与他交流、沟通，深入了解他的内心世界，力所能及地帮助他解决烦恼。

（2）发现"闪光点"，激发进取心。任何一个学生都有自己的优点和长处，即"闪光点"，"问题学生"也不例外，而这些"闪光点"恰恰就是消除他们消极心理的支撑点。如若教师能抓住这些"闪光点"，不断地赞赏，反复激励，就会使学生产生一种被尊重、被重视的感觉。经过观察，我发现了义某也有他可贵的长处，如大方，愿意和同学分享玩具、零食；心态好，即使从小受到家庭环境的影响和老师同学的一些偏见，也没有心态敏感，心情抑郁，每天乐呵呵的，脸上洋溢着笑容。为了改掉他不讲卫生的习惯，也为了让他增强班级荣誉感，我任命他为班级卫生委员，让他负责检查班级卫生。由于自己当了班干部，为了以身作则，他变得爱干净起来，不再乱扔垃圾，有时放学还会留下主动帮忙扫地。因此，他也赢得了同学们的掌声和喝彩。这让他尝到了成功的滋味，从而激发了他的进取心。

（3）鼓励表扬，强化自信心。一般来说，学生都喜欢表扬，"问题学生"更是如此，因为他们并不缺少批评和挖苦。对学生的教育，我主张以积极表扬和鼓励为主，这有助于强化他们好的行为，鼓励他们养成良好的行为习惯。因此，对义某的点滴进步，我都及时地给予充分肯定，并在班上表扬他，使他进一步增强了自信心。同时，对他的教育给予适度宽容，当他犯错误时，我也从不当着全班同学的面点他的名字，而是在与他个别交谈时动之以情，晓之以理，耐心帮助他分清是非，让他意识到自己的错误，并愿意主动地去改正。

（4）严格要求，提高学习成绩。俗话说："严师出高徒。""严是爱，松是害。"老师光有一颗热爱学生的心还不够，还要在思想上、学习上严格要求，要把"严"与"爱"有机地结合起来。对义某，我在给予关心、尊重、信任、宽容、鼓励的同时，也对他严格要求，对他反复发生的问题我虽没有公开斥责批评他，但都及时找他个别谈话，帮助他认识错误、改正错误。

同时，对他的学习我也不放松。他字迹潦草，我会要求他写慢点，写不好重写，如果有进步，我会在班上大大地表扬他；他作文写得很糟糕，行文混乱，没有条理，但其实他是个头脑灵活的人，脑子里有很多想法，于是我教他如何给作文内容拟提纲，确定顺序，还要在文中体现出情感。

他并不笨，只是懒，他缺少的是学习的信心和前进的动力。所以我经常鼓励他，在平常的谈话中，我时不时地向他描述丰富的初中生活、高中生活、大学生活以及毕业后的生活，让他明白学习的重要性，学习会给人生带来怎样的精彩，给他讲一些不学习的人长大后生活困苦的例子。虽然不能让他有多高的觉悟，但也让他懂得了，作为一名少年，学习是目前人生中必须要做的一件事，从而让他有了学习前进目标、动力。在每次考试后及时地给予鼓励，并指导他正确对待和分析考试成绩，以利于下次取得更好的成绩。

（5）加强与家庭的联系，对亲子教育进行指导。父母是孩子的第一任老师，家庭的氛围决定着孩子的性格与品行。义某成"问题学生"，主要是他的家庭环境造成的。他还处于小学阶段，还没走入更强叛逆阶段，一切挽回还来得及。但是一个人品行的改变不能只靠老师，家长必须配合教育。

我利用下班时间，多次去义某家进行家访，了解他在家的表现情况，与他奶奶交流，让奶奶平时不要给太多零花钱，家里的钱要放好，教育义某不能再偷拿奶奶的钱，想买什么跟奶奶说，说明理由奶奶自然会给钱让他买。叮嘱他在家要帮奶奶干活，回家要完成家庭作业，不能只顾着玩和看电视。此时义某已经很信任我，对于我提出的要求他也欣然答应。

家访几次都没碰到义某的爸爸在家，于是我决定打电话跟他爸爸联系。我跟他爸爸说他现在在学校表现慢慢变好了，建议他无论多忙，要尽量抽时间陪伴孩子，要多与孩子心平气和地交谈，建立和谐的父子关系。及时了解他在学校的学习、生活情况和情绪上的波动。如果他犯错了，一定不要打骂，要耐心沟通交流，儿子对父亲都是有着天然的崇拜的，只要付出真心，就能收获真心。义某爸爸听了我的建议后，努力把原来做得不够的地方做好，也能经常关心义某的学习和生活了。

经过家校配合协同教育，一学期下来，义某有了明显的进步：上课认真听讲做笔记，作业按时完成，成绩从以前的三四十分提升到了六七十分；遵守纪律，不再与同学起争执打架，积极参加集体活动，在校运会上当了志愿者；在家知道体谅奶奶，会做一些家务活，也会跟爸爸分享一些学校里的事情。

有上述转变，我的内心十分欣慰，这说明我的方法是正确的，是有成效的。在帮助义某转变的过程中，我有以下心得：

第一，转变"问题学生"需要有坚持不懈的精神。"问题学生"的思想、心理、行为习惯已造成偏差定式，教师要有"四个心"，即对学生要有爱心，生活上要多关心，处理矛盾要用心，做思想工作要细心。

第二，教育学生要因人而异。学生过错的性质和程度不同，他们的个性、喜好不同，因此，教师应根据其过错的程度和个性特点采取灵活的方式方法进行教育，不能一概而论。

第三，学校教育与家庭教育必须紧密结合，形成合力。"问题学生"的出现与家庭环境和家庭教育有着密切的关系，因此对他们的转化必须得到家长的支持和配合。教师可及时通过家长收集和反馈的信息，全面了解"问题学生"的学习、生活、思想状况，全盘掌握其动态变化；同时，要求并帮助家长努力改善家庭环境，改进教育方法，与教师通力协作，尽快促使"问题学生"的根本转变。

每个孩子从本质上来说都是天真无邪的，他们一清二白地来到这个世界，在人世间扎根、成长。而每个降临人间的孩子都无法选择生长的环境，无法选择自己的父母，而作为父母，不管什么原因，都不能忘记自己的职责而忽视对孩子的教育。另一方面，学校教育作为影响青少年成长发展的主导因素，也应为青少年提供良好的发展环境。

我们要在孩子成长发展过程中，给予孩子真诚的爱和关怀，在孩子出现不良行为后，帮助他们分析产生的原因，协助他们纠正错误行为，塑造良好品行，让他们能健康快乐地成长，拥有一个色彩明艳的未来。

（作者单位：永州市江永县实验小学）

我的母女缘分

刘爱民

　　家庭教育，是一个永远没有标准答案、没有终点的永恒课题。它是一个父母与子女共同进步、共同成长、相互影响、相互成就的长期过程。以下是我在这个成长过程中的几点心得。

　　第一，认真比随意好。发生在孩子身上的事每一件都是小事，但我们必须把每一件当大事来对待，而不能随意处置，因为对于我们自己来说，这件事可能微不足道，而于他们，影响是一辈子的。刚上小学的时候，女儿告诉我，班上有个男生经常打她，我很心疼，也很着急，第一反应是要么告诉老师，要么告诉家长，甚至很多时候听到的处理办法是"打回去"，我反复思考各种应对方法，一周以后，我有了答案。我告诉她说，那个同学也许只是出于喜欢用了自己的方式来表达而已，我们可以多观察一下。后来就有她班上的同学告诉我，说那个同学果真是喜欢我家宝贝。女儿小时候就曾经埋怨我："你既不养花草，也不养宠物，你不热爱生活。"我认真思考了以后告诉她，我不是不喜欢养，而是不会养，植物也好，动物也罢，都是有生命的，我们要养它，就必须养好它，在我们还没有学会养、没有把握能养好它之前，不能轻易去养，因为我们要对它负责。这样解释了之后，她再没有过不满情绪，说明她赞同了我的观点，并且知道另一种方式也是热爱生活。

213

第二，相信比怀疑好。孩子拥有超出我们想象的理解能力和接受能力，不要以为他们年龄小、阅历浅而怀疑他们。女儿很小的时候就爱美，每天要自己挑衣服，要把夏天的公主裙套在大棉袄外穿。有一天，我说："宝贝儿，其实美分两种，一种是外在的，一种是内在的。那天坐公交，给老人让座的阿姨做了好事，就好漂亮。"后来，她在公交车上常给老人让座，一次，汽车启动时没站稳，摔跤了，哭了起来，我马上扶起她，安慰她："你今天表现非常好，做了好事，你也好漂亮，应该高兴。"她真的马上就不哭了，那一刻，我知道，她以后会成为什么样的人了。

第三，郑重讲理比唠叨好。很多父母遇到问题喜欢反复念叨，想通过反复强调加深印象，改变不良习惯，我觉得，这样做不仅不能达到目的，反而会引起孩子的逆反心理，以至于别的话都听不进去了。生活需要仪式感，对难于解决的问题，不仅不能多说，还要尽量少说，甚至郑重其事地说一次就够了，因为任何孩子都不喜欢被唠叨。比如说，看电视和玩电脑，每个孩子都喜欢这两件事，并且很难做到有节制，我的女儿也不例外。当我发现我看电视时她会来陪的时候，我会要求她去做作业，她当时很生气："为什么你们可以看，我就不可以?!"我当时没有回复，事后我郑重地跟她深谈了这个问题，我告诉她，人的一生分为很多阶段，简单说，可以分为三个阶段，小时候是学习提高的阶段，中年是担当奋斗的阶段，退休以后是休养帮扶的阶段，我们必须在合适的时候做好我们该做的事。同时我也主动提出来，如果有她喜欢的，或者我认为有意义的节目，我会主动邀请她来看。自此以后，她再没有因为电视而有负面情绪了，我也兑现了我的承诺。高三了，她还每天要玩电脑，经常让我着急，刚开始我每次都督促提醒，后来我发现这样根本不行，我挑选了她没有玩电脑的时间找她谈话了："我有一个问题很纠结，就是你在玩电脑的时候，我不知道该不该叫你停，我叫吧，又怕打断你的思路，不叫吧，怕你玩的时间太久，既耽误学习，又会伤眼睛。要不这样，我们约好，你自己掌握时间，每次不超过半小时。"我也认真解释了为什么每次的时间是半小时。她虽然当时没表态，但后来确实做到了。其实，我已经做好准备，如果她真的超过了半小时，我也会忍住不叫她，因为我相信，她可以管理好自己。

第四，信任比管束好。聪明的人不一定成功，聪明而有自制力的人一定成功。被人信任是能激发强大的内力的，那我们就可以一直信任他们，所以我对女儿选择保护信任。刚进初中，学校做了乐队宣传，女儿告诉我想学长笛，我的第一反应是不能学。我说："已经学会了电子琴，也完成了考级，没必要再学长笛了。加上你在实验班，时间安排得满满的，又是住校，没有我们在身边督促，即使学了，也没有时间练习，学不好的。"但女儿只说了一句话，就争取到了这个学习机会，她说："妈妈，你还不相信我吗？"是啊，我凭什么不相信她呢？虽然我为这句话花了些钱，但我成功地保护了我对她的信任，保护了她自我担当的责任心。

第五，理解比强制好。每一个人都会有情绪的，处理不好，情绪会成倍发酵，如果理解他们，母女关系会更融洽亲密。记得刚进初中时，我发现女儿越来越情绪化，好像没有以前听话了。我就在一次去羽毛球馆打球的时候跟她聊起了天，我提了一个问题："关于小孩逆反心理，你认为主要责任在大人还是在小孩？"她当时反应很强烈，我的话音刚落，她就语速极快地接话："你当然认为是在小孩咯。"我说："错，正好相反，我认为责任更多在家长：小孩小的时候都是听爸爸妈妈的，随着年龄和知识的增长，慢慢地有了自己的见解，而大人们跟不上他们成长的步伐，还在以老眼光对待他们，自然会有些分歧。更重要的，家长负有教育孩子的责任，当有分歧的时候，家长应该首先考虑清楚自己的观点是否正确，再及时采取措施与孩子沟通好，否则，日积月累，逆反就成了条件反射。"最后她说："妈妈，你其实可以就此事写点东西。"就是这句话，让我一下子明白，我通过了宝贝女儿的逆反期考试。在我的记忆里，从此她好像没有特别逆反过。还有一次，马上要高考了，有一天她突然跟我说，她要在乔布斯过世之前买个苹果手机，我立马答应："好！等你有时间我们就去买！"但也因为高考紧张，根本没时间去买。我后来问她，没买手机后不后悔，她说，她其实也就那么一说。我想，这也就是理解的力量，如果我当时不同意，或者还啰嗦几句，结果肯定不一样。

第六，历练摔打比温室呵护好。每一个父母都不希望自己的孩子在社会上、在生活中吃亏受伤，所以会千方百计地加以保护，把自己听到的、看到的、经历的，全都一股脑儿地告诉她，希望她充分认识社会的复杂、人性的弱点。说多了以后，我突然发现自己一天到晚跟她讲这些负面的东西，好像现实中到处是陷阱，感觉日子会过得沉重艰难，这难道是我想要的吗？我讲了，她是会少受伤，但生活也没乐趣了；我不讲，她也许会受些伤，但可以享受各种美好。她自己也说得很好："妈妈，如果我完全按照你的要求生活，我的人生会少了好多精彩。"看样子，对于这个问题，我们同频共振了，我不想她失去在社会上摸爬滚打、在生活中历练实践的机会，她也不希望生活在温室中。经过种种历练，女儿练就了良好的综合素质，并先后考上清华大学、公派日本留学，现已学有所成。

人与人之间是有缘分的，这很多小故事，让我一次次感慨，我与我的宝贝女儿真的有很深的母女缘分。当然，仁者见仁，智者见智，"一千个读者眼中就会有一千个汉姆雷特"，任何一种选择都是有利弊的，任何一种影响都是双向的，我们必须根据自己的情况来做选择。让我们珍惜每一次选择，珍惜生活给孩子的每一个机会，珍惜我们与孩子的缘分。

（作者单位：湖南生物机电职业技术学院）

父亲的散文诗

田　力

　　我出生在一个普通的工人家庭，也是一个非常有爱的家庭，因为有一个诗人般美好的父亲。父亲给我取的乳名就叫甜蜜，正如他所期许的那样，他的女儿就在这样一个如蜜罐般的家庭长大。有爱且恰到好处，让我们和父母在一起的日子都过成了诗。父亲爱母亲，爱我们，爱家。成功的家庭不仅是父母功成名就，而且是教养出好的子女，并把爱的教育传给下一代。我的父母在我眼中就是非常成功的父母。家风传承，如诗如歌。

　　父亲的日记本就是一本爱的诗歌集。

　　我的父亲特别爱记日记，长大后我时常从书柜里翻出他泛黄的日记本，品读轻薄的纸张上隽永的文字。印象最深的是关于我和姐姐小时候的描述："大女儿从小身体不好，经常让我心急如焚。小女儿出生足有七八斤重，身体健康，活泼可爱，甚宽我心。"简短的两句话让我开心了很久，还调侃姐姐：爸爸言下之意是她没我可爱。日记里还有很多和母亲恋爱的细节，如骑着他的二八大杠自行车带着母亲兜风，神采飞扬。我感受到了他文字背后的心情。有一次父亲很激动，因为本以为这个月不能相见的母亲突然出现在了他工作的地方。父亲蹬着他的二八大杠载着母亲，下坡刹车失灵不小心让母亲受了点轻伤，愧疚自责的父亲让我看到了满满的爱。这种二八大杠自行车后来也成了我的座驾，当然我愿意相信它就是父亲母亲骑的那一辆。总之，这个自行车上后来多加了一个附件，叫"椅嘎嘎"，就是小朋友的座椅，绑在二八大杠的大杠上，我就神气地坐在父亲前面，感觉那时候就已经会飞了。现在我的老父亲骑着摩托车接我和我的女儿回娘家，我还是坐在后座抱着父亲，而不同的是这个椅嘎嘎里面坐的是我的女儿，他的外孙女。

父亲的橡皮和包书纸是我最珍贵的物品，最最触动我的也是父亲的橡皮和包书纸。新学期开始父亲就一定会买各种各样的包书纸，而每次包书的仪式都是父亲给予我的。现在还记得父亲小心翼翼地带着敬畏感包书的帅模样，那侧颜绝对也是胜过了现在的流量明星的。除了包书，父亲在给我讲解习题或者作业时，从来都是温柔地从兜里拿出一块黑黑的橡皮，轻轻地帮我擦掉田字格里面的字迹，然后耐心地抹去上面的橡皮屑。一系列的动作让我感受到的都是父亲对文字的热爱和对书本的敬畏，所以我从小到大自觉性高，特别爱读书，不是别的原因，正是父亲这些身体力行的细节对我产生了积极影响，让我受用一生。父亲爱读书，废旧报纸都会剪辑下来粘贴在不同的笔记本里面，惜如家珍。他的言传身教，让我从小对文字、对书本有天然的热爱，对文学作品有着特别的感情。我想，不是因为父亲的橡皮和包书纸最柔软，而是因为父亲给予女儿最温柔的教养。

父亲的饭菜充满热气腾腾的爱。

父亲是一名普通的会计，朝九晚五的工作没有消磨掉他对家庭的热情和责任。他宁可清晨早起也要让我吃上一碗热腾腾的面，和妈妈一起忙活我高中的午餐盒，对我满满的宠溺。上高中的时候同学们都会羡慕我每天能吃到好吃的饭菜，特别是爸妈清早起床亲手做的羹汤。我大学毕业没有选择去大城市当翻译官，考上了国家汉办国际汉语教师，但放弃了去孔子学院当老师的机会，毅然决然地考回湘西这个小县城当了一名普通的人民教师，只为回报父亲做的穿汤肉、早餐面和母亲做的各种美食。我的很多同学都只想逃离家乡去往更繁华的地方，远离家庭的束缚。而我只想和父母保持端一碗汤都不会凉的距离，这就是我眼中的孝和爱，这就是我向往的生活。

父亲的字条是色彩斑斓的爱。

从小到大我们父女俩就有着一个不成文的默契，我们会互相留纸条，贴到家里的各个角落，现在想着好浪漫啊。有时候我忙着学业，父亲忙着工作，我们白天很少见面，但是父亲会在冰箱上、电视上、课桌上、房门上贴上各种颜色的小纸条，告知我今天一天他的去向以及要交代我热的饭菜。每当看到那样的字条，我都会特别开心，孤单的感觉立马消失了，仿佛父亲母亲就在身边。记得有一年父亲加班不能给我过生日，写了好长的一段文字给我，我特别感动。一直到我自己有小孩前，父亲都管我叫宝宝或者幺女子，爱到母亲和姐姐都会嫉妒的程度。有一次，我收拾房间突然看到一个本子里夹着一张张形状各异、大小不一的小纸条，我很好奇地认真比对查看，才知道那是一个个车牌号码。当时我的泪水夺眶而出，现在写到这还是会泪流满面。原来是每次父亲或母亲送我上出租车后生怕我有危险赶快记在脑海中的一个记录，我甚至可以想象他们是如何跑上楼随便扯下一张纸的一角，然后快速记下车牌号的。我比大多数小孩都幸运，能够感受到父亲心中的斑斓色彩。

父亲的木质洗脚盆应该是不朽的。

父亲在家排行老七，母亲排行老四，两家都有老人需要他们俩照顾。但是无论兄弟姐妹多与少，父亲和母亲对于老人从来都是抢着接来我们家住。爷爷过世之前一直住我们家，我印象中家里一直有一个木质的脚盆，下面刻着木制的按摩珠子，爷爷经常拿来泡脚，都是父亲打热水端到客厅摆好让爷爷洗脚的。我和姐姐都看在眼里，将孝顺记在了心里。后来外婆住在我们家，父亲也是一如既往地给外婆打洗脚水，外婆说得最多的一句话就是："我这么多儿女，你爸爸是最孝顺的那一个，女婿超过了自己儿子。"外婆过世后我就很少再看到那个木脚盆，这个脚盆不可能被毁坏或者丢弃，因为在我心中它是不朽的。我们现在的生活节奏快，一部手机就联系了父母与子女的生活和情感，但是我希望我和父母之间不仅仅是视频电话，还应有日常木脚盆的点滴，趁父母还没有太老。

父亲有一份永不褪色的入党申请书。

姐姐在政府管党建工作，一次整理资料时看到了父亲的入党申请书，由于年代久远，需要补齐资料。然而父亲一笑而过，还笑笑说没关系。而当2022年10月份龙山县的新冠病毒感染疫情反弹时，全县实行静默管理，两个女儿及两个女婿都要参与疫情防控工作，日夜加班，父亲特别支持，让我们做好工作，不用担心家里，孩子让他和母亲照顾。那一刻，我好像看到一名真正的共产党员，不需要任何党员身份的证明文件，而他的党性是永不褪色的。

父母之爱子，则为之计深远。特别感恩我的父亲，他对我的爱不单单是为之计深远，而且是让教养变成了一首散文诗、一幅唯美画，能够具象地传承给我、我的孩子、我孩子的孩子……

（作者单位：湘西土家族苗族自治州龙山县第三中学）

厚德载物　厚道养家

文　柳吴俊

　　厚德载物，厚道养家。厚道，是一种朴拙的智慧，是一种大智若愚的远见。知人不必言尽，留些口德；责人不必苛尽，留些肚量；才能不必傲尽，留些内涵；锋芒不必露尽，留些收敛；得理不必争尽，留些宽容。我深以为然！在我的原生家庭中如此做了，我自己的小家庭也在尽力传承。

　　我的父亲个子矮小，忠厚老实，不善言辞，读书不多。他在为人处世中总是通透开明，不与人计较。他总是告诫我："女儿啊，人生在世吃亏是福，忍一时风平浪静，退一步海阔天空。"小时候，厚道的父亲宁愿自己吃亏，也不愿意苛责他人的事，我目睹过很多次。

　　父亲没有儿子，我们家是双女家庭。在农村，儿子才能续香火的思想根深蒂固，背地里很多人议论父亲，有些人甚至直接用最难听的话中伤他。这种时候，我看到父亲紧皱眉头，但是很少去跟别人理论，只是默默地培养我们。因为父亲深知："得理不必争尽，留些宽容。"还有好事者讥讽他："女儿读书有什么用？到时候都是给别人家。"但在他心里，我和妹妹一直是他的骄傲，我们也很争气，我是村子里走出来的第一个大学生。

　　百般算计，不如积德行善。一个家庭最好的风水，是善良。《周易》上说："积善之家，必有余庆；积不善之家，必有余殃。"最近，在父亲身上发生的一件事，更加彰显了我们家传承的厚道家风。前些日子，父亲小酌几杯之后，在家门口的棋牌室跟人玩麻将，父亲在和牌之后，张某问他："你和的什么牌？"也许是因为开心了些，也许是因为微醺，父亲没经思考就随意说了一句："小子，你自己看啊！"张某听后，觉得父亲羞辱了他，于是在大庭广众之下愤怒地掐着父亲的脖子，按在麻将桌上扇了父亲两耳光，父亲背部和颈部都留下瘀青。父亲也许不想把事情闹大，竟然完全没有还手，也没有理论。事后，张某还在人前吹嘘此事。母亲听说之后很气愤，父亲还宽慰母亲说没有这件事。母亲非常愤慨地跟我商量怎么办，这样的法治社会，怎么能容忍张某这等好事之徒恶意欺负人呢？我也是怒不可遏，不顾父亲一再阻止，毅然决然让母亲报警处理。直到我们都坚持要把恶人交给警察处理，父亲才很不情愿地去跟警察说明情况。最后张某被判拘留半个月，父亲想到张某一生没有娶妻生子，而且疾病缠身，主动撤诉。张某得知以后，感恩戴德地想要酬谢父亲，被父亲拒绝。因为在他心里："责人不必苛尽，留些肚量。"

父亲厚道，影响全家，也传给了我们，虽然说我们家没有大富大贵，但也是家人健康，家庭和乐。佛家常说：福报在后面。我们只管过好自己的生活，善良地对待身边的人，身边的事。我作为一名人民教师，虽然暂时还没有多大的成就，但是我的为师生涯是问心无愧的。对待学生，我一直是捧着一颗真心，把每一个学生都当作自己的孩子一样对待。我是老师，也是家长。我作为家长对老师的期待，正是我作为老师对自己的要求。生活总是有走不完的沟壑，正因为父亲教给我厚道，让我积极乐观地面对任何困难，做好自己，做一个厚道的人，我也一直言传身教给我的女儿，我相信，她也是一个厚道的人。

想要被他人善待，就先要善待他人；成就别人，就是成就自己！一个家庭最好的风水，就是厚道。

（作者单位：湖南师大附中星沙实验学校）

家训之我见

叶　斌

习近平总书记指出，我们都要重视家庭建设，发扬光大中华民族传统家庭美德，注重家庭，注重家教，注重家风，使千千万万个家庭成为国家发展、民族进步、社会和谐的重要基石。家教家风关系到家国兴旺，家训是家教的形式之一，表达了一个家庭的基本价值观，是家庭道德教育形式，也是中华道德文化传播的一种方式，一个世代昌隆的门第必有它赖以持家的宝训，对社会影响也较为广泛。古代家训以家庭伦理为主体，以勤俭持家为根本，重视齐家善邻和修身养德，是中华优秀传统文化的重要组成部分。我们要建设好家庭就要从弘扬中华优秀传统文化中寻找精气神。

小时候祖母曾多次对我说："你的曾祖父叶哲隆为我们家制定的'家训'是'孝为上，和为贵，勤为本，学为高'。这是我们家子孙做人和发家之本。"她老人家要求我认真学习和躬身践行"家训"。我的祖父母和父母亲以"家训"对晚辈言传身教，实为我和我的子孙学习的榜样！

下面，具体谈谈我家的"家训"。

孝为上

古人云："百善孝为先。""孝"是子女对父母亲的回报，是生命交接处的链条，是传统文化最重要的基石。"孝"在平凡的生活中养成，一个人一辈子孝敬长辈，也会被后辈所孝敬。

小时候父母亲对我说："你的祖父英年早逝，祖母千辛万苦把你的姑妈、父亲、叔叔哺养成人真不容易。我们要好好孝敬你的祖母!"母亲同祖母的关系如亲生母女，母亲每天查祖母的蚊帐是否合拢，验被子是否盖好，把最好的食物和衣服给祖母，祖母病了，母亲常陪她睡觉……父母亲孝顺祖母是我们学习的榜样，在当地被传为佳话。

父母的孝顺深深地影响教育了我。1979 年 6 月，我在钱粮湖农场层山中学工作时，同时收到岳阳市教科所和益阳基础大学的调令，当时我认为岳阳市比益阳市交通发达，城市发展会快得多，将来儿女就业方便，便决定去岳阳市教科所工作。但是，我的父亲（母亲已故）不愿意来岳阳市。最后，我和妻子决定回益阳尽孝。我有两儿一女，他们都很孝顺我俩。两对儿媳离家远，"远离之孝在于问"，他们经常用电话或视频问安，还每年回家几次。女儿经常回家看望我们，近些年来，我俩吃的泰国大米、进口橄榄油、葡萄酒、深海鱼油、有机钙片和新疆核桃、红枣等物全是由儿女不断供给的。两个儿子还常带我俩到国内外旅游。我的孙儿、孙女经常用电话或视频向我俩问候!

和为贵

俗话说："家和万事兴。"我的父亲和叔叔成家后，全家三代共十一口人仍未分家，有福共享，有难共当，和睦和谐。家业日益变大，经济条件越来越好，被村上邻里称为"和睦富裕的大家庭"。

祖母和父母亲及叔父母都善待每一位亲戚、朋友和左邻右舍。他们常教育我们："不要损人利己，不要嫉贤妒能;要善待穷人和为难的人，不要以小善而不为……"他们给我们做出了榜样，例如，1944年2月日军多次轰炸益阳县城时，城里人先后三次共几十人到我乡下的家避难。我家免费开餐或留宿，热情地接待了难民。1956年下学期，我在益阳市三中读书，有一次到一个商店买东西时，老店主询问我父亲姓名后说："躲日本鬼子时，我全家在你家住过一晚，吃了三餐饭，未付分文。"最后，他坚决没有收我买东西的钱。这真是"做出人情千日在"啊！每到"双抢"季节，我母亲常常天刚亮就起床，烧两大缸茶水凉着，无偿供过往农民解渴。

父母亲常对我们兄弟姊妹说："从小养成的好习惯，决定人的一生。"父母亲对我们从小严格要求，但是，从不打骂，总是耐心讲道理教育我们。例如，要我们把饭碗里的饭菜吃干净，要我们做纯正、善良、高尚的人，特别要善待做工的平民百姓，在外见有困难的人要热情相助。"人有小过容而忍之，人有大过理而谕之。"实践证明，家和则安，家和则兴。

勤为本

勤俭是劳动人民的本色，是发家致富的源泉，是我们家的传家宝。我的祖父母靠勤劳俭朴把两子一女哺养成人。我的父母亲和叔父母是靠勤劳俭朴发家致富的。父亲和叔叔小时候曾给别人放过牛，成人后先以佃种少量水稻田为生。后来，他们租屋400多平方米和租水稻田上百亩；开办蚕豆粉行，每月产干粉一吨多；用豆渣等常年喂猪50~80头；祖母、母亲、叔母有时晚餐后用棉花纺纱、织土布，做衣服、布鞋等供给自家人穿。全家人除了外出做客时穿好点的衣裳外，在家时有的衣服补了又穿，烂了又补，很多衣一件有几个补丁。

祖母、父母亲、叔父母家里富裕了不忘穷苦人民。例如，凡我家的长工、短工向我家借钱粮物均不催促归还，长工家里人病了或死了经费全是由我家开支的，讨米或困难的人到我家，没有空手离开的。1950 年土地改革时，工作队拟把我家定为地主或富农阶级，但乡亲们认为我家一是靠勤劳致富，二是见贫就扶，他们坚决不同意把我家划为地主或富农阶级，最后，土改工作队把我家的阶级定为富裕中农。

我小时候，父母亲常常对我说："人要吃苦耐劳，勤劳肯干，人生道路上遇到的困难总是有办法克服的。"我小时候什么活儿都干，挑水、拾粪、种菜、插田、割稻、车水等。读书时，常穿土布衣和有补丁的衣，雨雪天外出是赤脚或穿木屐，读大学时还穿草鞋、麻制鞋等。这些使我养成了勤劳俭朴的习惯。我们夫妻俩也很重视培养两子一女，让他们从小养成爱劳动、爱学习、讲礼貌、讲卫生、爱惜粮食的习惯。有时，我俩在暑假带他们到乡下去参加"双抢"。两个儿子先后在接到大学录取通知书后，安排到湖南城专建筑工地义务劳动一周，培养他们吃苦耐劳和奉献精神。今年二月，大儿子带他的儿子潇恩回家来看我俩时，他特意安排潇恩到石笋（原益阳县一中）学生训练场苦练了一天。当天晚上孙儿潇恩对我说："人只有'吃得苦中苦'才有出息！"

学为高

古人言："贫莫断书香。"我的曾祖父叶哲隆是太学生。父亲仅读了几年私塾，但是，他爱业余自学，是村上的农业技术员。1954 年大水灾，我失学了。后来，我向父母亲提出想复学读书。父亲说："'不学诗无以立，不学礼无以言。'要子孙一代比一代强，'唯有读书高'。光保（我的原名）要读书，就让他去读吧！"这时，母亲笑着同意了。从此，我走上了改变我和我子孙命运的道路。我大学本科毕业后，先后教高中、大学，曾任中学、大学校长等职。

　　我的两个儿子在国内读本科时都另外自修了一个专业，毕业后都在国内工作了一年之后再去美国留学，在美国留学毕业后都回国自主创业。这些年来，两个儿子靠诚信和勤奋在事业上发展得比较理想。女儿是高级会计师，在湖南城市学院工作。现在，我的大孙儿在美国上学，两个孙女和小孙儿在上海上学，外孙女在香港大学上学。

　　家庭是社会的基本细胞，家庭是传承中华民族传统美德的基本场所。为了维护家庭的有序和谐与繁衍发展，必须用"家训"严格要求自己和子孙，以实现家庭代代幸福安康和国家永远繁荣昌盛。

（作者单位：湖南城市学院）

家风是宝　薪火相传

杨艾湘　陈　哲

习近平总书记在会见第一届全国文明家庭代表时发出号召："广大家庭都要弘扬优良家风，以千千万万的好家风支撑起社会的好风气。"我们要牢记于心，践行不辍。因为家风不仅牵涉到家庭的荣枯，而且关系到国家的发展与民族的兴亡。

家风就是传家宝，要薪火相传。杨艾湘和陈哲夫妻俩从1963年喜结连理，到现在已发展为5个小家庭、13个成员的大家庭。现在家庭风清气正，家庭成员团结和睦，尊老爱幼，奋发向上，各有作为。之所以如此，是因为他俩一直坚守正道，须臾未忘家风建设，以身作则，言传身教，著书立说，家教严明。因而，在以下几个方面喜见成效。

爱党爱国，踔厉奋发

艾湘和陈哲生在旧社会，长在新中国，都是从农村走出来的知识分子。从小接受中华优秀传统文化和革命思想教育，培养了爱党爱国的真挚情怀。

在中学阶段他们先后加入了共青团组织，后又继续申请加入中国共产党。他们一直以优秀共产党员的标准来要求自己，不断端正自己的世界观、人生观和价值观。在他们潜移默化影响下，下一代亦争相效仿，树立崇高理想信念，积极靠拢党、团组织。迄今为止，全家已有六位共产党员、两位共青团员。艾湘在湖南大学两次被评为优秀党员，儿子杨进还是省级交通科研单位党支部书记、省厅优秀党员；外孙女谢晨璐参加工作不久便入了党，去年和前年两次评为优秀党员。

夫妻恩爱，琴瑟和谐

夫妻是形成优良家风的核心，是家庭幸福的源头与根基。

艾湘与陈哲即将迎来"钻石婚"。他俩志趣相投，一直互敬互爱，互帮互助。如今虽已老态龙钟，白发满头，但常牵手散步于庭院，相伴购物于市场。知足常乐，开心满怀，外人看了无不赞美和羡慕。

陈哲曾患有严重的股骨头坏死病，先后在省人民医院和湘雅医院做了两次手术，住院长达 40 多天。艾湘每天去医院陪护，从未间断，儿女们也有样学样，精心照顾妈妈，轮流去医院看望。陈哲去学校讲课行走困难，艾湘便用单车接送，来回数里，风雨无阻，老师见了直呼"模范丈夫!"儿子也学爸爸的样，有空就用单车接妈妈。子承父业，传为美谈。

陈哲对艾湘的关爱也不遗余力。艾湘喜爱书画与文学，社会活动多，经常忙碌不休，累得焦头烂额，陈哲见了心疼，便来出主意，当参谋，说故事，减压力。2018 年夏天，艾湘因病两次住院做手术，她率领全家在手术室门前静待三四个小时，出院后又积极帮助他调理饮食与心态，促其早日康复。

艾湘与陈哲的恩爱之情，也深深影响了全家，给儿女们做好了示范，促使各个小家庭和谐稳定充满阳光，家家向好。爱生爱，善生善，美生美，是我们家风的真实写照。

感恩尽孝，寸草春晖

百善孝为先，他们也将孝敬父母和长辈奉为圭臬。

艾湘与陈哲在 20 世纪 60 年代参加工作，当时工资不高，负担重，经济拮据，但他俩节衣缩食省出些钱，按月寄回给两位住在农村的母亲。艾湘还赡养了年迈的养母，历尽艰难而无怨。养母在农村独居，又体弱多病，艾湘感念于她过去对自己的养育之恩，想接来城市赡养，但按 70 年代初的政策，不许上城市户口。他想方设法去找派出所求情，多次遭到拒绝，但他没有放弃，忍辱负重去找县公安局，终于感动了一位主管领导，特批上了户口。那位教导员说："别人碰到这种情况，会当成包袱甩掉，避而远之，你却要捡起来背在自己身上，真是难得……"他一直尽心赡养，直到养母病逝。

陈哲对婆婆有孝敬之心，同吃同住，态度和蔼，视如生母，从未红过脸。有次婆婆半夜发病，艾湘又在外出差，她便挨家挨户叫醒左右邻居，请几位老师抬着养母送进医院，得到了及时的救治。良好的婆媳关系，在校园内令人称道。

春风化雨，润物无声。艾湘与陈哲对上一辈特别是母亲的孝心，让儿女们耳濡目染，学会了感恩。他们后来居上，其作为更加感人。

2012 年他们的二女儿和女婿花了几十万元，主动为他们买了一套三室两厅的新居；大女婿则日夜操劳协助搞好装修和家具安装；儿子、儿媳主动出资帮助添置电器。三家齐心合力奏响购房大合唱，让他俩拎包入住，幸福异常。

艾湘与陈哲看病或住院从来都不用自己操心。有次陈哲入院，二女婿一次刷卡就是七万元。几位儿女则轮流陪护，细致入微。

艾湘多次举办画展，出版多部画册和文集，要不少人力和经费，都由二女儿与女婿主动承担。举办开幕式时则全家出动，分工协作，使每次展出都顺利成功。

儿女们孝心昭昭，令人感动。有次他们的二女儿从印度学习归来，回家看望时请他们端坐在沙发上。二女儿双膝跪地，叩首敬拜，满含热泪对他俩说："爸爸妈妈，没有你们的辛勤养育，就没有我的今天……"

为了不忘儿女们的一片孝心，他俩特制了《孝心录》，专门记载他们的孝敬之情。如今已足有两大本，还在不断地增添。

饮水思源，不忘师恩

在人生成长的路上，老师犹如第二父母。恩师胜似父母，应常思报答。

陈哲小学时代的班主任兼语文老师王肇辉，胜似母亲。不仅教学有方，而且在生活上悉心关照，帮她治病。特别是毕业时，因家庭出身问题，王老师费尽周折终于让她考上初中。陈哲对这位恩师感激涕零，没齿难忘，多次去看望和寄钱寄物。王老师90岁生日时，又专程去湘乡祝贺，并撰写对联，敬送红包，还写了《我的恩师》专文感恩。

艾湘也遇到两位特别难忘的恩师。

一位是小学时代的班主任田夫，新中国成立前是地下党员，因多次调动搬迁，失去联系。艾湘念念不忘，到处打听其下落。后得知他在韶关女儿家，便多次写信联系，还写诗作画鼓励他，寄钱寄物感谢他。2017年8月，又偕同老伴专程去韶关人民医院，看望这位阔别了半个世纪的恩师，令他感动不已，热泪盈眶。

另一位是在邵东二中就读时的班主任杨儒雅老师。艾湘因家贫无钱交伙食费，为让艾湘续读，杨老师从自己微薄薪水里扣一斗米交给食堂为他续餐，并勉励说："艾湘，你一定要读下去，你很有前途哦！"艾湘牢记这斗米之恩，参加工作后经常寄钱寄物去感谢，并写诗曰："斗米之援胜父恩，揖拜先生续我程！"杨老师病逝开追悼会那天，大雪纷飞，天寒路滑，艾湘不顾自己已年近八十，深夜乘车赶往邵东，带去挽联和慰问金参加追悼会表达感恩之情。

言传身教、潜移默化使他们的下一代也不忘师恩。今年中秋前夕，他们的二女儿为感谢湖南大学附中和怀化一中两所母校的培育之恩，特备了礼品，用专车或邮寄送给两所母校近500位退休与在职老师（每人一份），并亲自前往两所母校拜节，在学校传为佳话。

乐于奉献，敢于担当

生命的价值用贡献计算，这已成为全家共识。艾湘退休前在湖南大学党委宣传部校园文化研究所任所长和研究员，2010年又被湖南省人民政府聘为文史研究馆馆员。经多年努力，已成为知名书画家，创作了一千多件书画作品。他将400多件佳作无偿送给了灾区人民、高校特困生、儿童医院特困家庭……杂交水稻之父袁隆平及见义勇为、自强不息的多位先进模范人物都收到了他精心创作的国画红梅图。他多次在国内外大展赛荣获金奖、银奖，并获得"德艺双馨书画家"荣誉称号，2016年还被评为中国杰出人物。他创作出版了10余部画集、文著和台历，印数近万册，都无偿地送给了读者。他乐此不疲，视为光荣奉献。

学高为师，身正为范。陈哲先后多次被评为优秀教师、先进个人，在湖大附中被评为高级教师。她的教学工作深受学校师生欢迎和赞扬。

他们的家风代代相传，儿女们更有创新发展。为国为民，竭力奉献自己的智慧与汗水。

二女儿和女婿白手起家，成功创办了一家省级文化龙头企业，每年为社会解决了数百人的就业问题，为国家上交税款数千万元。2019年经湖南省民政厅批准登记成立一家省级公益基金会，投资了800万元，并发起创立品牌公益项目"向日葵行动"。到目前为止，开展各类赋能心智障碍家庭成长活动超过984场，直接受益人次 30 多万，受到各地普遍欢迎与赞扬。

大女儿任该公司财务总监，带领一个庞大团队，负责财务管理与监督，她认真负责，敢于担当，贡献突出，多次受奖。

外孙子承父业，在北京青年政治大学就读老年服务专业，最近又赴英国斯特灵大学深造，出国前表示学成归来一定要为国为民多作奉献。

儿子现为本省交通科研单位设计部门负责人。他主持设计了 300 多项高速公路与国道工程，曾获全国优秀咨询二等奖、省级优秀咨询奖、优秀工程奖合计 16 项，完成可行性研究 150 多项。现已成为省内知名专家。儿媳是国家"双一流"高校的外语教师，多次荣获青年教师奖。两口子不忘家风建设，精心培养儿子成才。其子名校本科毕业后，被保送至北京外国语大学攻读硕士研究生，让全家无比兴奋和骄傲。

为了传递正能量和弘扬优良家风，艾湘出版了《回眸一笑》《诗文选集》，陈哲出版了《往事钩沉》《自得其乐》，让儿女们认真学习研读。全家还共同制定了八条家规："爱党爱国，遵纪守法；自强不息，勤俭持家；清正廉洁，诚实守信；尊老爱幼，和睦团结；认真做事，勇于创新；戒骄戒躁，谦卑做人；积德行善，助人为乐；乐观向上，常做自省。"将以上八条打印后，发到每个小家，并多次在大家庭年会上宣讲，如镜高悬，可传之久远。他们设立了"家风奖"，推动家风家规有效执行；利用家庭聚会进行思想交流，传递优良家风，效果很好。

家风是一个家庭的精神内核，也是一个社会的价值缩影，良好的家风和家庭美德，正是社会主义核心价值观在现实生活中的直接体现。家庭是一个小小的社会细胞，只有健康的细胞，才能组成伟大祖国母亲强健的肌体，才能焕发出旺盛的生命力，才能永续发展，生生不息。

（作者单位：湖南大学）

谈家风　话成长

黄敏雄

家风是一颗星，照亮我前进的道路；家风是一盏灯，伴我走向光明；家风是一面镜子，时刻修正我生活的方向。

多读好书，坚守家风

多读书，有益于励志；多读书，助力改变命运。多读好书是我们一家人坚守的家风。

我的父亲是 1959 年进疆的军垦老战士，母亲是 1962 年"八千湘女上天山"的湘女之一。60 年代末，我在地窝子（在山坡上斜挖一个洞，盖上茅草居住）出生，孩提时代大多是与母亲在大渠上、播种机边度过的。泥巴成了我们几姊妹最好的玩具，用来砌个城堡、做个坦克模型什么的。就是这广袤、几乎无生命的戈壁滩成了我们获取知识的"课堂"，父母想尽办法从连队借书给我们学习。当时的《岳飞传》《三国演义》《隋唐演义》《地雷战》《地道战》《难忘的战斗》等都成为我们姊妹乐此不疲翻阅的小人书。在我的记忆中，母亲还借《中国神话故事》《唐诗鉴赏》等书给我们读或讲故事给我们听，让我们游弋在知识海洋中。书翻烂了，头脑也充实了。这给我往后坚定地从事教师这一职业埋下了梦想的种子。

幼时父母的形象，除了工作忙碌外，就是系着围裙生火做饭及陪伴我们做作业的身影。没有电，家里唯一的一盏气灯是保证我们姊妹做作业的；为了利用自然资源，下课回家后，我们每个人自觉地跪在板凳上，用窗台做书桌，尽量快速完成家庭作业，然后再去喂猪、放羊。学习在家风中是不讲条件的，小时候我接受的惩罚大多与学习有关。所以到现在自己取得成绩或教育自己的孩子时，每每提起这件事，都情不自禁地感谢父母亲对我们的严格要求以及他们的远见卓识。

上初一时，军垦农场没有英语和数学老师，父母决定送我和姐姐回湖南老家读书。1981 年 12 月 21 日早上，气温骤降至零下30℃。父亲身体不好，只能由母亲送我去车站，12 岁的我一辈子都不能忘怀母亲送我的身影。皑皑白雪的早晨，我俩深一脚、浅一脚在雪地艰难行走，万籁俱寂的冬晨只有我俩吱吱踩踏积雪的声音，偌大的行李箱就连一个壮年男子提起来都非常吃力，母亲却一直提着在前面赶路，没有过多的交流。她趔趄的身影左右摇晃，羸弱的身形在寒风中显得那样伟岸与高大。到车上我只听见母亲"到湖南好好学习，别想家"时，车就开动了，我禁不住潸然泪下。

父母给了我们生命，少小离家 4000 多公里求学的我，还不知道为什么要读书，但在以后的生活中逐渐明白了知识改变命运的道理，也塑造了我坚韧不拔和永不服输的性格。

吃苦耐劳，传承家风

父母刚入疆工作的军垦农场一无所有，全靠双手开荒、种地、打土坯、砌房子。母亲告诉我，每当春耕、春种，她们女同志就要组成"铁姑娘队"，与男同志一道开荒、种地、挖水渠、种树，扛麻袋也是劳动竞赛的项目之一。常用的农具叫坎土曼（当地少数民族农具），妈妈前后用坏了21把坎土曼。为了给我们增加营养，父母又教我们喂猪、喂羊，给猪羊打草成为我们幼时的劳作课。但我们最快乐的是享受在煤油灯下父母把热腾腾的馒头拿出蒸锅时的氤氲暖意。

父母吃苦耐劳的身影，映入了我们童年的双眸，点亮了我们的心灯，指引着我们成长的路径，积淀着我们家风的传统。

援疆支教，光大家风

"长风几万里，吹度玉门关。"父母那一代人，他们造就的军垦精神，是在困难时服从大局，不向自然与恶劣环境条件低头，为了信仰、为了追求，牺牲一切都在所不惜。这时代造就的家风，鼓励我圆满完成援疆支教工作。

2016年，我主动报名参加援疆支教工作。临行前，我母亲幽幽地说了一句："你知道你爸爸是怎么死的吗？"我惊诧了，我知道父亲在军垦农场是有名的拖拉机能手，我学汽车专业还是受他的影响。母亲说，父亲那时工作不要命，积劳成疾，五十多一点就去世了。随后，满头银丝的母亲自豪地说："去吧，用知识帮助新疆的老百姓；你想家了，妈妈明年来陪你。"我忍住酸楚的泪，从心底里留下誓言：放心吧，妈妈，我不会辜负领导的希望和您的嘱托，一定用优异的成绩向领导、家人汇报。

援疆工作期间，我在任何一个场合介绍自己的时候，都理直气壮地说，我不是来援疆，我是来建设自己的家乡的。

把工作当作生命中的一部分，把党的温暖及湖南职业教育技术无私地、尽心尽力地奉献给当地少数民族教师、学生成为我工作的动力。"黄老师帮了我们大忙""老师是我人生道路的一盏明灯"，这些评价成为受援学校、学生给我最大的褒奖，我也获得新疆维吾尔自治区援疆立功、湖南援疆先进个人等七项奖励。

"听党安排,家国担当,民族团结,勤奋敬业"是家风在援疆工作中的最好解读。

习近平总书记强调:"不论时代发生多大变化,不论生活格局发生多大变化,我们都要重视家庭建设,注重家庭、注重家教、注重家风。"家风的坚守让我在三尺讲台上勤勉耕耘了28年,这成为我一生的做人风格、教学风格、处世风格,我从不敢懈怠,不敢停步。

"家风如细雨,润物细无声。"我要把家风所诠释的国家力量、文化力量、道德力量、师道力量及人格力量,教育与影响子女、学生,不断弘扬中华文化,赓续民族复兴大业。

(作者单位:湖南汽车工程职业学院)

给孩子的一封信

李　芳

这是我写给女儿的一封信。

女儿，近半年来，妈妈看你总是兴趣盎然地收看《中国诗词大会》，且跟着节目学会了许多诗词，还经常神气十足地谈起李白、杜甫、苏轼、辛弃疾，妈妈由衷地感到高兴。妈妈欣喜于五岁的你就开始接受中华传统文化的熏陶，或许现在的你还很难理解"空山新雨后，天气晚来秋"的意趣，也无法感受"大江东去，浪淘尽，千古风流人物"的雄浑，但这些美好的文字会滋养你的心灵。书读百遍，其义自见。我想你终有一天会明白这些诗句中包含的家国情怀、赤子之心，并且在其中找到至美至性的精神宇宙，最终成长为一个有责任担当、有悲悯之心、有赤忱情怀的大写的人。

妈妈大学的专业是汉语言文学，也曾在中国浩如烟海的文学作品中获得过最纯粹、最美好的精神享受。妈妈曾通过文字想象过先秦百家，钦佩过魏晋风骨，自豪过唐宋风流，黯然过明清没落。妈妈想告诉你，那些语言文字里镌刻了中国文人的理想，不论是只写"寒蝉凄切，对长亭晚"的柳永，还是"老夫聊发少年狂"的苏轼，抑或是"铁马冰河入梦来"的陆游，他们记录过士子命运的坎坷，但满溢的是泱泱中华的浩然之气，这都是我们中华文化的瑰宝，是我们最可自豪的民族财富，也是我们文化自信的渊源所在。

妈妈想告诉你，中国的语言文学是一个蔚为大观的整体精神世界。除了诗词，还有散文、散曲、小说等。屈原、李白、杜甫、苏轼、汤显祖、曹雪芹等闪耀的名字是中国文学星辰大海中最闪亮的星。"路漫漫其修远兮，吾将上下而求索""天生我材必有用，千金散尽还复来""漫卷诗书喜欲狂，青春作伴好还乡""情不知所起，一往而深"……妈妈常常在读到这些绝美的文字时泪流满面，然后想象那是一个个怎样的黎明或黄昏，他们站在亭台楼阁上、驿站酒馆旁，望着那些人间烟火，望着那些桃红柳绿，想着那些寂寥人事，化作胸中万千沟壑，书写下这些心绪。每一次想象都是一次对中华文化的顶礼膜拜，对中华文化的叹为观止。

妈妈想告诉你，妈妈之所以成为现在坚强而乐观的妈妈，是因为妈妈从中国文学里获益良多，这是妈妈不断澄澈心灵的武器。生活或许有许多苟且，但是文字里确实藏着诗和远方。每当妈妈被生活所累时，那些阅读过的文字和阅读文字时的愉悦和美好就会袭上心头，让那些烦忧退下眉头。亲爱的宝贝，将来你可能会成为一名科学家，或者成为一名医生、一名消防员、一名企业家、一名技师，但是请一生都不要放弃学习中国传统文学与文化，轻视中国文化，而要带着这个博大精深的宇宙前行，它永远不会令你失望；无论你得意或失意、成功或失败、伟大或平凡、快乐或落寞，千般形态，万种思绪，你总会在这里找到指引你的星光。

它为何有如此强大的精神力量？除去文学本身的张力外，还有其中积淀的中国历史以及其他中华文明精华的教化，它曾同古希腊文明一样，代表着世界东西方文明的最高成就，大汉帝国、大唐荣耀自不必说，即便大明风华也曾影响世界。近代虽然式微，但是中国故事从不曾停止书写，中华文明从来就不曾中断。站在两个一百年的交汇点，未来更加可期，因为我们有如此厚重的积淀，还有在奋力实现第二个百年奋斗目标中可亲可爱可敬的亿万中国人民常写常新的故事，这是中国文学取之不尽的最好素材，是中国文化发扬光大的源泉。

宝贝，现在你和妹妹还是天真无邪的孩子，喜怒哀乐是你们最可贵的本真，这其实和文学展现的本质是相通的。无论是"为人"而文学，还是"为文学"而文学，终究只有指向人心深处才是永恒的。所以，我的宝贝，望你永远热爱你生长的土地，永远热爱这土地上的人民，永远热爱最能展现这土地上文明的中国文学，使之融进你的血液，成为你的气质！愿你健康成长！

（作者单位：湖南水利水电职业技术学院）

与女儿一同成长

刘　忆

在教育孩子这件事上，每一个父母都是一边学习，一边和孩子一同成长。我和先生也是如此，而且一些感受还特别深刻。

一起努力，一起进步

2002 年冬天的记忆清晰如昨。这一年时至冬月却完全没有冬天的样子，不见寒风凛冽，更没有冰雪覆地，产房里更是满室阳光。因为坚持顺产，助产士让我不停使劲，我大汗淋漓，似在炎夏。女儿呱呱坠地，我已精疲力竭，品尝所有喜悦的是一旁等候的新任爸爸，平时不苟言笑的他这时见谁都笑语盈盈。不怪啊，这是"晚来得女"，和女儿见上第一面时，我们俩都已过而立之年。之前还总担心：年纪大了生的孩子会不会有问题？看着五官端正、四肢有劲的小公主，当爸的喜上眉梢，爱女之心无处藏呢。那真是我人生中最暖的冬天啊！20 年了，女儿如今已长成亭亭玉立的美少女了，我仍会不时忆起过往的点点滴滴。

夜半女儿哭，她爸会马上翻身起床，冲奶粉、换尿布，那动作之娴熟堪比专职保姆；四五岁的女儿学骑单车，他紧追其后，寸步不离，口里絮絮叮嘱；从小学到初中，女儿遇上数学难题，求助的必定是她爸；记忆中女儿码积木、捉迷藏时每次呼唤的"玩伴"都是爸爸。

我们在先生工作的单位附近有一套崭新的三居室房子，可是他坚持一家三口住在学校的旧两居室里，说可以方便我上班，更适合女儿成长。这倒没错，校园里有宽大的操场和草坪，最适合孩子奔跑；还有一群和女儿年龄相仿的小伙伴，她成长的路上不会感到寂寞孤单。

我们住在校园里，看到有的年长的同事把自己的孩子培养得十分优秀，有的孩子考上北大、清华、北航，学成后有的成为国家科研工作者，有的在国外名校当了教授；而有的同事只顾着工作或玩乐而忽视了对孩子的教育，孩子毕业后待在家里几年都没能找个正经的事做，言语间无不是对父母的怨怼，这时做大人的后悔莫及。看样就要学好样，在教育女儿一事上，我和先生心往一处想，劲往一处使，只希望尽己所能把女儿培养得出色，成为有益于社会的人。

不管遇到怎样的困难和磨砺，在女儿成长的日子里，随时随地，我们传递给她的都是温暖的微笑和坚定的信心。

父母的榜样力量起着至关重要的作用，颓废消极的父母是培养不出积极向上的孩子的，不管不教的父母同样很难拥有成才的子女。我和先生在各自的工作上都做到爱岗敬业、务实求真、乐于奉献，力求做孩子的榜样。先生是合格的检察官，秉公执法，不慕名利，多次被评为"先进工作者""优秀共产党员"。他会不定时去留守儿童学校看望孩子们，捐资捐物，有的物品就是父女俩商量好的，如书、杯子之类的，每次回来后他还会为女儿详细讲述有关经历，父亲温暖有爱的形象镌刻在女儿脑海中。我是当老师的，经常要上早、晚自习，白天备课、上课、批改作业，课后杂事也多。女儿小时抱怨我没有爸爸陪在她身边多，我会温柔且坚定地告诉她，妈妈爱自己的工作，必须完成教学任务，向她保证尽快忙完后陪她。虽然我不能全职陪伴，但是我坚持高效陪伴。平时教她认字，陪她阅读；周末带着她去城郊游玩，在世界文化遗产老司城感受土司王朝悠悠历史，在土家第一山寨看姑娘小伙们唱土家山歌、跳摆手舞，领略本民族文化的魅力；暑假有闲更是带她走出大山去海南看大海，到北京八达岭登长城，去天安门前看升国旗……感到欣慰的是，女儿能够理解支持我，在生活和学习中也会做到认真、坚持，有责任感。

我们一家仨，一起努力，一起进步。

懂得鼓励，懂得欣赏

努力培养孩子行为习惯意识，给了她规则和引导后，就要学会放手，孩子也会因此得到各种锻炼和成长，这时就要懂得用鼓励和欣赏激发孩子更大的长进。

女儿蹒跚学步，跌倒时哭着想要人去扶，但更多时候我用各种方式鼓励她自己爬起来再走；她可以骑单车、玩滑轮和滑板车了，我要求做父亲的少担心，尽快放手；带着女儿三两次去河里借助救生圈游泳后，我就要她丢开救生圈学仰泳，她开始很怕，我示范了几次，更多是鼓励她相信她能做好，慢慢地女儿确实能游好了。我的兴趣爱好广泛，除了爱阅读外，还特别喜欢体育运动，所以希望在物质充裕时代里成长的女儿比我做得更好，不仅拥有健康的身体，而且拥有坚强的意志，我认为这些更甚于学习成绩。

女儿读小学后我就让她试着去做力所能及的事，如自觉做作业，生活中叠被子，收拾自己的学习物品，洗涤自己的内衣裤等，我会给予鼓励和帮助，后来我发现女儿做得比我预想的还要好。

女儿不是完美的，有段时间，她表示既要学钢琴又要学吉他，还说不怕困难。可是中途她还是有了畏难情绪，我鼓励她坚持，陪伴她一次又一次地克服困难，赞扬欣赏她的点滴进步，让她发现了更好的自己。

教育不是简单的说教，而家庭教育更是父母和孩子彼此见证做更好的自己的过程。我和先生都力争做智慧型行动派家长，在孩子成长的道路上，不徐不疾，静待花开。

学会倾听，学会尊重

每个孩子都是独一无二的，教育过程和结果是不可复制的。作为父母，我就要帮助女儿尽可能做最好的自己，而不是按照一定的模具把她复制成自己希望成为的样子。尊重孩子的天性、爱好、选择等，让她感受到爱、理解和支持。

女儿小升初时，正遇上省重点中学县一中把初中剥离出去，新建的初中校区很多基础设施都还不完善，整个足球场有一半被黄泥覆盖，而且新校离家远得多。

有人向我们推荐了百公里外的一所私立学校，办学条件成熟，师资力量雄厚，全封闭寄宿制管理，孩子不用每天接送挺省事。

我认为首先要尊重孩子，不能因为觉得孩子小很多事情还不懂就替她做主。于是，我们夫妻带着女儿搭乘班车去那里看学校，然后要女儿自己比较亲眼看过的两所学校，再进行选择。

十一岁的女儿觉得自己被重视，得到父母的尊重，她欢欢喜喜地选择到离家更远的学校寄宿。送她上学这一天，女儿完全没有初次远离父母的伤感和不适。

之后的三年，无论工作怎么忙，周末双休我们都会抽出时间乘两个多小时的车来学校陪伴孩子，倾听她讲述在学校里发生的事情，了解她的喜怒哀乐。她爸即便去外地出差，也会坚持通过视频方式和女儿聊天，关注她的学习动态、思想动态。有时女儿心情稍有不好，他就会耐心地帮助分析，引导她学会自我宽解，最后让她明白学习与成长路上有阳光也会有风雨，要学会坚强勇敢地面对。

初中三年的寄宿生活使得女儿更独立了，为了心中的远方和诗意，她坚定地选择去更远的省城高中就读。作为父母，我们一如既往地支持。高中的课程更难了，女儿的短板——数学尤其难，她又不愿花钱、费工夫去请家教补课，所以她多次在班级的成绩排名不理想。离得远了，许多时候我们只能通过电话鼓励她，叮嘱她只有笑对困难，负重前行，才能海阔天空，前途光明。有时不放心，我会给女儿微信留言："相信这只是成长路上的暂时磨难，有此经历，才会开辟崭新天地，才能拥有惬意人生。我和你爸永做你坚实的后盾。"

2021年6月的高考三天，先生想去省城陪考，女儿拒绝得很坚决，而且说也不必去长沙接她回来，考试结束之后，自己会把寄宿学校的用品打包快递回家，然后会北上南京、上海，南下厦门、广州，还喜滋滋抛下一句"行万里路更甚读万卷书"。此时，我这个从大山走出去的女儿已很有主见，很独立了，对自己的未来充满了自信和期待。

最终女儿以优异的成绩被南京大学录取。10月5日，是南京大学新生入学的日子，因新冠病毒感染疫情原因，这时间比录取通知书上的推迟了整整一个月。我和先生送女儿到荷花机场，临别时，女儿笑着对我们说："疫情很快会过去的，到时你们来南京玩吧。"瞬时，我心中的暖意远胜别情。

共同分享，共同成长

这是女儿的心情分享——

2021的夏天，我没有太多的遗憾，虽然没能进入清北，但我拥有了南京大学，录取到中文专业，我自作主张改成了一心向往的新闻专业。起初，爸爸妈妈并不赞同，认为写作是我所擅长并要坚持的，但后来他们还是尊重了我的选择，因为新闻也需要写作，仍可让那跳跃的文字成为我爱的精灵。

上大学后，家乡只有冬夏，再无春秋。

我和爸爸妈妈平时也只能靠着通信设备联络。我平时喜欢拍照，吃了什么好吃的饭菜，出去和哪个朋友逛了街，我都喜欢拍几张照片晒在家人群里。

爸爸妈妈上班都很忙碌很辛苦，但无论我什么时候在群里分享生活，他们都会及时地回复我。我说"今天晚上去打了一会乒乓球"，爸爸就会说"锻炼身体好，多锻炼身体"；我把自己制作的课程作业发到群里，爸爸就会认真地提出修改意见："可以把黑乎乎的猫改成鲜艳的黄色"……

即使现在相隔遥遥一千多公里，但每每看见这些聊天框中的文字，我都仿佛听见爸爸在我耳边絮语："早点睡觉！""注意身体！""好好学习！"这些一遍遍说了一年又一年的话，变成文字后竟有着别样的力量和温度。

感谢爸爸妈妈给我这么多鼓励与爱，是他们让我成为今天的我。

感谢文字这个纽带，传递了太多的温情。

……

以下是我对女儿说的——

孩子，越努力，越幸福。我们各自安好！保重身体，不玩手游，不去追剧，减少聊天，多读好书；俭朴节约，低碳出行，养成良好的消费习惯。

希望女儿时时"心里有火，眼里有光"，如父母所盼那般，托起家庭的未来，担起时代的重任，为自己、为父母、为国家而努力成长成才。

父母不再年轻，但仍勤作不辍，微光依旧明亮。

（作者单位：湘西土家族苗族自治州第二民族中学）

言传身教　伴孩子成长

杨啊燕

　　家庭是孩子人生中的第一所学校，家长是孩子的第一任教师。孩子的思想、行为举止、习惯的养成都受到家人的熏陶和感染，因此，孩子的身心健康成长和家庭教育密不可分，与家长的自身素质、素养密不可分。家庭教育是学校教育和社会教育不可替代的。

　　我的孩子现在是小学六年级的学生，学习成绩在班上比较优秀，最让我感到骄傲和自豪的是孩子很自律，下面我和大家交流探讨一下培养孩子的一些心得体会。

根据孩子特点，因材施教，不拔苗助长

　　每个孩子都是一个独特的个体，要想教有所得，学有所成，就应根据孩子的兴趣爱好、个体差异、智力发展阶段等因素，因材施教，否则将事与愿违。

　　孩子小时候，我看到别家的小姑娘学舞蹈，我也跟风给她报了个周末舞蹈班。可她却对舞蹈很是反感，一到跳舞时间总是无事找事闹情绪。看孩子委屈的样子，我反省自己的做法，于是决定放弃学舞蹈，给她报了个她感兴趣的小提琴班。对孩子兴趣爱好的培养要尊重孩子的选择，而不是强加家长的意愿！

朋友家儿子与我家孩子，从幼儿园到小学都是同班同学，我们也经常探讨分享自己的育儿经验。她跟我讲过的两件事对我很有启示：一是她儿子在幼儿园的时候，她已经把100以内的加减法全教会了。可是在小学数学考试中并不占优势，经常考不过幼儿园没做过100以内加减法的同学，而且，她儿子对数学老师上课不屑一顾。她渐渐意识到填得多未必收获多，反而会让孩子丧失学习兴趣，孩子对学习的理解只停留在表面，而达不到理解学习的效果。二是她说她很焦虑，恨不得把孩子所有在家的时间都用在学习上，报了绘画、乐器、跳舞、英语、作文、数学等培训班，把孩子周末时间都排满了。渐渐地她也意识到这样做不对，不利于孩子的成长，所以，她要加强现代育儿经的学习。在孩子教育路上，可能有大批的家长都有这种焦虑，这种焦虑会让家长不顾孩子的感受与压力，冠以"素质"和"全面发展"的美名，给孩子报了很多课外补习班，使得孩子身心俱疲而丧失了学习兴趣。

制定规矩，引导孩子自立自强

孩子有个性差异，教育没有统一的模式。玩是孩子的天性，教育要尊重孩子的天性，但玩要有尺度、方法。

在当今信息化时代，互联网等多媒体已经走进了我们的生活，每时每刻都在影响着我们，改变着我们，现代化的电子产品是时代的产物，是孩子们生活中的常用物品。有一种说法："毁掉一个孩子，只需要一部手机。"这种现象致使好多家长因为孩子沉迷手机而抱怨手机。我认为，如果孩子沉溺于手机游戏不能自拔，这不是手机的过错，是家庭教育的偏差，是家长的监管不力。家长如果正确引导孩子规范使用电子产品，为孩子立下刷手机的规矩，引导孩子从手机上学到一些对学习有帮助、对孩子的健康成长有利的东西，手机反而在某种程度上会成为帮手。家长要充分认识到，孩子终归是孩子，自觉性和辨别是非的能力较弱，孩子的个性培养、学习态度以及良好习惯的养成都需要家长的指导和帮助。电子产品对我家孩子的负面影响是比较小的，这一点也是我的家庭教育方法引以为傲的地方。我经常向孩子示弱，向她"请教"她从电子产品上看到的东西，装成一个"小白"，听孩子讲解得津津有味，让孩子的成就感满满。孩子在家里，星期一到星期五，从来不主动看电视。周末每天看电视和玩手机各一个小时，每到点，孩子自觉退出电视。看电视的方向，也需要家长的正确引导。孩子小时候看电视主要是动画片，常常逗得她哈哈大笑，甚至模仿动画片，我总是有意无意地让她给我讲解一些动物的生活、习性，有时候也向她请教一些时事问题，慢慢地她对动物世界和时事新闻比较感兴趣了。我家孩子也刷抖音，她刷的主要内容是高考满分作文、网红博主们对中国四大名著的评价与解析、俄乌冲突的进展等，看完后她还要和我这个"孤陋寡闻"的妈妈展示她的新见解。其实这些都是我布的一个局。对孩子看电视方向的引导，有利于孩子上中学对生物不陌生；对孩子刷手机方向的引导，有利于孩子关心国家大事，也可为中学的政治课打基础；对俄乌冲突的关心，有利于培养孩子的爱国情怀，也为孩子上中学学好地理和历史奠定基石。

　　力所能及的事情，孩子自己动手做，不能让孩子养成"衣来伸手，饭来张口"的不良习惯，如教会孩子炒两个简单的菜，煮面条或饺子；每天做完作业后自己收拾桌面、书包；打扫房间卫生，洗碗择菜，晾衣服等，培养孩子的自理自立能力。

　　健康的起居习惯有利于孩子成长，也有利于孩子的智力发展。我家孩子有着健康的起居习惯，学龄前保证她有 11 个小时的睡眠时间，小学阶段保持 9 小时的睡眠时间。不能让孩子挑食，不喜欢的菜也要引导她吃，营养均衡有利于孩子身体健康发育。在餐桌上用公筷，不在菜盘子里扒拉菜，中国是礼仪之邦，用餐礼仪不容忽视。

家庭教育中最容易忽视的是劳动观念的培养。家长总认为孩子还小，这也不会做，那也不会做很正常，长大就好了，这是家庭教育的误区。其实孩子已经长大，具备了做家务劳动的能力；家长的不放心，只会导致孩子生活能力差，依赖性强。家长要让孩子在劳动中学会自信、自强，培养他们的独立生活能力。

培养良好习惯，转变成才观念

家庭教育对良好学习习惯的培养至关重要。家长要为孩子提供良好的学习环境，每个孩子要有自己的学习场地、独立的专属场所。家里有两个以上孩子的，有条件的家庭必须分开学习，避免相互影响。我家孩子学习时都在自己的房间里，学习时间，我们禁止爷爷奶奶嘘寒问暖、送水送零食。在孩子的学习上，家长要"懒"些，装傻充愣，这样做也有意想不到的效果。以前孩子在做题时经常跑来向我求助："妈妈这个我不会做，你教教我！"每次认真反复看题后，我说："唉，这个确实难，我一下子还想不出来，你多看几遍题目，也再想想，看能不能想出来？"用这种装"笨"的方法，让孩子养成独立思考的好习惯，她自己解决了很多她认为难的问题，也树立了自信。孩子不敢下笔做题，对家长有依赖性，对自己缺乏自信，久而久之就会养成不动脑的坏习惯，而当孩子觉得妈妈靠不住的时候，她的潜力就爆发了，不得不变得自强起来。

在培养孩子爱阅读方面，家长要以身作则，做好榜样和引导。俗话说"读书百遍，其义自见"，所有学科都映射出阅读能力、思维、理解力的重要性。我也经常会翻抄本，抄本里都是我在阅读过程中积累的好词、好句、好段。家长要有与时俱进的成才观念，理解人才的含义。所谓人才，是指那些在社会生活的各个领域做出贡献而被人们认可的人，衡量成才标准与职业和学历无关，而是他们对社会的贡献。家长要摒弃一些旧的思想观念，认为孩子只要学习成绩好，考试能拿高分能考上大学，就前途光明。我国的基层技术人才严重缺乏，现在，国家把职业技术教育提高到了与普通本科并重的地位，让部分对课本上知识没有兴趣、学业上不去的学生学习掌握一技之长，成为技术人才，这有利于优化我国现有的人才结构。我的孩子还小，还没到考虑孩子分流问题的时候，但我已做好了接受两种可能的准备。如果孩子成绩好，就走普高，按部就班地走；如果学习不好，就走职业技术路线，之后也能在各行业为国家贡献自己的力量。跟着国家的指挥棒走，绝对是正确的。

当代的学生是 21 世纪的建设者，21 世纪需要各种类型的人才，家长有责任和义务为国家培养新型人才。希望有更多的家庭重视家庭教育，研究家庭教育，做好家庭教育，为国家各行各业培养优秀人才，让国家更富强。

（作者单位：湘西土家族苗族自治州泸溪县白沙小学）

家风无言　润物无声

罗睿韬

习近平总书记指出："家庭是社会的基本细胞，是人生的第一所学校。不论时代发生多大变化，不论生活格局发生多大变化，我们都要重视家庭建设，注重家庭，注重家教，注重家风。"家风的重要性可见一斑。

我的家风，既没有显赫家族的家训、流芳百世的名言警句，也没有成文的家书，只有父母长辈的言传身教。我的爷爷出生在20世纪30年代，是一名共产党员，家里条件艰苦，爷爷兄弟姊妹九个，爷爷排行第五，他14岁就跟随两个哥哥离乡背井来到衡阳的常宁熬硝。熬硝可是一个力气活，爷爷说每天都要去几公里外的老百姓家里找硝土，也就是老土墙砖，用新土砖去换老土墙砖回来熬硝，所以总是清早挑着新土砖去，帮人家换好墙以后再把老土墙砖挑回来。日复一日，年复一年，爷爷在化工厂做了20年。熬硝不单是辛苦，而且每道工艺都要严格按照流程去做，打碎成粉—用水搅拌—沉淀—过滤土渣—将硝水加热提取等，各项工艺都必须仔细认真，不能马虎。爷爷兄弟们就是靠提炼土硝去卖钱来维持整个家庭的生计的。新中国成立后，工厂被政府接管，爷爷也成为国家工人。爷爷的兄弟们都工作刻苦，思想上进，兄弟三人先后加入中国共产党，进入企业管理层。爷爷的大哥在企业任厂长、党委书记等职，我爷爷也是厂长，多次被衡阳市评为优秀党员、衡阳市人大代表等。爷爷在世时我才几岁，老人家平日里言语不多，与我们在一起讲话都是严肃的，谆谆教导我们孙辈做人要求：一要有礼节，给我们讲孔融让梨的故事，告诉我们礼仪是做人的根本。二要诚恳谦虚，谨慎务实。告诉我们做人要诚实，不要说假话，谦虚使人进步，骄傲使人落后。三要加强本领的学习与锻炼。告诉我们，一个人在社会上要有自己的能力与本领，这样才能立足于社会。要干一行爱一行，七十二行行行都能出状元。四要有上进心，要有理想。人生三大喜事：入队，入团，入党。告诉我们一个人的思想进步应该作为一生的精神追求。爷爷虽然已经离开我们许多年了，但是他老人家的教诲却深深地刻在我的心里，时刻提醒着我，鞭策着我。

　　我的爸爸妈妈都是 60 年代的人，爸爸在空军部队服役了六年，虽然只是初中毕业，但是他特别有上进心。当兵六年，在部队的各项训练是非常艰苦的，特别是在东北的黑龙江，冬天天气特别冷，最低温度达到零下 30 多摄氏度，南方人到东北生活是一件多么不容易的事！但是，爸爸在完成部队的各项训练与工作以后，利用休息时间，还自学高中的全部课程。因为他各方面表现突出，部队让他参加了干部学习培训班，全面补习高中文化，参加了部队军校考试。虽然爸爸没有考上军校，但是，他没有放弃学习，自己学习了汉语言文学专业和新闻专业，退伍后运回三麻袋的书。爸爸好学是他事业成功的基础。爸爸说他心里记住了爷爷的教诲，完成了人生三大喜事：在部队入党；多次被评为优秀士兵、优秀党员，获部队嘉奖；任职班长、部队宣传报道员。退伍后，爸爸开始在长沙打工，做过非常辛苦的搬运工，后来长沙酒厂招聘销售人员，爸爸通过考试进入了工厂销售部工作，负责湖北市场的销售。工作中爸爸又自学了销售专业、公共关系专业等知识，为自己销售业绩的提升打下了良好的技能基础。后来爸爸离开了长沙去广东打工，由一个员工做到厂长，仅用了三年时间。现在爸爸在知名品牌音响企业先后任职厂长、副总经理已经近20年了。爸爸给我与弟弟灌输的思想有许多。一是告诉我们知识的重要性。知识是工作与生存的根本，没有知识就不能干好工作，没有本领就不能生存下去。二是树立理想。一个人没有理想就没有灵魂，就没有前进的动力。三是树立自信心与意志力。告诉我和弟弟无论做什么事情，自己必须有自信心，要充分地相信自己能够成功，时刻保持良好积极的精神状态。同时要有耐心，有意志力，什么事情都不是一蹴而就的，要经得起失败的考验。四是做什么事情都要遵循理性与方法。记得有一次他专门为我和弟弟讲了事件策划的六个要素，即事件的目的、处理与解决的路径、人员的组织、过程反思与检讨、后勤保障以及其他方面的支持能力、事件结果的检验与总结。通过事件的发生、发展、经过、结果来锻炼自己处理问题、解决问题与组织事件的能力。

我的妈妈是一位知书达理的贤妻良母。爸爸一直在外面打工，妈妈带大我与弟弟。妈妈对我们非常严格，但是却非常耐心与温柔。她告诉我们做人要有善心，要与他人友好相处；要学会自己动手，长大以后都要靠自己；学会自爱，人在世界上要像花一样让人喜欢；努力总是会有希望，不要轻易放弃。妈妈总是在生活上、学习上细心关心照顾我们，我们家虽然不富裕，但是在妈妈的精心安排下，我与弟弟生活得幸福而快乐。我为有这样的妈妈而自豪！

"天下之本在国，国之本在家"，国是由家组成，家是国的细胞，是人生的第一所学校，也是传承中华民族文明风尚、凝聚力量、维护国家发展、社会和谐的重要基础，而好家风就为国家培养优秀人才提供了保证。譬如，我们家庭，爸爸通过爷爷的正确引导与教育成功地立足社会，在事业上发挥自己的能力。我和弟弟在爸爸妈妈的良好教育与熏陶下都考上了大学，并且在大学期间入了党。我已经成为一名教师，并且在教师工作中做出了比较好的成绩；弟弟现在读大三了，学习也比较好，还担任了学生会主席，即将入党。我和弟弟的成长与进步都离不开我们家庭的教育与家风熏陶，正是有了这样良好、健康、积极的家风，才成就了我们的现在。作为一名教师，我将继续把这种良好家风传承与发扬下去，做一个合格的家长，做一个合格的人民教师，做一名合格的共产党员。

（作者单位：娄底市双峰县永丰街道城北学校）

让红色文化植根心灵

彭继林

2017 年底，年逾六十的我光荣退休了。当朋友听说我退休后要带孙子时，都劝我不要做费力不讨好的事儿，意思是说，隔代教育不好做。

我认为，隔代教育是家庭教育的一部分，家庭教育又是教育的组成部分。在日常生活中对孩子们有选择地进行优秀传统文化教育、人格完善培养，是非常有必要的。在中国几千年的历史长河里，优秀传统文化源远流长、博大精深，为中华民族的生长繁衍提供了充足的养分；特别是中国共产党诞生以来，为了中华民族的伟大复兴，无数仁人志士在中国共产党的领导下，汲取几千年中华优秀传统文化的精华，唤醒民众，振奋精神，重塑文化，一雪前耻，成立了新中国。在这一过程中，灿若星河的革命前辈，留下了值得永久流传的"红色文化"，是隔代教育最好的素材和养料。

经过一番认真的思考，我认为：隔代教育很重要，必须做。我尝试着用"红色文化"去教育孩子，用"红色基因"去洗涤孩子们的心灵。

讲到"红色文化"，首先就离不开这个"红色文化"开创者、中国共产党的创始人、中国人民解放军的缔造者、中华人民共和国的缔造者——毛泽东主席。毛主席是伟大的革命家、政治家、军事家、思想家、文学家、诗人。他的文章，理论深刻，高屋建瓴，大道至简，指导性强；他的诗词，想象丰富，气势磅礴，寓意深刻，意境高远，充满了革命的现实主义和浪漫主义精神。这些既是中国革命和建设艰辛历程的艺术再现，又是毛主席伟大人格的光辉写照，还是中华优秀传统文化和社会主义先进文化高度融合的典范，是常读常新的传世经典。

用毛主席诗词做引导，注入红色基因

诗歌是中华民族优秀文化的瑰宝，它能启迪人的思想，陶冶人的情操。让孩子学习毛主席的诗词，既能够使孩子传承中华优秀文化，又能够振奋精神，是一件一举两得的好事！

我在教孙子学习毛主席诗词的时候，一是采取先易后难的办法。首先是从毛主席诗词中比较短小，同时又朗朗上口的那些短诗入手，易读易记，这样才会增强孩子的兴趣。比如《十六字令》《清平乐·六盘山》《采桑子·重阳》，然后再逐步选择语言优美、朗朗上口的长诗，如《沁园春·长沙》《沁园春·雪》等。二是在教孩子背诵这些诗词的同时，也要大致地对这些诗词进行解读，让孩子有一个基本的理解。通过诵读，让孩子懂得诗中的一些历史知识。然后是一句一句地反复教他朗读，在他会背诵一句两句时就要及时地给予鼓励，这样他才有成就感。教的过程也不能急于求成，我的做法是三五天或七八天教一首诗，都在上午进行，或半个小时或一个小时不等，待他会背诵了再教下一首。

通过学习毛主席的诗词，小孙子收获不小，懂得了诗词是押韵的，是有起伏的，还收获了一些诗词外的知识。他现在是小学五年级的学生，每次老师布置背诵诗词作业，他都是全班完成得最好最快的。

用红色革命故事去熏陶，灌注精神血脉

习近平总书记在甘肃考察时强调："新中国是无数革命先烈用鲜血和生命铸就的。要深刻认识红色政权来之不易，新中国来之不易。我们要讲好党的故事，讲好红军的故事，把红色基因传承好。"

"为有牺牲多壮志，敢教日月换新天。"中国共产党自1921年7月成立以来，面对帝国主义的侵略瓜分和国内反动统治阶级的剥削压迫，以毛泽东主席为代表的一大批共产党人，坚定马克思主义信仰，以救国救民为己任，带领无数华夏英雄儿女舍生忘死，坚强不屈，为中国革命事业奉献了自己的青春年华，甚至是宝贵的生命，谱写了一曲曲视死如归、顽强拼搏的壮丽凯歌，涌现出了无数感天地、泣鬼神的英雄故事。

我在给孙子讲红色故事时，始终贯穿着一条红线，那就是把毛主席在各个时期的故事放在重中之重。因为，毛主席是领导中国人民彻底改变自己命运和国家面貌的一代伟人，是一个站在中华民族和世界巅峰的伟人：德比天高——面对人民群众，他低眉俯首慈爱无限，面对反动势力，怒目金刚霸气凛然；才通古今——有雄文五卷通大道，诗词百篇压群芳；功高盖世——建党建军，成立新中国，确立社会主义制度。其思想其实践，教育了一代代中国共产党人和人民群众，早已灌注于中华民族的血液中，成为民族之不朽精神，是党魂军魂国魂民族魂！所以，讲红色故事离不开毛主席的故事。同时，也有选择地讲讲革命先烈们的感人故事。

毛主席及革命先烈的感人故事很多，我主要从以下三个方面选择：

一是学习求真的故事。主要讲了毛泽东长沙求学、周恩来为中华之崛起而读书、刘伯坚狱中读书、方志敏狱中学习等故事。

二是一心为民的故事。主要选择了张思德、焦裕禄、雷锋的故

事等。

三是英雄故事。这种故事在革命年代是数不胜数的，是红色教育的宝库。在少年英雄方面，有王二小、刘胡兰、潘冬子等；在女英雄方面，有向警予、江姐、赵一曼等；在党的早期领袖方面，有李大钊传播马克思主义、毛泽东领导秋收起义、周恩来领导南昌起义、瞿秋白英勇就义的故事等；最多的是军事方面的，有井冈山的故事、长征系列故事、抗日战争系列故事、解放战争系列故事、抗美援朝系列故事等。

这些故事，孩子听起来津津有味，从中受到了革命传统的熏陶，幼小的心灵升起浩然正气，朦胧中懂得了在社会上如何做人的道理，还经常能提出一些问题和我讨论。孙子现在读小学五年级，能够认真学习，尊敬老师，团结同学，遵守校纪校规。在上思政课时，每当老师讲革命史提问题时，他常常举手发言，讲述其中的人物和故事，受到老师的表扬。班主任老师每个学期对他都有"是一个小小的男子汉"的评价。

看着孩子能茁壮成长，我的心里倍感欣慰！

（作者单位：湘西民族职业技术学院）

传承文化精华　重视家庭教育

简　宾

　　我出生在一个充满着文艺气息、温馨和睦的平凡家庭里。爸爸有一个自己的乐队，他笛子、二胡、锣鼓、萨克斯样样精通，难得的是唱歌还特别好听。妈妈学生时代就是学校文艺宣传队的骨干，参加工作后更是单位上的文艺积极分子。在我九岁那年，我们一家参加镇上的家庭歌手大奖赛，拿到了决赛第一名的好成绩。我第一次登台，一曲《布娃娃》让我在镇上有了小名气，从此以后，我便与文艺结下了不解之缘。

　　一眨眼，时间过去了30多年，我成了一名爱好文艺的人民教师，拥有一个普通的四口之家。回想父母教育我的家风、家训，就如春雨随风入夜，润物无声，让我一直受益匪浅，特别是文艺的熏陶在我的成长过程中起着关键的作用。如今，我已为人母，在教育幼小儿子时，更加深刻地体会到当年父母的苦心。儿子成长的每一天，我都仿佛看到自己当年的模样。

　　生活中，我深刻地认识到，父母亲对子女负有抚养和教育的责任，所以与爱人始终把对孩子的教育放在第一位，同时，也想把我们家的文艺传统给发扬一下。儿子五岁，到了可以学特长的年龄，我迷茫了，男孩子到底学什么艺术特长会好一点呢？有一天，我在某本书上看到这样一段话：对于孩子来说，我们只能看到孩子是否具有某种天赋，而无法看到他有什么特长。其实，孩子的特长都是靠父母培养出来的，没有孩子天生有特长。是的，你能说莫扎特天生会弹钢琴吗？凡·高天生会画画吗？其实，他们仅仅是具有某种天赋，而恰好培养了相关性的特长。

为此，我先与孩子沟通交流，带他去好的教育机构试课，观察到儿子在公园里跟爸爸打军体拳的时候不仅动作学得快，而且身体很协调，真像那么一回事，最后我们便选择了不仅可以强身健体，还可以培养小孩自信、自强、坚毅、大胆的拉丁舞。

五岁的儿子刚刚接触拉丁舞，不明白为什么要学，学了干什么，甚至有点胆怯，害怕走进教室，连续三个星期都要我陪着站在教室里上课。后来，为了能跟孩子更好地沟通，我也给自己报了一个成人拉丁舞班，成为跟孩子一起学习、一起讨论的伙伴。慢慢地孩子自信了，不再让妈妈陪着上课，对拉丁舞的喜欢越来越强烈。兴趣是最好的老师，如果孩子有了兴趣，家长不用动员，孩子就会去努力钻研、学习。两年后，老师开始带他去比赛。赛场上，他跳得有力，也很有气势，给人一种特别的美，首次比赛，就拿了一个全省同年龄小组赛的冠军。从此，他对拉丁舞的兴趣更是高涨，日复一日，年复一年，在一场场比赛中，一天天的训练中积淀。青春无问西东，岁月自成芳华。如今大儿子学习拉丁舞已经有 10 年了，曾在 2016 年、2021 年先后两次入选湖南省队，多次荣获全国邀请赛同年龄组的冠军，2018 年参加上海黑池比赛获得了第三名的好成绩。

小学五年级，儿子在《我最喜欢的拉丁舞》一文中写道："学习拉丁舞的每个舞步，总有一段从生疏到熟练的过程，从初期的磕磕绊绊，到后期的行云流水，当我自信满满地站在众人面前表演时，都会感到一种强大的底气，因为这是我长期努力换来的结果。这个过程教会了我一个道理：一分耕耘，一分收获。"

是的，我们不仅是培养孩子一种特长而让孩子去学什么东西，更是为了培养孩子一种素养、一种能力而去学习。学习一种特长是培养手段，而不是培养的全部目的。孩子学的特长越多不一定竞争力就越强，我们要在学习各种技能的过程中，培养孩子克服困难、抵御诱惑、战胜不良情绪、提高自己毅力等一些优良品质。如在表演时，孩子需要敢于面对黑压压的观众，需要适应舞台的布局，需要有临场应变能力；当孩子克服了种种挑战，演出成功，获得观众雷鸣般掌声之时，他的心态便会实现升华，成为一个有底气、有自信的个体。

家庭是孩子生活成长的摇篮，是每个孩子接受教育的初始场所。家庭教育，对孩子的成长发挥着不可或缺的作用，影响孩子一生的发展。父母不仅让我爱上了文艺，而且还一直要求我做一个善良的人，一个懂孝悌的人，一个能够直面困苦的人，一个内心丰富的人，一个不断自省的人。如今的我，更想把父母教给我的耳濡目染的家风传给我的子女，我相信，好的家风、家训、家教将历久弥新。

（作者单位：湖南生物机电职业技术学院）

科学介入　成功引导

曹雅淇

　　每棵大树的生长，都要依靠阳光、水分及营养；每个优秀的孩子，背后都有父母和家庭的奋力托举。如果把孩子比喻成一棵树苗，那么，孩子的根，在父母，在家庭。

　　人们常说："父母是孩子的第一任老师，家庭是孩子的第一所学校。"也就是说，父母的教育是一个人接受最早、影响最深的教育；从小所受的教育把他往哪里引导，他将来就可能往哪走！原生家庭的教育决定孩子将来身心是否健康、是否优秀，优良的家庭教育是影响孩子健康发展的重要因素，在其成长过程中发挥着不可替代的作用。

　　教育的难，在方法，在坚持。根据我的记忆与父母介绍，现在把我的成长历程与他们的科学育儿的方法分享出来。

　　我是在一个有情有爱、温馨而又有优良家教家风的家庭环境里健康成长起来的，父母教育方向上一致，讲究方式方法，既重视我的身体健康，也关心我的心理健康，为培养我敬畏生命、拥有健康人格打好基础。爱，但不溺爱；尊重，而不专横；引导，而不包办。他们在我成长发展中总是给予积极正面的言传身教。

　　孩子刚出生时，是一张纯洁的白纸，父母作为第一任老师，要针对不同的年龄阶段，采取科学的育儿方法。进入幼儿园时期，要注重孩子的情感培养，日常养成好习惯，在游戏中设规矩。

我有美好童年，父母陪伴多，我们一起游戏，一起亲子阅读，一起外出旅游；父母鼓励我多说，提高语言表达能力；教我自理自立，自己的事情自己做；还引导与培养我弹钢琴的兴趣爱好，给我自主选择的权利，不强制参加各种培训。

父母很注重生命教育、情感教育。五岁时，因为外公的去世，我第一次知道"死亡"，也与父母谈到了"生"和"死"。妈妈为了让我感受生命，珍爱生命，就从养蚕和金鱼等小动物开始，让生命教育融入我的生活中，提高我对生命的认识和理解，教育我热爱生命、尊重生命，引导我学会感恩、关爱他人；在饲养过程中，我增进了责任意识，学会了简单的生存技能技巧，从小就懂得要共同构建一个人与人、人与社会、人与自然和谐共处的道理。

培养良好的行为习惯和学习习惯。遵规守矩是立身之本，我们一家三口在一起协商立规矩，商量规则及约定奖惩办法，并加以实施。确定什么该做，什么不该做；什么时间段做什么事，如看电视时间，到点吃饭，到点睡觉，睡前看绘本讲故事；赏罚分明，按协商好的规矩做到就奖励，每进步一次奖一个贴纸小红星，累计 10 个奖一个自选物，基本以书为主；累计 20 个奖一份价格控制好的玩具；如果违反要有相应的处罚，如看电视一旦超约定时间，那么下一次看电视的时长就要扣除上次超出的时间，以此类推。我们共同遵守一起制定的规矩，和谐温馨。

我从小受到夸奖多，比如会主动跟人打招呼，有礼貌，自己的事情自己做等。只要我有一点错误的苗头，父母就会及时制止，指出错误所在，并引导到正确的方向。当我屡教不改时就采取相应的惩罚措施，让我从小意识到自己做错了就应该承担后果。当我改好了，父母会适时地进行言语和行动上的肯定。

进入小学阶段，父母要加强与孩子的交流沟通，让孩子建立信心，树立正确的三观。

进入小学这个人生的小社会，我每天回家对着妈妈好像有说不完的话，妈妈专心致志地与我交流，倾听我的心声，也总能在我需要帮助时，及时提供帮助，让我也时刻体会到家长的关心。

自信心的树立，来自赏识。我的自信心，更多的来自爸爸，因为，爸爸几乎没骂过我，他总是笑嘻嘻地表现出热情并欣赏我，我自然做什么都更有信心。如果我遇到困难，比如，初玩轮滑时，爸爸就会先指引我，教我站姿、平衡、摆臂等，放手让我去做；当我摔倒了，鼓励我自己爬起来，再继续。就这样通过不断尝试，达到目标，获得成就感，培养了我自己动手获取知识、技能的能力，建立了自信。

如何帮我树立正确的三观，这还得从我"顺钱"风波说起。

从我私自拿妈妈钱包里的钱，到第一次拥有我自己的存折那段经历，为我树立正确人生观、价值观奠定了坚实基础。

我清楚地记得那是小学一年级，开学的头两周期间，每次下课后，别的同学总是有零食吃，我馋呀，但我没有钱买。于是，晚上我从妈妈钱包里"顺走钱"，然后放在电视机边上的相框后面，等妈妈检查完作业后再放进书包。几次"得手"后，终于"天网恢恢，疏而不漏"，吓得我手足无措。

妈妈心平气和地把我拉过来，了解事情经过。以提问方式先问"认为错吗？"——分析问题所在；"怎么解决？"——描述解决办法；"想怎么做？"——理顺解决步骤；"要帮助吗？"——确定所需的帮助。全程没有责骂，而是科学介入，耐心问询，成功引导，顺利解决——每天给我一定的零花钱，逢年过节时亲人所赠红包让我学着存下来，第二天就带我去办了个存折，存了三百元钱，由我自己保管，要求账目明晰，平时做力所能及的家务事，也可得到劳动报酬。

妈妈回顾说，当时她非常自责，主要是气自己马虎，丢了钱不知道，没有考虑小学生也需要零花钱，没能及时了解我的心理感受。经过一番思考，她有策略地了解情况、进行分析、找出问题、制定措施、解决问题、总结反思，为年少时懵懂的我树立了我能懂得的正确的人生观、价值观，令我受益终身！

进入中学后，父母应降低期望值，与孩子做知心朋友，顺利度过叛逆期。

我进入中学后，因身在名校，身边全部是学习成绩优异的同学，不仅压力很大，而且越学越难，越学越不想学，越不想学越学不进。我开始与父母出现对立情绪。

有专家说："孩子避免失败的愿望比争取成功的愿望更强烈。"父母经过学习，懂得了更多心理学知识和教育孩子的方法，都不会因我考试分数有所下降而表现得着急、浮躁，而是在自己能力范围内进行辅导，一起寻找答案。原来相当焦虑的妈妈，渐渐地将对我学习的高期望值适当降低，用她的话说就是"尊重个体差异与她个人的理想，理性地调整培养目标，积极引导她向能达到的最高水平努力；孩子年纪这么小，视力那么弱，要考虑她的身心健康，对考试分数看淡些"。妈妈与我交谈不再仅限于考试多少分，排第几名，而是主动聊轻松话题，如同学间的趣事、孩子喜欢的明星、学校最开心的事；我们在原有的规矩上补充了不偷偷地玩手机、在规定时间内可以自由与同学 QQ 聊天。高一时，妈妈还尊重我的意见，饲养了一头小金毛犬，我们一起照顾它到现在。

进入大学，孩子已成年，父母应充分尊重孩子，鼓励交友。

进入大学后，我远离了父母，因为从小养成自理自立的能力，所以我没有感到不适，只是嘴馋家里的美食。在学校，我积极向党组织靠拢，申请加入中国共产党；通过竞选，我成为学生会主席，带领团队做好老师与同学间的桥梁，组织活动为学校获得荣誉。

参加工作，进入社会后，父母对已独立的孩子应鼓励他立足专业，积极向上。

时间过得很快，现在我已是社会人了，参加工作后，我仍保持团结友爱、积极向上的状态。没出现疫情时的暑期组织家庭去古城旅游，我负责策划与出行攻略。亲情不散，常聚长聚，逢年过节，父母双方的大家庭聚会，我会自告奋勇统筹，先采用彼此可以接受并乐于接受的形式组织家庭活动，视具体情形预订饭店或在家用餐，安排菜谱，安排出行路线，组织活动。

至今我们一直保留周末亲子活动，或一起爬山，或在图书馆进行一天沉浸式学习，或打打羽毛球逛逛商场……家庭气氛很温馨。

回眸成长的点滴，父母一直坚持该呵护时精心呵护，该放手时信任放手，努力成就孩子的幸福人生。我在轻松、平等、和谐的家庭氛围中成长，现在在单位上是阳光积极的，工作态度和工作表现得到大家一致肯定。理想在胸，未来可期！

（作者单位：长沙市雨花区教育局第一幼儿园）

三代接力传承教育薪火　不忘初心耕耘基础教育

孟淑元　周　丽

"争做领头雁，当好排头兵"，党员教师应该不忘初心，牢记使命，在教学岗位上发挥先锋模范作用，践行入党时的铮铮誓言。

有这样一个家庭，三代人都是党员教师，他们用自己的行动践行了立德树人的根本任务，用良好的家风传承着党员教师教书育人的初心和使命。时代在变，条件在变，不变的是他们奉献教育事业的精神和决心。

一支粉笔、一块黑板，独自撑起一所学校

在马腾宇老师的爷爷马振福老师的桌上，摆放着一张他最珍惜的荣誉证书。这张荣誉证书是 2016 年湖南省教育厅、湖南省人力资源和社会保障厅颁发给马振福老师的，以表彰他从事乡村教育工作 20 年、为教育事业做出的积极贡献。

1961 年，马振福老师走上讲台，开始了一辈子教书育人的伟大事业。那时，我国农村教育在困境中缓慢发展，那时候的学校都是草屋、土房，桌椅板凳破旧简陋，坏了老师和孩子们就一起修，冬天教室里就一个小煤炉取暖。教学用具几乎只有一盒粉笔和一块黑板，教学完全靠老师的一张嘴，老师完全靠自身本领来吸引学

生。马振福老师的课堂总是旁征博引，妙趣横生。他爱好读书，爱好学习，教学水平不断提高，深受学生的喜爱。那时候师资也非常缺乏，马老师就承包了各个学科的教学，不像如今在网上能找到现成的教学资料和习题集，马老师都是自己编题备课。他最宝贝的就是几十本备课本，过去的教材不常变，他就在备课本上不断增减，修改完善。熬夜备课也是经常的事，天暗了，他就点盏煤油灯；天冷了，就生个煤炉。就这样，一个煤炉，一盏煤油灯，伴着马老师走过了几十年的教师生涯。

马老师的班上，学生的水平也是参差不齐的，有的学生学习成绩稍弱，马老师便主动为他们进行义务补课，从课文的一字一句讲起，不厌其烦，直到学生们的脸上露出豁然开朗的表情，马老师才会心一笑。做一名教师的成就感，莫过于此。有时，补课结束时已经入夜，当时的农村也没有路灯，马老师还要亲自把学生送回家，再踏着月光，满怀欣慰之情回到家。农村的学生，经常会有因家庭因素辍学的情况，马老师便会上门和学生家长谈心，做工作，劝学生回去读书。终于，有了知识，从乡村走出去的学生越来越多，而马老师仍然在乡村教育的岗位上坚守，一头青丝，也早已熬成了白发。

"捧着一颗心来，不带半根草去"，从 1961 年走上讲台一直到 1997 年离开讲台，36 年教育生涯，马老师在回忆中评价自己的教育工作"平淡无奇"，却让人深深感动。也正是千千万万这样"平淡无奇"的乡村教师，撑起了中国广袤大地上的基础教育，给无数乡村孩子带去了希望，播下了梦想。

五六十年代，承包各个学科的马老师自然也要教孩子们唱歌，《没有共产党就没有新中国》是马老师最喜欢的歌曲，也是他经常带领学生一起唱的一首歌。退休后，马老师也经常会唱起这首歌，他说道："信念坚定，对党忠诚，要信仰一辈子忠诚一辈子。"

从教 36 年，马振福老师用初心和使命诠释了永不褪色的党性，扎根基层教书育人，几十年如一日，用行动践行着自己入党时的铮铮誓言，诠释着中华民族"梦之队"筑梦人的内涵。

一片爱心、一份责任，诠释党员教师情怀

改革开放以来，我国各方面取得突飞猛进的发展，教育现代化的春风也吹到了祖国的大江南北，从锈铁门、破教室到新校舍、现代化教室，从长满杂草的草地到宽阔的操场、红色的跑道，基础教育设施得到了极大的改善。

教学条件变得越来越好，但不变的是一代代教育人的默默付出和无私奉献。1999 年的一份报纸上，有一篇专门报道刘晶老师的文章，这位从教 31 年的基层党员教师就是马腾宇老师的妈妈。

1995 年，怀着六个月身孕的刘老师正在带一个毕业班，班级的一名学生由于和父母赌气，晚上放学后没有回家。父母找不到孩子后非常着急，求助刘老师，当时刘老师二话没说就和学生父母出去找，一夜未眠。第二天早上，把这个学生找到后，她又动之以情，晓之以理，和孩子谈心，直到孩子打开心结，她才有一丝轻松感。

事后，有人问刘老师："你当时怀着六个月的身孕，难道不担心自己的孩子吗？"刘老师回答说："我怎么能不担心！但我想，我的学生不也是我的孩子吗？我觉得，我只是做了一件普通老师应该做的事情。"

人们常说，把每一件平凡的事做好，就是不平凡；把每一件简单的事做好，就是不简单。教育战线上没有惊天动地的壮举，有的只是日复一日的默默付出，无私奉献，培土施肥，然后，静待花开。作为一名 30 年党龄的党员教师，凭着对教育事业的执着和真

诚，自参加工作以来一直担任班主任，承担语文、数学两个学科的教学工作，她以实际行动践行了一名人民教师的责任和使命，时刻闪耀党员先锋模范的光辉，诠释了党员教育工作者的教育情怀。

一堂课、一件教具，践行为国育人使命

党的十九大以来，以习近平同志为核心的党中央坚持优先发展教育事业，坚持把立德树人作为教育的根本任务，加快教育现代化，深化教育改革，推进素质教育，创新教育方法，提高人才培养质量，努力形成有利于创新人才成长的育人环境。马腾宇老师正努力践行这一使命。

马腾宇老师是长沙市实验中学的一名生物教师。毕业之后，他作为一名刚刚走上讲台的党员教师，为了努力让每一个学生听懂每一堂课，掌握每一个知识点，也为了让自己更快地成长，马老师积极钻研教材教法，虚心向老教师学习，向妈妈学习，深夜备课更是家常便饭。为了让学生更直观地理解生物学现象，他经常用身边常见的材料，自制直观形象的教具；课堂上严谨的他课后却像孩子们的大哥哥一样，和孩子一起踢足球，打篮球，与孩子们谈心，陪伴孩子们成长，孩子们都亲切地叫他"马哥"。马老师常说，看到学生渴求知识、认真听讲的神态，他感到特别快乐。

刚刚走上讲台的马老师常说："因为喜欢，所以选择；因为选择，所以热爱。成为一名老师，和孩子们遨游在知识的海洋，分享他们的欢喜哀愁，陪伴他们成长，我觉得这是一件很幸福的事情。作为一名教育行业的新兵，我也会有困惑和迷茫，这个时候我会经常看看爷爷写的党员笔记，和妈妈交流工作中的感想，爷爷和妈妈的言传和身教、坚守与奉献，是激励我不断奋进的力量源泉。我也是一名党员教师，更应该发挥克己奉公的精神，在岗位上争做先

锋，争做模范，努力帮助他人，努力教育学生，向着'四有'好老师的标准不断奋进，践行为党育人、为国育才的初心和使命。"

岁月如歌，道不尽三尺讲台上三代教师的似水年华；生命如话，说不完黑板前对学生的殷切期望。跨越大半个中国，穿越半个多世纪，三代党员教师，从破屋当教室、木板当课桌，到如今的"智慧校园"，马家三代见证了教育60年来的变化，这是一场三代教育人的接力，三代人的时代不同，教育理念也不同，但是奉献教育事业的精神却是一脉相承的。在超过半个世纪的时间长河里，在优良家教家风的熏染中，他们用良好的家风传承，用接力赛式的方式，诠释着党员教育工作者的初心和情怀。

（作者单位：长沙市实验中学）

育儿之道　任重道远

李　花

前不久，我非常荣幸地参加了儿子幼儿园小班举办的家长会。幼儿园是孩子们离开父母、独自应对陌生环境的第一个舞台，他们可以在那里学习日常生活的自理方法，学习与他人相处的技巧。幼儿园的家长会无疑是家长们了解孩子在幼儿园的状况、跟其他家长交流育儿心得、向老师请教如何教育孩子的一个绝好机会。

老师们详细介绍了宝贝们在园一天的日程安排和幼儿园对小班宝贝们的培养目标、举措，内容全面具体，让家长们对宝贝在园情况有了更深入的了解。

通过此次家长会，我从老师们和家长们那里学到了很多，受益匪浅。现就自己的情况谈三点体会。

没有及时了解帮助孩子，非常愧疚

说来惭愧，今年我继续在学校担任初三班主任加两个班英语教学工作，上班时间很忙碌，因此我极少去接送孩子。在家长会上我了解到很多爸爸妈妈都是亲自在接送孩子，孩子在园的表现情况，能及时从老师那里得到反馈，及时帮助孩子改正缺点。我那天询问生活老师，才了解到我的孩子午睡时很难入睡，需要老师哄睡，既影响了老师，也打扰了其他小朋友。我没有及时了解情况，引导教育，感觉非常惭愧。另外，我孩子上课专注力不够。有时候小朋友们在画画、唱歌、做游戏，而我小孩却在发呆走神。虽然注意力不集中是幼儿常见的现象，但我们家长一定要引起注意才是。最让我伤神的是，我小孩不主动跟老师和小朋友沟通，老师说就是看上去跟集体有点格格不入。我才意识到我的孩子最近睡觉时，喜欢去摸我的脸，可能是他在适应幼儿园这个陌生环境时，内心不稳定，缺乏安全感。我没有及时了解他的心理诉求，没有帮助鼓励他去建立起与老师同学的亲密关系，这是我的失职。

在日常生活中强化孩子的行为习惯

作为一名家长，深感自己育儿方面有许多的不足。平时我们关注更多的是孩子吃得好不好、睡得够不够、生没生病等生活问题。其实在育儿方面大有文章可做。听了戴老师的讲解，我感觉到，孩子的教育应从点滴开始，小到一个动作，如挂小毛巾，捡地上的纸片，大到学会跟老师问好，跟别的小朋友一块儿玩，同其他人简单地交流，能够倾听等，都需要我们日积月累地去引导和重复示范才会取得成效，并将其强化成为孩子的一种行为习惯。这一点，我深感做得很不够。我性子急，遇事不够冷静，一旦孩子做事磨蹭我就不耐烦了，就帮孩子做了，其实这都是不对的。比如孩子起床后，还有些犯困，做事磨蹭。为了赶时间，就帮孩子穿衣、刷牙、洗脸。每次孩子都想自己做这些事情，而我却为了赶时间，没给他时间和机会做，现在想想，自己真的做得不好。

戴老师还在家长会上提到要在日常生活中着重培养孩子的阅读习惯。她讲了一些家长在引导孩子阅读时的误区和正确的引导方法。阅读习惯的培养这一点让我印象非常深刻，我听后一直在反思，我认识到我们家里的误区主要在三个方面：

第一，有时好久都没有给孩子买绘本，有时又心血来潮买好多书，一堆书放在那里，孩子这本翻翻，那本翻翻，好好的阅读时间，全拿来好奇翻书了，没有养成孩子认真看书的习惯。

第二，我有时把孩子看书当成了任务。我买了书，发现孩子不喜欢，根本不看，我心里就不舒服了，觉得孩子不爱学习。我小孩对汪汪队的书很感兴趣，经常看几本同样的书。我就非常着急，强迫他去看其他的书，还批评他："给你买的书都不看，全浪费了。"有时看着小孩在玩，我就着急，会说："总是在玩，看书去吧！"有时候小孩子犯了错，我就把看书当成对孩子错误的惩罚。这些做法其实都让孩子离阅读越来越远了。

第三，我们把陪孩子看书当成了累赘。很多时候，孩子的睡前阅读，我们觉得是牺牲了自己的时间。陪小孩子阅读时很不甘心，一手拿着手机，一手拿着绘本陪小孩读，显得心不在焉。有时候小孩子不能理解绘本的内容，我们就会变得很不耐烦，没有耐心去解释。有时候我们会觉得小孩子的绘本也太幼稚了，不想花时间陪小孩子去读。其实，父母应该怀有童心，站在孩子的角度去思考，让孩子的内心变得更温暖；父母亲利用好亲子阅读的宝贵时间，分享阅读的感受，也能够拉近孩子和父母的距离，增进亲子关系。

三至六岁是立规矩的黄金阶段

三至六岁是孩子的"潮湿的水泥期"，这个时期的孩子，还未形成自己对事物的认知和观念，父母的话对他来说就像"金科玉律"，更愿意听从，所以孩子85%的性格、习惯和生活方式，都可以在这一时期被很好地塑造。7～12岁是"正凝固的水泥期"，这一时期孩子的性格、习惯处在逐渐形成中，若习惯不好，当孩子长大后，将很难再更改过来。当孩子到了初中，进入青春期，很多行为习惯、思维观念初步成型，这时候的孩子个人意识非常强，注重自己的感受和思考，父母的话对他们的影响力已经很小，再想改变就难上加难，常常造成亲子间的矛盾和冲突。因此，立规矩要趁早，抓住 3~6 岁的黄金期，这时候阻力最小，效果也最好。关于给小孩立规矩，我学习到了两点：

第一，登楼梯效应。路要一步步走，规矩要一点点立，正如俗话说的：一口吃不成胖子。父母给孩子立规矩以后，孩子也不可能一次就做到最好。所以，给孩子制定的行为规范和目标，应该由小到大，由易到难，不要一下子就要求孩子做到最好，而是一步一步引导他做得更好。我小孩子在一岁多时不爱喝牛奶，吃饭拖得很久。后面我们就打开电视让他边看宝宝巴士边吃饭，发现他就没那么抵触喝牛奶吃饭了，以至于慢慢养成一个不好的习惯，一到喝牛奶吃饭必然要看电视才行。后面我们发现这样下去不是办法，一是不利于他视力健康，二是以看电视作为他的目标，而不是恰当培养他健康饮食。我心一狠，就坚决不再给他看电视，结果他哭得撕心裂肺，觉得自己委屈极了。后来我去学了一些幼儿食谱，在食物的颜色、造型上做得更丰富一点，同时也逐渐缩短每次看电视的时间，孩子吃完饭后，带着他去玩玩具，去户外找小朋友玩，读读有趣的绘本，用这些方法来减弱他对电视的依赖。小孩也慢慢地从每次喝牛奶吃饭必然要看电视到可以不看电视开开心心地吃饭了。

第二，一次小错放任不管，后来只会变本加厉。如果父母一味纵容，把规矩当成摆设，就会让孩子不断挑战底线，当规则被孩子打破一次，就会有第二次、第三次，父母不及时纠正，问题就会越积越多。只有当孩子一犯错，父母就出来阻止，孩子才能更好地坚守规则。我小孩在玩玩具时很喜欢乱扔乱丢，房间有多宽，他就能丢多远。开始我们都是给他去收拾好，后面发展到叫他收拾，他无动于衷。有一次我就跟他讲，这些玩具陪你玩了以后，它们很累了，想回自己住的地方如箱子里、柜子上休息，你却不让他们回家，玩具们说它们要去另外找个小朋友，另外的小朋友会好好对待玩具。我边说边拿着一个大袋子装了几个玩具要出门送给别的小朋友。我孩子一看这架势就急了，立刻说：妈妈不要送给其他小朋友，我会收好玩具的。后来的生活中，我也经常去引导他，及时地将玩具收拾好，对他的书籍和用品进行整理。

总之，家长会是老师和家长之间沟通的桥梁，是互动的好时机。家长们从老师那里了解了孩子的基本情况，进行育儿方面的反思改进；老师们也将育儿理念和方法传递给了家长，同时也向家长们提出了希望和要求。我相信，在老师的辛勤工作和家长的积极配合下，小朋友们一定会健康快乐地成长！

（作者单位：长沙市长沙县特立中学）

成长共进　静待花开

颜三清　徐仪婷

心理学家托马斯·戈登曾说："父母应该被培训。"我深以为然。身为父母的我们总自以为是，殊不知有时却在无形中伤害了孩子而全然不知。既然我们做不到完美，那么我们可以在成长路上与孩子一起进步，共同成长。

童年：严慈相济

家有一女，每个周末的早晨，我都会带着四岁的她坐一小时大巴去市区学习舞蹈。前两月女儿活力四射，每天起那么早都十分愿意，但随着天气渐渐变冷，她也没有了热情。有一天早晨6点照常叫女儿起床，但她始终不愿意起来。一直不起也不是个法子，我拿出最后绝招：倒数三——二——一，再不起就打屁股！但这次叫了几声都没用，女儿除了哭得满脸通红之外，身子硬是没挪开床半步。先生看着十分心疼，直接说要不冬天都别学了，让孩子在家好好休息。但我突然想到：女儿一直不愿起床除了天气变冷还有没有别的原因呢？学习遇到点困难就放弃怎么行？

和先生交流后决定转变方式，不再硬碰硬。他先给女儿喝了杯热牛奶平缓下来，然后我们首先把女儿表扬了一番，真心认为女儿特别棒；接着我也对女儿说，妈妈也不愿 6 点起床，但妈妈辛苦都是为了你学习最爱的舞蹈，所以妈妈愿意；最后和她说你能不能和爸妈说说到底为什么不愿起床去学校。女儿的话让我和先生都大吃一惊，她说不是因为怕冷不起床，是因为觉得自己比同学差，一直站在最后一排（班上基本功最差的都站在最后一排）。果然孩子不愿上课另有原因。后来我和先生陪伴她一起去上课，看到女儿确实基本功不太扎实，别的孩子挺胸抬头面带微笑，我家孩子却低着头面无表情。课间休息我和老师交流后让孩子站到了倒数第二排，并鼓励她是因为老师看到了你的进步。下课后女儿兴高采烈地说："妈妈，老师说我进步了往前站了一排，还鼓励我每天坚持练基本功呢。"后面每天放学做完作业后都会主动练习基本功，即使满头大汗咬紧牙关都坚持下来，在最冷的时候早晨 6 点也自愿起来学习舞蹈。功夫不负有心人，孩子的基本功突飞猛进，终于站到了前排。现在女儿 20 多岁了，也总和我说幸亏你们让我坚持学习了舞蹈，后面每当遇到困难都会回想那一段快乐、痛苦又难忘的经历，遇到坎坷了没关系，笑一笑更努力，总会迎来光明。所以作为父母的我们一定要严慈相济，关心爱护与严格要求并重。

少年：平等交流

孩子在初中时的学习没太让我操心，中考后她选择读师范委培，来到了毛主席的母校——湖南第一师范学院。从小被我们捧在手心的女儿 15 岁就要独自前往长沙求学，作为家长的我们甚是挂念，不知她晚上会不会哭着想回家，同学之间关系处理如何，等等。现实证明，我们的担心完全多余，孩子在学校和同学相处十分融洽，还当起了小干部，每天乐呵呵的。有一天她告诉我，学校有一个诵读大赛，只有一个名额能去东方红校区（大学部）参加比赛，她很想参加但又不敢。我很高兴她能和我分享自己的困惑。我说："你想参加的话就勇敢去报名，比赛最重要的不是结果，而是过程中的收获。"她说："有道理，但要脱稿朗诵五分钟呢，我朗诵什么？"我想了想后建议："我们生在岳阳楼下，长在洞庭湖畔，那就朗诵《岳阳楼记》如何？"女儿说："这主意太好了，但这是男人朗诵的文章，我一女子如何朗诵出那种气势？"我鼓励女儿："你朗诵演讲特别有天赋，相信你通过不断学习后能找到属于自己的感觉。"国庆回家后我们一家去岳阳楼游玩，站在楼上感受那上下天光一碧万顷，最后非中文专业的女儿竟拿到了城南书院唯一的名额去东方红校区比赛。16岁的她站在湖南一师最大的舞台上作为全场唯一的独诵朗诵了《岳阳楼记》。后面她和我说："你知道吗妈妈，幸亏有你的鼓励，因为你让我知道了自己无限的可能性，并且最主要的是我身为岳阳人真的很骄傲哦！"我听后也感触颇深，作为父母的我们一定要和孩子平等交流，尊重、理解和鼓励她。

青年：相互促进

女儿进入大学后，身为师范生的她一直把成为一名优秀的人民教师作为最高理想和目标。大学期间她参加了各类教学比赛，也获得了不少成绩。有次我要上的一堂公开课，刚好是她获得了全国一等奖的课题，想向女儿请教一番。她顿时来精神了，但用不可置信的眼光看着我说："你教了这么多年肯定比我厉害啊，我还得向你请教呢。"我笑了笑说："毕竟青出于蓝而胜于蓝，聪明女儿肯定比妈妈要厉害，和妈妈说说你有没有想法？"随后她果然给我出了许多别出心裁的创新点，让整堂课更富有趣味性。现在女儿教小学数学，也时常会询问我的建议，并加以改进，我们相互促进，共同成长。

　　"一家仁，一国兴仁；一家让，一国兴让。"习近平总书记也说："家庭是人生的第一所学校，家长是孩子的第一任老师，要给孩子讲好'人生第一课'，帮助扣好人生第一粒扣子。"家庭是社会的细胞，办好家庭教育，不仅事关孩子健康成长，更事关国家兴旺，我们每位家长、每个家庭都要担负起家庭教育的重责。每个孩子都是一粒种子，只是花期不同，有的花一开始就灿烂绽放，有的花则默默迟开，我们只需用心浇灌，一起静待花开。

（作者单位：岳阳市君山区许市镇中心小学）

引领女儿邂逅美好的自己

张岚湘

今年女儿22岁。22年来，普通的她凭借持续的努力，战胜抑郁和自卑，一步步实现了人生的阶段目标：先是考上重点高中，再是考上了985高校，今年又如愿保研。她终于活成了自己喜欢的样子。以下我将从德行、能力和学习三个方面分享自己陪伴女儿成长的故事。

在女儿的成长教育中，我一直把"立德树人，扶正祛邪"作为最重要的教育内容和教育目标，把"诚信、孝悌、友爱、恭敬师长、家国情怀"等美德教育贯穿在她的日常生活当中，用女儿的话说就是"无孔不入，见缝插针"。

（1）人无信不立，诚信是最大的财富。女儿五六岁时喜欢拿别人东西，有次在她三伯伯家做客，把一块玉佩悄悄拿回来了。我严肃地跟她说："不能悄悄拿别人东西，别人会很伤心，而且也不会喜欢我们，不欢迎我们去做客。"她似懂非懂地点了点头。但没过多久，我发现她的文具盒里多了10元钱，我问她哪来的，她结结巴巴地说爸爸给的。爸爸都已经出去半年了，这明显是撒谎。我批评她不能撒谎，不然不是好孩子，最后她承认是拿了妈妈的。这些事情让我意识到对孩子的诚信教育迫在眉睫。我把"小时偷针，大了偷金"的故事讲给女儿听，还给她提出严厉警告。很长一段时间，女儿没有拿别人东西，大概到了二三年级时，有一天我又发现她书包里多了块崭新而硕大的橡皮，这明显不是我给她买的。一追问，原来是跟同学在小区超市偷拿的，还招了她们经常去超市拿糖果吃。我当下带她去超市跟老板道歉，把橡皮退了回去，跟她说想吃零食可以跟妈妈讲，妈妈给你买，不能做小偷，败坏自己形象。另外及时跟那个同学家长也沟通了这件事，互相监督孩子的不良行为。但没过多久，她又在超市拿了东西，这次我给了她严厉的惩罚。记得是一个冬天的晚上，我让她跪了三个多小时。古人说教小孩改正不良品行，"宁可直中取，不可曲中求"，对孩子一而再、再而三犯错如果不下狠手，就会遗患无穷，"纵子害子"。后来我也反复跟她讲了妈妈为什么教她做一个诚信的人，我把自己曾经捡到同事300元钱（相当于一个月工资）的事多次讲给她听。当时只有我一个人发现钱，同事已经对丢失的钱不抱希望了，自己经过几分钟的犹豫后，打电话告诉了对方。从那以后，那个同事李阿姨把我视为最可信赖的朋友，后来我遇到困难时，李阿姨老公把他的银行卡和密码给我，叫我根据需要自己取钱。我告诉女儿这就是不贪小利、讲诚信带来的永久财富。后来我多次故意把钱放在家里显眼的地方考验女儿，发现她真的改过了。有一次女儿在帮我洗衣时捡到了20元钱马上告诉了我，我大大表扬了她的诚实，女儿也很开心，我终于可以舒一口气了：女儿的诚信品质基本过关了。女儿读高中时，有次我和女儿在街头小贩处买袜子，后来发现老板多给了我们三双，我们都已经走出20多分钟的路程了，说真的，当时我们都累得不想动了，可是想到三双袜子有可能在女儿心中播下占便宜的种子，我便对女儿说："小摊贩赚钱不容易，你帮妈妈把袜子送回去吧。"女儿二话没说送过去了。就这样抓住生活中的每一个契机培养她的诚信品质，后来她变得比我还有原则，公私分明得很。

（2）孝为德之本，播下爱亲人的种子。女儿读初中时，她外婆住在我家，外婆从农村来，卫生习惯较差，从一些言行中我感觉到女儿对外婆的嫌弃。我从源头上跟她好好谈了一次：没有外婆就没有妈妈，没有妈妈就没有你，外婆是我们的生命之源。做人要饮水思源，不能忘本，对长辈一方面要包容，另一方面可以帮助她们。后来我有意识地安排女儿陪外婆买好吃的，带外婆去买衣服和鞋子。外婆瘫痪在床那几年，我年年带她回去陪外婆过年，一起帮外婆洗澡、洗头。女儿也会主动推外婆到院子里晒太阳，给外婆喂水喂饭，在轮椅旁挂个小播放器给外婆放古典音乐听。读大学后，我提醒她祖辈现在只剩下奶奶一个人了，要多给奶奶打电话问好。刚开始她不知道跟老人聊什么，我就告诉她可以先问奶奶的吃喝玩乐和她种的花草小菜，再问伯叔姑姑情况、堂兄姐情况。现在她每次都可以跟奶奶聊20多分钟了，每周固定打一次电话给奶奶，明白了给长辈打电话就是"游必有方"报平安，是对老人的慰藉。每次去看望奶奶，她会买一些老人家吃得动的东西，我也每次提醒她别抱着手机玩个不停，要帮奶奶做家务，陪奶奶聊天、散步，看她种的菜。她一一遵照去做了，她回来告诉我：奶奶和伯伯都表扬她长大了。

我和她爸爸离婚多年，这些年来她爸爸为了生存几乎缺席她整个中学生活，她本来对爸爸充满了怨恨，也没啥话可说。尽管我对她爸爸的做法很失望，但为了女儿的终身幸福着想，我没有在女儿心中播下仇恨父亲的种子，而是告诉她爸爸这些年工作不顺利，他内心是爱她的，提醒她在爸爸生日时打电话，每周跟爸爸发短信问好，汇报学习情况。同时提醒她爸爸，记得女儿生日时发祝福和红包，每周问问孩子学习情况。慢慢地，原来感情生疏的父女也变得比较亲密了，有趣的是现在她交男朋友都要发照片给爸爸看面相把关。离婚是两个大人之间情感不和，不损毁对方在儿女心中的形象，不间隔孩子与父母的情感，帮孩子化解心中的怨恨，多理解包容缺席的一方，让孩子依然感受父母是爱她的，这是培养孩子的包容理解之心，更是对孩子的终身幸福负责，是孩子未来对婚姻充满信心的有力维护。家已经破碎了，如果还破碎亲子关系，就是对孩子极为残忍和不负责的事。愿天下离异父母切记：不要随意破坏孩子与父母的感情，别让孩子陷入有父母的"孤儿"境地。

女儿原来把自己的零花钱看得很重，有点吝啬。我把自己看《曾国藩家书》和《左宗棠传》里面讲曾国藩托人帮邻居、左宗棠把自己进京赶考的盘缠全部给了姐姐治病的故事分享给她听，告诉她把钱存在人心间比存在银行里更有意义，要多做雪中送炭的事。去年她五姨父得了癌症，她从省下的生活费里拿了几百，另外还借了2500元给五姨妈；今年她姑姑家媳妇生病，需要钱住院，她又把积攒的4500元给了她爸爸去帮助表嫂。平时网上有捐款什么的，她只要看见了也会尽心意捐钱。

（3）和而不同，友爱同学。女儿读小学时与小区同学发生矛盾，写了一封匿名信骂对方，同学妈妈拿着这封信找到了我。我跟女儿好好谈了一番，引导她换位思考，最后她认识到了自己的错误，主动打电话向同学道歉了。

女儿读初中时性情冷漠，几乎没什么朋友。有时我提醒她带点东西去学校分享，她就是一句："不带!"我意识到女儿内心欠缺温度，未来她的人际关系会出问题，她会过得很孤独。读完初二，我果断地给她休学去一个国学院读了一年。明理，学会儒家的仁爱对完善孩子的人格太重要了。在国学院学习一段时间后，我发现她学会爱人了，每次回家她都开开心心地帮外地学生采购，另外也愿意带东西到学校去与老师、同学分享了。

与同学相处，引导她尊重别人的认知差异，和而不同，可以不喜欢对方，"敬而远之"，但不可以拉帮结派去排斥别人。对同学取得好成绩和荣誉要送上祝福，切不可嫉妒。如果自己不是很优秀，只要有一颗随喜的心，也可以与优秀的人做朋友，结伴前行。曾国藩说过："人生需要师友挟持而行。"女儿学会尊重和欣赏他人后，无论到哪里读书求学都深得老师和同学喜欢，她自己也有满满的快乐感。

（4）尊师重教，感恩师长。从小我告诉孩子天底下只有两类人最希望我们成才，除父母之外，便是老师。老师教学风格有很多种：有和风细雨的，也有棒喝的……初心是利他还是利己才是评价一个老师好坏的标准。从小到大很少听到女儿吐槽老师的不好，对老师始终持有恭敬心。怠慢老师是孩子求学路上最大的障碍。

在教女儿敬师的同时，我也会经常跟她说没有什么人的付出是必须的，滴水之恩当涌泉相报，人要懂得感恩。从初中开始，我就提醒女儿给课内外教过或者给予过她帮助的师长发节日短信问候，读大学后她就不用提醒了，每次都会主动点对点地给老师们发短信问候。所以每次当她需要老师们帮助的时候，老师都很乐意继续给她指点迷津，说她懂感恩，值得帮助。

（5）家国情怀是最基本的感情。女儿读初中最喜欢看的就是某卫视的娱乐节目，对国家大事不感兴趣。为了培养她的家国情怀，懂得"位卑未敢忘忧国"和"家事、国事、天下事，事事关心"的道理，在硬塞大道理行不通的情况下，我开始"曲线救国"，带她去看爱国主题电影，一起看正能量的纪录片，分享自己看纪录片的感受，参加一些志愿者活动。每年她生日给她写一封信，信的最后落脚点都是鼓励她努力学习，不负韶华，争做时代有为青年，为国家社会多做贡献。读大学，她光荣地加入了中国共产党，现在她主动参与学校防疫志愿者活动，看一些战争纪录片，如《抗美援朝》，观看军事博物馆，阅读中国近代史，也意识到她们今天能休闲喝茶看书是无数先辈抛头颅洒热血换来的。尤其是参加冬奥志愿活动、鸟巢观看冬奥开幕式，让她深刻感受到青年是与国家时代同呼吸、共命运的。

立德树人，以德育为家庭教育根本，同时，多鼓励孩子参与劳动实践，学习上求真务实，永不放弃，努力进取。这就是我陪伴女儿变成美好自己的个人心得，今天分享出来，与天下父母共勉。

（作者单位：长沙市望城区第二中学）

我的灯塔

雷健华

我最尊敬、最崇拜、最想念的人是我的爷爷。多年来我一直想为爷爷写点什么，但总是不敢提笔，我怕写不好，写不出他平凡而又伟大的一生。

爷爷小时候家境贫寒，他给地主看过牛，砍过柴，挑过粪。但他人穷志不穷，他一边砍柴一边暗下决心：只要有机会，他一定要走出大山，干出一番事业来。对于一个落后小山村的孩子来说，走出大山就已经很难了，要成就一番事业就难上加难。但他说过只要足够努力，就没有做不成的事。

他参加过土地改革，因表现出色，又被推荐去干部培养学校学习了两年，那是他一辈子唯一进学校学习的两年。这来之不易的学习机会让他倍感珍惜，学习如饥似渴，成效显著。他后来当干部作报告写材料都是亲力亲为。虽然他总自嘲是小学二年级学生，但他写的字、写的文章却着实令人佩服。他先后在军田湾、仲夏、舒溶溪、小横垅、统溪河工作过，担任过乡长、乡党委书记等职务。他获得过优秀共产党员、优秀个人、先进工作等诸多荣誉。他一心扑在工作上，全心全意为人民办实事，他在建统溪河市场拉生活用电，为小横垅乡申报瑶族乡，帮助贫困儿童上学等。爷爷工作十分认真，以至于他做梦都在开会做报告，而且一辈子也没改过来，我都听过好多回呢。爷爷一心为公的事迹还上过杂志。1993年他从统溪河乡人民政府退休，退休后又被政府返聘去管当时最难管的计划生育工作，他也欣然答应了。他说：计划生育工作虽然最难做，但是组织需要他，老百姓信任他，他就得发挥余热。

我三岁就跟着爷爷奶奶生活，成了"留守儿童"。爷爷不像奶奶那么严厉，对我很宽容。记得小时候我经常尿床，常常被奶奶骂得抬不起头。但爷爷总是不声不响地帮我烘干被子，眼里满是怜爱。后来经检查才知道我得的是一种病，服药后就好了。爷爷安慰我说："别跟你奶奶计较，她没读过书，让着点她。"确实，在我的印象里爷爷奶奶是从不吵架的，一个是乡党委书记，一个是大字不识的农妇，他们的相处之道值得学习。现在想来也许是缘于爷爷的大忍——对奶奶宽容，和奶奶的尊重——对爷爷崇拜吧。爷爷舍小家为大家，全心全意为人民，奶奶心甘情愿做爷爷背后的女人，为小家尽心尽力。

从我上小学二年级开始，爷爷就鼓励我每天读报给他听。他说他眼睛看不太清，有些字不认识，那时的我竟然信了。后来他告诉我那是他这辈子唯一的"欺骗"，我这才明白他的良苦用心。他工作很忙，却能在我考试的中午抽空给我送热乎乎的糍粑，那是我这辈子吃过的最好吃的糍粑了。

爷爷从小教育我要努力学习，要有骨气，不要做只知生气不知争气之人。他说："有多大的腿就缝多大的裤，有多大的能耐就发多大的光。明明白白做人，规规矩矩做事，诚实守信，不逾矩，不越轨。"爷爷从不骂我，却让我跪过一次香（跪在地上等一炷香燃完）。我清楚地记得那是我上初一时的一个星期五，放学回家时乌云密布，快下雨了。我跟表哥一路跑一路打闹，每次路过那片油菜地，表哥总喜欢顺手掐几根油菜心来吃，而且从未被发现，我总是不敢。但那次我有点嘴馋了，也顺手掐了一根，津津有味地吃了起来。刚到家门口就发现爷爷黑着脸站在门口等我，我心一下就慌了，难道老师跟爷爷告状我没写作业？完了完了……我红着脸不敢直视他。他轻声一句："跪下。"我有点蒙，跪下？我没反应过来，呆立着。爷爷大喝一声："跪下！"我吓得扑通一声跪下，脑子里回忆着最近犯过的错事，就是想不起来。这还是我和蔼可亲的爷爷吗？怎么了？"你自己说说你做了什么？"爷爷黑着脸问。"没……没……有啊，我做了什么？"我有点心虚地回答。"没有?！再给你三分钟，好好想想！"爷爷更生气了，别过头抽烟去了。大姑、大姑父不知发生什么大事了，跑过来说："爸爸，健华犯了什么错了？她还小，用不着跪着吧？""你们也想跪？谁求情一起跪！"他们俩看了看偷偷探头出来的表哥，似乎明白了什么，都大气不敢出地回屋了。奶奶闻声也出来了，她没见过爷爷对我发过火，刚准备求情，被爷爷一个眼神给吓回去了。爷爷平复一下情绪对我说："你还不知道自己错在哪里吧？我今天下班早，在上面的菜园浇水，看到你跟方友了。"原来如此，爷爷看到我偷吃别人的油菜心了。"不就吃了一根油菜心吗？方友哥也吃啦！"我不满地回答。"你还狡辩，拿根点燃的香来，跪完再说！"他说完头也不回地进屋了。奶奶照做了。现代人谁还跪过香？非我莫属了吧！但说真的，疼痛感加爷爷的威严感真的能让我反省自己的错误。一炷香烧完了，我的膝盖都跪出血了。爷爷出来了："想通了没？错了吗？""错了。""哪错了？""不该偷吃油菜心。""起来说吧。"我站不起来了，爷爷扶了我一把。我俩坐下来后，他说："跪疼了吧？"我点头。他继续说："你觉得偷吃油菜心是件小事对吗？"我继续点头。他明显有点激动地说："农民辛辛苦苦种的油菜你不问自取是偷！偷是不义、是犯罪；油菜心都快开花了，马上就能见收了，被你掐了芯，油菜就白种了！多么可惜你知道吗？这是浪费更是不仁！我不希望我的孙女小时犯错长大后犯罪，做个不仁不义之人。这就是我要你跪香思过的原因。至于你方友表哥我没让他跪香，是因为你姑姑姑父在身边，他们会教育他。""爷爷，我懂了，我知道错了，以后不会了。"虽然我被罚跪，疼痛难忍，但我没有怪爷爷严惩我，反而感受到了爷爷对我的关爱，同时感受到了爷爷对劳动和对劳动人民的尊重，我也真切地领悟了爷爷常说的那句"莫伸手，伸手必被捉"的道理。这种朴素的教育方式，在当时的年代教会了我做人的基本底线。

爷爷是毛主席时代的人，一生奉公守己。他要强，要面子，他常说别人有的他要有，别人没有的他也要有，但他从来不拿不属于自己的东西。打土豪分田地时，抄家所得的金条、银圆一担一担地交公，他却从未染指一分一毫。别人说他傻，但他说："君子爱财，取之有道！洁身自好，问心无愧，晚上才能睡得安稳。公家的东西一分都不能拿。"

爷爷是个刚正不阿的人。当了一辈子乡镇干部，从来不为子女奔走，儿女没有沾他半分光，但他从不后悔，他只说儿孙自有儿孙福。他常说："人不求人一般高，人若求人矮半腰。"但是我却见他处理赡养老人的问题时对有关领导说尽好话，为迟到的考生求情，为公家的事东奔西走，四处求人。

别人都说爷爷过于无私，有点傻。他无私到子女没有一个靠走后门拉关系找工作，以至于我大姑、我爸、二姑、叔叔都埋怨爷爷没有为他们奔个好前程。但爷爷的意思很明确：他说子女有能力的自己奔前程，没能力的上去了也干不好工作，他会愧对党和人民。现在他们饱经风霜也都老了，也能体谅爷爷的大公无私、大智若愚了。

爷爷是个言出必行的人。他当干部后，立志要让村里人最先用上电。所以他四处奔波引进设备，带领全村人挖水渠，修拦河坝，建成了方圆几十里第一座水电站。

爷爷爱学习。他总跟我说："活到老学到老，还有三分没学到。"他自主学习药典，抓得一手好药，他开的肾结石药方百试百灵。

爷爷重情重义，热情大方。他常说："钱米如粪土，情义值千金。"他也是这么做的，他总是把最好的给别人，哪怕自己不吃不喝，也要招待好客人。奶奶是位贤内助，也从没折了爷爷的面子。我小时候不太理解，现在我明白了，为什么爷爷给爸爸取名叫大忠、叔叔叫大方了。

爷爷是个未雨绸缪的人。他常教导我：晴带雨伞，饱带干粮。做什么都要提前规划，这样才不会误事。在我的记忆里，他从未有过手忙脚乱的时候，总是一副胸有成竹的样子。

爷爷是个勤劳肯干、不等不靠的人。20世纪90年代末，乡镇干部的工资发不出，已经退休的爷爷就更加没了经济来源，全家人的生活过得特别艰难，爷爷就跟着奶奶一起开荒种地。我至今还记得每个周末跟着爷爷奶奶上山干活的情景，干活休息时他会跟我说："千有万有，不如自己有。女孩子也要自力更生，要有独立生活的能力，不依附任何人才能活得体面。"现在看来，爷爷活得很通透。

爷爷说人不能忘根，不能忘本，总说要落叶归根。所以他完全退休后就回到了老家生活。老家有房子，还有退休金，够他和奶奶生活，可他依然生活俭朴，从来不舍得买新衣服。我工作后给他买的衣服，他也不舍得穿，还总说："太贵了，太贵了。"但凡他穿着，逢人就说："看，这是我孙女给我买的大衣。"

我结婚后，他跟我谈论过夫妻相处之道。他说："夫妻同心，其利断金。"夫妻间最重要的就是信任，夫妻俩要相互理解，换位思考，特别要学会闭嘴，不能逞一时痛快，口无遮拦，"嘴是两块皮，越讲越起仇"。这也许就是他跟奶奶相处70多年（奶奶是童养媳）却从不吵架的原因吧。

爷爷是个豁达之人，他说："记人三分好，莫记半分仇。宰相肚里能撑船，做人别斤斤计较，小肚鸡肠。成大事者不拘小节。"我以前还常听他念《莫生气》的打油诗。他退休后身体一直不好，患有多种疾病，但由于他心胸豁达，懂得修身养性，最后活到了84 岁。

爷爷是一名平凡的老共产党员，他总喜欢说毛主席教导我们要怎样怎样。以前我总觉得他太过于刻板，现在我懂了：毛主席的精神是他的信仰，毛主席就是他的灯塔，他是毛泽东思想的践行者。虽然他成不了像毛主席那般伟大的人，但他能在自己的工作岗位上坚持初心，发光发热；在生活中率先垂范，光明磊落，他的一生是平凡而又伟大的。他的精神深刻地影响着我的一生，时运不济时，我不会自怨自艾，坚信一定会柳暗花明；面对困难时，我会迎难而上，不轻言放弃；面对诱惑时，我会坚持原则，守住底线；工作繁重我能积极面对，一丝不苟地完成；人到中年，生活担子千斤重，我能坦然面对，苦中作乐；教育孩子们时我也能严慈并济，以身作则。虽然现在的我平凡得不能再平凡，但我有独立面对生活的勇气，有自己喜爱的事业，有为人民服务的精神，有坚定的理想信念，这些都是爷爷教给我的。

（作者单位：怀化市溆浦县水东镇中学）

淳朴的家风

戴楚芸　　向宽田

　　家风是一个家的道德标准，它指导着家的整体方向，决定着家的未来走向；它更是一种潜在的无形力量，默默影响着孩子的心灵，塑造孩子的人格；它是一种无言的教育、无字的典籍、无声的力量，是最基本、最直接、最经常的教育。都说老一辈不懂教育，爷爷奶奶、外公外婆只会一味地溺爱孩子，他们那些奉为圭臬的教育方式是不可取的，他们那些教育理念是极为落后的，可是这样的刻板观念却在他身上被直接推翻。

　　他叫尹德辉，今年20岁。他出生的地方叫铜矿，此地曾经有大量的矿产资源，在八九十年代输出了无数价值。当时那儿配置有百货商场、大医院、舞厅、体育场等设施，可谓应有尽有。不仅如此，当地教育也值得称道——铜矿学校曾出过全县中考第一名，总体水平在全县也是可以排上号的。也就是在这样的环境下，他呱呱落地。但可惜，他生在繁华的末尾。

　　2008年前后，铜矿管理处宣布了倒闭的消息，他父亲下岗失业了。大厦的倾倒就在一瞬，迫于生计，大量人才外流，学校里优秀的老师走了，医院里优秀的医生走了，繁华光景瞬间不再。那年他读一年级，是还在蹦蹦跳跳玩泥巴的年纪，唯一感觉到的便是他喜欢的老师去了其他学校，取而代之的是完全陌生的老师。他的父母自铜矿没落后去了沿海城市打工，而他留在乡下由爷爷奶奶抚养，成了留守儿童。

爸爸妈妈出去打工后，因为学历不高，一年到头没有什么结余，抚养孩子的压力全部落在了爷爷奶奶身上。他小学时，爷爷早已到了退休年龄，却依然坚持留在工厂打杂，希望继续保留那一个月一千多元的工资。除此之外还摆了一个小补鞋摊，只为每天多几块钱收入。那时他们的生活很拮据，在他三岁时爸妈又给他带来了一个弟弟，也留给了爷爷奶奶抚养，贫寒的家庭更是雪上加霜……爷爷奶奶一直告诉他和弟弟要努力读书，要考个好大学，可是在那小小的乡村学校哪能知道大学是什么样子。他们也只能做到上课认真听讲，下课完成作业，庆幸的是他在学校也能排到前几名。身边的同学每天总是有几块零花钱，可是他们兄弟俩没有，但他们从不会抱怨，因为爷爷总能去集市淘来好吃的东西，比商店里琳琅满目的零食都要好吃。生活虽然拮据，但学习上的需求却是一点也不含糊，该有的学习用具都一样不落，而这些啊，都是爷爷奶奶一分一厘攒出来的。他们的生活并不是顿顿有肉，但有肉的时候爷爷总说他不爱吃肉喜欢喝汤，奶奶说她牙口不好嚼不动肉，那时候兄弟俩年纪小什么都不懂，只是偶尔会好奇为什么爷爷奶奶会不喜欢吃那么好吃的荤菜。现在每每回想起这些，他都会忍不住落泪。

他从小体弱多病，三天两头往医院跑，常常会在深夜发烧，而爷爷每次都会蹒跚着带他去医院，半夜给医院的院长打电话央求院长给他看病。奶奶在家照顾弟弟也是彻夜睡不安稳。

在小学六年级的时候，矿场再无力支撑，彻底散伙了，爷爷连那一千多的微薄工资也没有了。记得那一晚爷爷喝醉了，语重心长地对他说："爷爷现在也没工作了，往后的日子咱们可能得更加紧张，你要好好读书，以后有了知识就好找工作了。"那时候他还小，不知道一千块钱对他的家庭意味着什么，但看着爷爷脸上的沮丧，他还是停下了嬉闹，低着头听爷爷一遍又一遍地嘱咐。

小升初的考试如期而至，他考的分数在学校是第一名，按他的成绩是可以上县里最好的初中的，只不过因家里经济困难，他选择了留在铜矿读初中。尽管学校的老师们都尽力地抓成绩，但班里的40个人还是有一大半上不了高中。由于他比较听爷爷的话，初中他在这小小的学校里当了三年的第一名。他也有过叛逆，记得初二有段时间他上课会和老师作对，在家里竟然也开始和爷爷奶奶顶撞。但那段时间，爷爷奶奶并没有打骂他，反而是苦口婆心地劝导。很感谢爷爷奶奶这样的处理方式，以他的性格，若当时采取的是强压措施，他或许会愈发叛逆，最后走上一条不归路。幸运的是，在爷爷奶奶的引导和包容之下，他的叛逆期并没有持续太长，在初三那年逐渐把心思放回到了学习上。他的成绩优异，考上了当地县一中的实验班，爷爷奶奶没有给他压力，这使他能够为初中之旅画上一个较为圆满的句号，让他更能平静地面对高中生活。

他迎来高中入学前的军训，爷爷陪着他去了新学校，买齐了生活用品，一直叮嘱他要好好照顾自己，离开学校时爷爷给他塞了两百块钱作为军训一周的生活费。他第一次拿到如此"巨款"，一时竟没管住自己，军训还没结束两百块钱就已经见了底，这导致后面的几天都是囊中羞涩省吃俭用。回家后当他和爷爷奶奶说起时，本来已经做好了被数落的准备，谁知爷爷只是笑着说道："没事，在学校不能亏待了自己，身体第一位，以后用钱计划好就行。"

实验班里大多是县城里非常优秀的学生，早在初中便预习了第一学期应学的内容，在乡下早已当惯了第一名的他在这里平平无奇，这无疑给他带来了巨大的心理落差。他11年的学生生涯也迎来了第一次由于学习不好而被班主任单独约谈。各方的压力让他的情绪接近失控，濒临崩溃的他拨通了爷爷的电话，明明他什么都没有和爷爷说，只是想听听爷爷的声音，从这听了15年的声音里寻求一份安慰，但爷爷好像已经看穿了他内心的不安与惶恐："不要给自己太多压力，城里厉害的学生太多了，考不上大学也没事，尽力就好，爷爷在乡下能养活自己。"爷爷的每一句话像一只敦厚的大手，一次又一次轻轻地抚慰着他内心最柔软的地方，原来他可以不那么成功，原来他也可以普通。可是他不能，这高昂的学费都是年迈的爷爷奶奶日夜劳作、省吃俭用攒出来的，他一定要做出成绩回报他们，他想成为爷爷奶奶的骄傲。也是这份淳朴的孝心和不服输的倔强让他开始努力学习，渐渐从班里一个极其普通的学生进步到了年级前十名。当他给家里报喜时，爷爷奶奶那布满褶子的脸上露出了发自内心的笑容，可即使这样还是一直在和他强调不要太勉强自己，一直在问他饭菜怎么样。这次他哽咽了，爷爷奶奶根本不在乎他有没有做到大家眼里的"成功"，他们担心的只是他饭吃没吃饱、衣服够没够穿、生活费够不够用，尽是淳朴的爱。

高中生活每天三点一线，压力大，时间也过得很快，转眼就到了高考。高考的前一天，奶奶生病了，但爷爷却因怕影响高考而没告诉他。高考结束后的第二天他在宿舍收拾行李时接到了爷爷的电话，得知消息后立刻赶去了医院，躺在病床上的奶奶和坐在床边的爷爷看见他时，第一句话不是问考得怎么样，而是说考完了就轻松了，好好玩。出成绩的时候他没有过多期待，考试时引以为傲的数学发挥失常了，但结果比他想象中要好一些，更惊喜的是他是全校的第三名，这是他从未触及过的名次。填志愿时爷爷奶奶丝毫没有干扰他，完全尊重他的想法，他们说那是他自己拼出来的成绩，未来也应该由他自己来决定。

他去了对外经济贸易大学，在那里继续他的大学求学生涯。在大学里，他参加了共同挥洒汗水的田径队，开启了他的长跑之路；遇到了一群志同道合的好友，携手共研学术难题；遇到了新媒体中心的宣传部，为学校的宣传工作尽自己的一份力量……

如今转眼已经大三，他为了减轻爷爷奶奶的负担也不断地在兼职，现在已经实现了短暂的经济独立。但爷爷奶奶依旧节俭，这或许是那个时代的烙印，也可能是一种责任，即使这个责任本不应由他们来承担。

是他的爷爷奶奶，让一个从小没有感受过父爱、母爱的孩子能够被爱所环绕，是他们的付出让他能够走出小小的乡村，看到更大、更精彩的世界，是他们的言传身教滋养他的心灵。尹德辉现在就坐在我面前，他说他的感激之情难以言表，只求爷爷奶奶身体安康，天天开心。这样的祝福没有华丽的词藻堆砌，可这最朴实的话语中寄托的是一个孩子对抚养他长大的爷爷奶奶的最诚挚的祝愿，也是淳朴家风在他身上传承所留下的最深刻的印记。

家是最小国，国是千万家。家是国的重要组成部分，国是数千万个家的整体。端正的家风有利于良好社会风气的形成，传承优良家风应该体现在每一个家庭与个人上。一个孩子的未来，一个家庭的未来，也会被这如春风般的家风所改变。

（作者单位：怀化市麻阳苗族自治县板栗树乡学校）

优良家风代代传

杨晓君

著名作家老舍曾在《我的母亲》一文中写道:"我真正的教师,把性格传给我的,是我的母亲。母亲并不识字,她给我的是生命的教育。"这短短的一句话,该包含有多少对母亲的感激之情啊!同时,也反映出如沐春风春雨般的家风,曾那么深刻地影响着这位文坛巨匠的一生。是的,你不一定出生于"书香门第",也不一定家世显赫,能有家风如此,也将受益终身。

岁月如歌,亲情无限。与父亲回忆生活中的碎片,一一回放那些逝去岁月中的小镜头,我渐渐梳理出了我的家风。

勤学不辍,自强不息

父亲于曲折的人生经历中,靠自强不息,勤奋学习,终得出路。

父亲是中共党员、政法工作者,曾担任我们这个边远小县城人民法院的副院长。别看父亲已至耄耋之年,可他精神矍铄,耳聪目明,思路清晰,声音洪亮。革命一生,乐观一生,始终拥有一颗赤子之心。他每天都会花上几个小时看书、看报、听新闻,还会随时记录下自己的感悟,多年下来,他写满了足足几十本笔记。

出生于旧社会的他，仅仅上过两年私塾，迫于生计，早早辍学帮忙维系家里的生活；我们县迎来解放，父亲终于得到了他梦寐以求的上学机会，得以到小学学堂学习到四年级。因能识字，会打算盘，14岁不到，就早早地参加了当时的国家征粮工作。白天工作，晚上就着昏暗的灯光坚持读书、认字、计算，踏实勤奋，自强不息，靠着自己写得一手好文章，辗转进入我们县的政法部门工作。在工作中，父亲愈发感到知识的重要性，面对自己仅仅只有小学四年级的底子，他毫不退缩，毅然捡起书本，参加成人自学考试。厚厚的书籍、十几门科目，父亲挑灯夜读，三年时间，终于获得了他的本科文凭。一纸小小的证书，凝聚了父亲多少个不眠夜的努力，凝聚了父亲多少精力与心血，它是父亲的骄傲。"家贫子读书，知识可以改变命运。"这句话成了父亲的人生信条，也成了他贯穿一生和教育后代的准则之一。我的哥哥，18岁进入军营，在父亲的鞭策之下，顺利考上军校，成为哥哥人生中最大的转折点；"狭路相逢，勇者胜"，这是父亲经常勉励我读高中的儿子的一句话，鼓励我儿勇克困难。每逢与父亲相聚，他总会与晚辈们讲起他近期所读、所获，更是十年如一日地与我的儿子一起读唐诗宋词及《古文观止》《大学》《中庸》……每逢儿子放学归家，父亲总要与我儿子赛读诗文，谈古论今，讨论时政。潜移默化中，我儿子也收获很大：多次获得学校奖学金、优秀团员、最美志愿者等表彰。父亲坚韧、自强不息的品格，潜在地影响着几代人。

仁义忠正，初心不改

"作为一个老人，曾经的成功与挫折已是过往云烟。只希望刚涉足人生征程的你们，能顽强奋斗，以'与人仁义、忠义正直'为原则，初心不改，服务社会。"父亲对晚辈们耳提面命，传承良好家风。

父亲常以饱满的热情向我们讲述自己的亲身经历。真实的故事，深切的情感，一下子把我们拉回到那清贫却激情昂扬的年代。

1960 年 11 月初，湖南省政法干部学校停办，所有学员都分别安排到省委组建的"整风整社"工作队。父亲被分配到湖南省桃源工作队，全队成员近两百人，分为若干工作组，到农村开展整风整社工作。下农村前特别强调了工作纪律：要紧密依靠群众，要严格执行"四不准"。

他的驻户距离桃源县城 30 多公里，户主刘阿婆已经年逾花甲，早年丧夫，阿婆一家生活极其困难。父亲在进驻刘阿婆家一个星期后得了眼炎，给工作和生活带来了极大不便。好心的阿婆发现后，立即把珍藏的四个鸡蛋包好带着，陪我父亲步行山路十余里，找了位民间草医给予医治。一个月后工作组被调离，父亲从内心感激刘阿婆的热心相助和舍己为人的朴素精神，临近春节，他托人给刘阿婆带了一瓶猪肉罐头，可是阿婆却舍不得吃，直到父亲再次去看望他老人家时，才舍得拿出来与大家一起享用。刘阿婆的慈善仁义，让父亲终身难忘，也帮助他形成了善良仁义的交友之道。

仕溪大队地处山区，这里耕地少，人穷地贫，是科学种田的盲区，属于典型的自然经济模式。为了能较快地适应工作，父亲选定驻户作为他工作的起点，彭显堂一家成了他的工作对象。彭显堂夫妻俩是厚道人，在村里有一定的榜样模范作用，在他们一家的帮助下，父亲与群众紧密相连，积极开展工作，与驻户亲如一家人。时至今日，50 多年过去了，彭显堂两夫妻早已作古，但父亲与他们的儿子仍如兄弟般地往来着，两位老人的真挚情感不仅影响了他们，也影响两个家庭，影响着他们的儿孙晚辈。

父亲从善良朴实的人民群众身上感受到了仁与义，经常告诫我们，"仁义"是做人之根本。

20 世纪六七十年代，作为基层法官的父亲，一人就成了一个简易法庭，既是书记员，又是审判员。在那条件艰苦的年代，父亲常常是一双草鞋、一个大背包，跋山涉水，徒步到我们县的各乡镇、各村组，与村民面对面，讲政策，讲法理，讲道义，合理合法、有情有义地解决了群众的各种纠纷。我们常常是十天半月，甚至是一个月才能见父亲一面。

父亲的足迹遍布大半个县域，办理案件小到私人情感，大到人身安全，他都能以政策为依据，以法律为准绳，从政府立场，兼顾各方利益，公平公正地合理解决矛盾。父亲讲述的故事朴实而生动，意义深远。讲述时，父亲没有过多地表露出他所经过的沧桑，但不难看出他胸中曾经燃烧着的激情和直到现在仍难以掩饰的自豪。

父亲与群众的鱼水情深，工作中的坚定信念、刚正不阿，无一不在告诉我们这些晚辈："仁义忠正，初心不改，服务社会"是他一生不变的原则与追求。退休后，父亲也没有闲着，连续两届担任退休支部书记，继续发挥余热。

传承家风，坚持不懈

父亲就是我们的一本书，父亲的自强不息、仁义忠正，是我耳濡目染的传承。

1997 年，我也走出校门，独自来到离县城 40 多公里的扶罗镇桐木村教学点，开启我的教学生涯。记得去学校途中，汽车一路颠簸，黄土飞扬；下车后再徒步近一小时才到。校舍矮小破旧，设施简陋，物资缺乏；复式教学，孤寂一人。这些无不冲击着我的视觉，冲击着我的心灵。我也曾打过退堂鼓，可是，想到父亲的经历、父亲的品格，想到岗前培训时"忠于党的教育事业"的誓言，我咬牙坚持了下来。扶罗镇桐木、东风、弓判等多个教学点曾留下我的奋斗足迹；扶罗中心小学、贡溪乡小学、波州镇小学都洒下我追寻理想的汗水。十多年的农村教学经历，是我人生中不可多得的宝贵财富，使我对父亲常说的"仁义忠正"有了更深的感悟。我一直秉承父亲对我的教育，用"自强不息、仁义忠正"的家风指引我前行。

工作中，我坚定信念，初心不改，坚持专业学习，热爱我的事业，爱我的学生。踽踽前行中也有不少收获：2011 年，获全国青少年普法教育活动"优秀辅导员"奖；多次被评为县级"优秀班主任""优秀教师"；2021 年，被聘为"杨芳玲小学语文名师工作室"核心成员；2022 年获聘为"骨干教师"；我所写的教育教学论文多次在国家、省级获奖并发表；辅导青年教师参加教学竞赛多次获"优秀辅导老师"奖；辅导学生参加各级各类竞赛获奖 30 余次。这些成绩的取得，与父亲"自强不息、仁义忠正"的教育密不可分，也是家风浸润、耳濡目染的结果。

优良家风，如春雨润物无声，如甘霖滋润心田。现在的我工作出色，家庭和睦，生活幸福。我愿当家风的传递者，让它永远流传下去。

（作者单位：怀化市新晃侗族自治县晃州镇第三完小）

家教传承好家风

向亚玲

邓欣，一个十分稳重、活泼、可爱的小女孩，现今是洪江市沙湾中学初二的一名学生，在班上担任班长。她积极进取，不断追求更大进步；学习上刻苦钻研，勤奋踏实；工作上认真负责，注重团队合作；生活上作风简朴，严于律己，是一个全面发展的优秀学生干部。邓欣的健康成长是其优良家风滋养的结果。

书香盈室，滋养精神

邓欣的父母均是农民，文化程度不是很高，但对女儿的教育却十分重视，有一套很好的育儿方法。他们尊师重教，从小就着重培养孩子的孝心、爱心，孩子与爷爷奶奶、外公外婆的关系都很好，很乐意为老人做点力所能及的家务事，在学校里，邓欣大方有礼，尊敬教师，待人接物，落落大方；他们教育子女既严又爱，家庭关系和睦、民主、平等；他们勤劳持家，对于独生子不娇惯，不溺爱，从小帮助孩子树立正确的学习态度，树立远大的理想和人生目标；他们十分关心孩子的学习，常加以督促和辅导，虽然自身文化程度不很高，但并不妄自菲薄，常与孩子共同学习，共同成长，带孩子阅读报刊、上网浏览新闻资料成为他们工作之余的主要爱好。

虽然邓欣父母都是农民，但他们相信知识能改变命运，所以书籍和报刊成为家庭的重要财富。邓欣家有较为丰富的藏书，多为文学、教育书籍。母亲除了做家务外，就是看书上网。女儿从小在母亲的引导下就喜欢阅读书报，晨读和"床头读"成为家庭必修课，一有空闲就人手一册，家庭中总是弥漫着浓浓的书香气，谈书论文成为家庭生活的常态。家庭倡导读书与生活的统一，读书成了生活的自然状态，谈读书心得体会成为家中桌上的永恒话题，成为家庭生活的一种乐趣，虽物质生活清贫，但精神生活富有。

挫折教育，催化成长

邓欣读到小学五年级的时候，得到一本《小学生作文选》。这本书里有各种各样题材的范文，还有一个"好词好句"列表，分门别类地把各种成语、形容词列举出来，写作文时可以参考。邓欣高兴得不得了，经常拿出来翻一翻。如果邓欣想写"爸爸笑了"，她只需要翻一下"好词好句表"，就能把句子扩写成"爸爸开怀大笑"；如果想写"妈妈跑了过来"，再翻一下"好词好句表"，就能把句子扩写成"妈妈气喘吁吁地跑了过来"。于是，邓欣作文里的句子，就从平淡无奇的"大白话"，变成了具有"好词好句"的"美文"。

语文老师很喜欢邓欣的"美文"，每当她讲评作文的时候，总要把邓欣的大作拿出来在班上朗读，一边朗读还一边点评：这个细节描写得惟妙惟肖，这里的好词好句用得真好，等等。每次老师的大力表扬，总是引来同学们羡慕的目光，因此邓欣自己也有些得意了。

有一天，邓欣跟小一岁的弟弟亮亮一起在家玩。亮亮对妈妈说，自己不会写作文。妈妈说，你现在就以"同学们打篮球"为题，写一篇作文，咱们一起来分析一下。邓欣一听要写作文，马上来了劲。她觉得自己的作文写得很好，是时候出来教导一下弟弟了，就自告奋勇要跟弟弟一起写。半小时后，两人都写好了，妈妈拿过两人的作文，看来看去，最后得出结论说："亮亮比邓欣写得好。"

邓欣一听就不服气了，抢过两篇作文一比较，哟，亮亮写的都是大白话，而自己写得又细致又生动，怎么能说亮亮写得好呢？

妈妈回答说"亮亮的作文，语言虽然平实，但是五要素齐全，而且详略得当；而邓欣的作文呢，虽然充满了"好词好句"，但是细节描写堆砌得太多了，不该描写细节的地方也描写了，弄得详略不分，就像一个人长了很多赘肉，全身胖成一团，脑袋脖子不分，这个人能好看吗？"

这话让邓欣受到了很大的打击，一时间心里真的很不舒服。好在她是从积极的方面来处理这次"打击"的。她开始反思自己的"美文"，又从书柜里翻出了沈从文和汪曾祺两位大家的作品，一遍又一遍地阅读揣摩。两位老先生都以写大白话见长，他们寓深意于浅白之中的文风，让邓欣受益匪浅。这一次和弟弟的作文练习，让邓欣意识到了自己的不足之处，通过思考和学习，纠正了自己写作文的方向和目标。从那之后，邓欣的作文总保持在很高的水平，经常被老师用作范文。

其实，邓欣的爸爸妈妈也是非常注重保护孩子的自尊心的，孩子的自尊心是很可贵的，但又不能够靠一味地迁就孩子来保全。也就是说，不能因为要保护孩子的自尊心，就一味地夸赞他、迁就他，不敢指出他的缺点、弱点，这样虽然孩子开心，但他可能在一个不正确的方向上越走越偏，总有一天，会在这个现实的世界里受挫的。假想一下，如果邓欣没有这一次作文练习的失利，或者她的妈妈顾及她的自尊心而不告诉真实情况，那么她大概要等到初中语文成绩掉下来之后才能意识到这个问题，而那时她的自尊心和自信心也会受到打击，也许是更严重的打击。所以，孩子的缺点、弱点应该及时告诉他并帮助他改正，有时候，挫折是孩子进步的催化剂。

懂得感恩，学会尊重

国学大师曾仕强先生曾说："最好的教育，不是让孩子成为天才，而是让他心中有父母！"的确，一个心中有父母的孩子，他们必然会恪守尊重父母的底线。一个懂得尊重父母的孩子，通常懂得感恩，孝顺有礼，这不仅是一种优良品德，更是一种生活态度。所以，我们父母应该在孩子心中树立威信，让孩子既尊重父母，又信任父母。

小时候，邓欣很爱吃鸡腿，所以家里每次做切块炒鸡的时候，都会给她特地留一个完整的鸡腿。但是其母后来发现一个问题，女儿认为家里最好的就应该给自己，而且对家里人说话都很不客气。恰巧，某次女儿看动画片很着迷，叫了多次吃饭都没回应。她就对女儿说："我只叫你最后一次啊，如果你不尊重别人，让别人等，那么别人就没必要等你了。"女儿依然纹丝不动，只敷衍地点了点头。大家吃到一半后，女儿姗姗来迟。刚上餐桌，她立马质问："我的鸡腿呢？"妈妈当着女儿的面，拿出放在电饭煲里保温的鸡腿说："今天做饭的奶奶很辛苦，所以鸡腿应该给奶奶。"

女儿号啕大哭。她把女儿抱进屋里教育，传递了这三种思想：我们很爱你，但家里不是什么东西都必须以你为先；家人照顾你，你要尊重家人对你的好，知道别人的辛苦；求人帮忙要说"请"。

从屋子里出来后，女儿就因之前说话太大声而向家人道歉了。也是自那以后，女儿每次吃饭，都会提早过来，也不再争着抢着要鸡腿，懂得尊重家人和分享了。

孩子懂得尊重父母，才是家庭教育的最大成功。因为从孩子对待父母的态度，就能窥见他未来为人处世、待人接物的样子。一个连父母都不放在眼里的孩子，长大后也必然是一位斤斤计较、眼界狭窄、礼仪欠缺的人。父母就是孩子最初成长的引路人，严格要求，立下规矩，孩子才能从父母这里学会包容与爱，学会理解与尊重。

培养习惯，全面发展

邓欣的母亲说："在教育孩子的问题上，我们的做法是给她设立力所能及的目标，一步一个脚印，脚踏实地，只要能完成阶段性的目标，就及时予以表扬。"孩子从小喜欢看书、画画、下棋，父母就和她一起学，有时进行一下小小的家庭比赛，或者故意输给她一点点，这极大地提高了孩子学习的信心和兴趣。给她制定表格，围绕她的吃饭、看书、收拾玩具等划分级别，让她根据自己一天的表现来衡量自己的优缺点，查找不足，提高自己。结果发现这个方法非常适合她，每天乐滋滋地让母亲给她画星，还问当天奖励她多少分。这些举措对她起到了积极的督促作用。

邓欣父母善于培养孩子多方面的良好习惯，让孩子学会处理自我的日常生活。如整理自己的房间和衣物，整理书包，归类课本，清理书桌，坚持学习环境的整洁；做力所能及的家务，增强她的独立意识，培养劳动观念；要求孩子按时完成作业，培养自觉自制习惯；让她懂得与人相处，有团体合作意识；从小树立自信、自尊、自强、自律、勤奋及有职责心的意识。由于从小习惯好，邓欣在学校里各方面表现很不错，她长期担任班长，是老师的得力助手；与同学相处融洽，乐于助人，帮助后进同学；多次文化测试居全年级前列；在校演讲比赛、主持人、朗诵等方面成绩优秀；还酷爱打羽毛球等，兴趣广泛。总之，她德智体美劳等各方面发展均衡，品学兼优。

邓欣的父母始终把对孩子的教育放在第一位，经常与孩子沟通交流，不断加深亲子感情，教育孩子学会做人、学会做事，使之健康快乐地长大成人。

（作者单位：怀化市洪江市沙湾中学）

家风家训代代传承　幸福家庭温馨和谐

张志祥

2016年3月我家被评为岳阳市"最美家风"家庭，2017年9月又被评为岳阳市"最美家庭"，2019年3月被评为岳阳市"教育世家"。2016年2月由中共岳阳市委宣传部、岳阳市文明办、岳阳市妇联主办的寻找"最美家风"活动，我家以"家风家训代代传承，幸福家庭温馨和谐"在《岳阳日报》《洞庭之声》专刊报道。今天我又以此为题说说我的家教家风。

报道的编者按有这么一段话："说起家风家训，每个家庭可能都不一样，有各自的侧重点。但细细根究，又会发现，这些家风家训在大体上是一致的，与社会主义核心价值观也是一脉相承的。正所谓家庭是社会的细胞，家风也在一定程度上反映了社会的风气。在湘阴县有这样一个家庭，父亲张志祥今年62岁，从教40余年，母亲温柔贤惠，两个女儿也是教师，小儿子是工程师，全家人以家风家训为座右铭，规范自己的言行，弘扬着传统美德，堪称邻里的表率。"

这就是我的家，一个受着"诗书继后，耕读传家"深厚优良传统影响的家。

从善积德，家风传世

"从善积德"是我家祖辈历代家风。以"怀善心""行善举""做善事"三善为准，以"德风馨厚，善举光宗"为家训，代代相传，启迪教育后人。

我的祖父是旧时湘阴县内名医，无论外科内科，医技精湛，临危施救，妙手回春。行医做到"三不"：不坐轿、不收医费、不延误。遇到困苦的患者，药费全免，若遇灾年，开仓济民，一一相送，是乡里乡外的大善人，被地方赠匾誉为"德医"。

我的父亲新中国成立前夕从湖南财会学校毕业，系当地知识名人，官至衡阳警署长。因不忍欺世盗名，弃职回乡设立学堂，新中国成立后转为人民教师。几经历史沧桑，施善举不改，尽管家道维艰，仍以扶助他人为己任，送教送学，帮农帮耕，三尺讲台，默默无闻，直到退休后还笔耕不辍，为地方书写铭志，深得乡亲称赞。

本人承继祖德，教书育人 40 余年，期间担任中学校长、书记近 20 年，曾被评为"湖南省优秀校长""岳阳市十佳校长"。几十年教育教学工作尽责尽职，不遗余力，桃李满天下。退休后，我的教育情怀未变，仍关心青少年成长，担任县关心下一代讲师团团长 16 年，任教育局关工委秘书长 18 年，是省教育厅家长学校讲师团首席讲师、市家庭教育专家、县家庭教育讲师团团长。热心家庭教育和未成年人思想道德教育，十多年来，到省、市、县做公益讲座近 300 堂次。多次被评为"全国小公民"主题读书活动先进个人、省市关心下一代先进教育工作者。我每天坚持做好三件事：一是做一件善事或益事；二是每日三省吾身；三是坚持写日记，写家庭教育讲案，近年来共写家庭教育讲稿 300 余篇，近 20 万字，制作课件 100 多个，发表家庭教育论文 13 篇，有省市获奖论文 60 余篇，研发课题 30 余个。

由于自己的言传身教，我的三个儿女将家风善举牢记在心，并奉为座右铭。大女儿和二女儿从师范大学毕业后也选择了教育行业，承继三代人事业，都成为省、市级骨干教师和教学能手。小儿子是一名工程师，为国家事业效力，卓有成效。孙辈们读书学习勤奋优秀，让我很是欣慰。

五字家训：勤学俭廉孝

家风家范、家规家训是育子成人成才的宝典，曾国藩、谭嗣同、梁启超、林则徐都是家风家范的楷模。我家自祖父以来，也有严训十则，现精简为六则。

一训：教育子女从严。如小时娇生惯养，百依百顺，溺爱纵容，只能助长其桀骜不驯，放肆胡为。若斗鸡走狗，恶性膨胀，积习难改，轻则诟语中伤，触怒他人，重则铤而走险，违纪违法。

二训：遵纪守法。安分为人，不抗粮抗税，不无端滋事。当今虽无粮税，但遵守法纪是每个公民行为规范之本。

三训：不贪财利。洁身自好，廉洁奉公，视钱财如粪土，不取不义之财，一身清白，磊落光明。钱财乃身外之物，做到清清白白为官，堂堂正正做人。

四训：不赌博谋财。身陷赌窝，巧取豪夺，一旦输光钱财，倾家荡产，妻离子散，不齿于人。一饭一粥常思来之不易，一丝一缕恒念物力维艰。洁身自好，好自为之。

五训：正心修养。为人处世、待人接物应和蔼可亲，谦恭有礼。处事去泰去甚，切忌动辄忿争，戒浮躁之风，静心养气，方可泰然处之，灵魂才不会漂流，思想才有精神家园。

六训：勤俭节约。此乃持家之本。强求锦衣玉食，挥霍无度，不体先人勤俭美德，实为不肖子孙。应以勤俭为本，排场、挥霍、奢华、糜烂"四风"导致丧心丧志。根治"四风"是长久之策，一日不可懈怠。

细读祖训，自己深有体会，并于 2003 年修订自家家规、家风、家训，亲笔书写装裱成匾，悬挂于每个子女家中以告子孙。我的家规是"四不"："不赌博吸毒，不懒惰奢华，不沉沦自弃，不祸国败家。"家风是"德风沁后，善举光宗"；家训四句即"勤奋兴家业，博学启后人，忠良俭为本，廉孝报国恩"，其深意在"勤、学、俭、廉、孝"五字。

五字家训，"勤"最重要，因此排首位。不论什么时候，什么家底，什么处境，勤以致富，懒惰败家。这是我时常告诫子女或学生的口头禅。"学"即学问、学识、学习。一个人不论多聪明，不学就会变得愚笨，只有博览群书，才能知书达理，大凡书香门第都以博学启后。"俭"可养廉，当今时代物质丰裕，但俭的美德不能丢。"廉"是从政之基，为官者尤要牢记，要严于律己。"孝"心德为本，百善孝为先，只有廉孝者方可报效祖国，福及后人。目前为止，我的大家庭中没有不良的，均能按照"五字"家训做事做人，成为人们啧啧称赞的好家庭。

家风正，社会风气才正。习近平总书记大力倡导"家庭、家教、家风"，《中华人民共和国家庭教育促进法》更是明确了家庭的主体责任，家规严训是教育子女的一剂良方。在全社会大力弘扬社会主义核心价值观的大背景下，在家庭教育由家事、私事转换为公事、国事的今天，大力倡导传承优良家教家风是当今有识之士的明智之举，也是中华民族教育的一大继承与发扬。

（作者单位：岳阳市湘阴县教育局关工委）

家国情怀千钧重　优良家风一脉承

周志敏

　　家是最小国，国是千万家。家风，不仅关乎家族延续、个人成长，更关系到社会的和谐进步。

　　家庭是每个人最温暖的港湾，家风是每个人最深沉的记忆。在我的床头，摆放着一本红色经典故事《半条棉被》，讲述了那个苦难年代，共产党员董秀云"同人民风雨同舟、血脉相通、生死与共"的感人事迹。每每翻开这本书，我便会想起我那年迈的老父亲。我的父亲是一名优秀的退役军人，曾参加过对越自卫反击战。战斗中，战士们坚守在战壕里，前有硝烟炮火，也决不退缩，他的一根手指头也是在一次战役中受伤折断的。部队要给他评伤残，他严词拒绝，只留下了简单的一句话："给更需要的人吧！"回到地方以后，我的父亲靠着自己勤劳的双手，努力工作，不等不靠，成了我们村第一个买上大彩电、开上小汽车的人。不仅如此，他还给村里修路，成立加工车间，为乡亲们提供就业机会，带领着乡亲们共同致富，成为我们镇上远近闻名的"优秀共产党员""优秀民营企业家"。

　　这就是我的家风——浓烈的家国情怀。父亲不喜多言，但他的一言一行、一举一动都对我产生了巨大的影响。我的丈夫是一名军人，为了让丈夫能安心国防，我勇敢地挑起生活的重担，以满腔的热忱践行着"爱家庭、爱邻里、爱军营"的价值追求，支持军人事业，支持国防建设。2021 年，我被评为江西省宜春市首届"最美军嫂"。

放弃事业，支持国防——无怨无悔

2014 年，为了解除丈夫的后顾之忧，让他安心献身国防事业，也为了给孩子一个完整的家，我们夫妻二人经过慎重考虑，决定结束长期两地分居的生活。我辞去了令人羡慕的国企工作，带着孩子来到了宜春这片红色沃土。离开自己热爱的工作岗位，心中纵有万般不舍，可是为了支持丈夫建功军营，为实现中国梦、强军梦贡献自己的一份力量，我毫无怨言，至今不悔。

无论是在学校还是工作单位，我都是周边人眼中一致认同的"优秀共产党员""优秀员工"。随军以后，我也从未忘记自己的党员身份，时刻以一名中共党员的标准严格要求自己，为部队贡献自己的力量。新型冠状病毒感染疫情防控期间，我主动请缨，连续数月坚持在家属院巡逻，为家属做好购物、买菜、取药等各项生活保障，督促大家戴口罩，不聚集。我是那个第一时间站出来做志愿服务工作，并坚持到最后一刻的军嫂，多次因为在院子里协助家属排队取菜，耽误了自家做饭，为此也赢来众多家属的称赞，总是能听到"看到小周，心里就特别踏实，特别有安全感"的赞许声。

眼中有光，心中有爱——照亮他人

人生两个朋友——读书和运动。书籍是人类进步的阶梯，我注意到随着随军家属越来越多，部队里的孩子也越来越多，给孩子们提供阅读的机会颇有必要。我充分发挥特长，组织成立读书会，将院内的孩子按年龄分成两组，于每周分批组织进行读书会活动。读书会上，时刻关注孩子们的身心健康，与孩子们一块分享、探讨优秀文学作品，学习汲取榜样的力量，丰富孩子们的精神世界，家属院自此营造了良好的阅读氛围。为了进一步拉近与孩子们的距离，我还专门申请了公众号，记录孩子们成长进步的点点滴滴。随着参加读书会的孩子越来越多，我也成为家属院孩子们心中亲切的"周老师"。坚持阅读的同时，我也坚持运动，用自己微薄的力量影响着身边的人。公园里，经常能看到我带着孩子们一起锻炼的身影，或跑步，或跳绳，或踢球。我希望通过自己的带动，促进大家重视体育锻炼，让大家身体强壮健康，以积极健康饱满的热情来对待生活，守好后方防线。

为丰富院内家属精神文化生活，我还协助组织开展了包括军事夏令营、书画展、集体采摘、欢庆六一、拔河比赛、集体观影等一系列活动；在部队领导大力支持下，2019年12月，我与家属委员会其他几名成员组织开展了首届"军娃迎新"元旦慰问晚会，以缓解官兵工作压力，为大家带来欢声笑语，获得了院内官兵一致好评。为缓解20多岁年轻官兵的辛苦，我还在春节为他们煮饺子，端午节为他们包粽子，夏天煮绿豆汤银耳汤等，给他们送去家的味道、家的温暖。

平时，我热爱生活，积极开朗，尊老爱幼，家庭和睦，力所能及地为邻里提供帮助。谁家有个大小矛盾，也总爱找我帮忙调解，每次都能"不辱使命"，圆满完成"任务"。谁家有事，孩子没人照顾时，我就帮忙看顾。院内二孩家庭多，生活中常有诸多不便，我便主动伸出援手，帮嫂子们解决了不少生活中的实际困难。有一次一个家属孩子生病，需要去外地就医，而大儿子还得上学，我得知消息后，主动与她联系，将大儿子接到自己家中，给他做饭吃，陪他学习。

铿锵玫瑰，坚强独立——任劳任怨

对于做军嫂的不易，我深有体会。婚后，我总是以大局为重，从没有因为家庭原因拖过丈夫一次后腿。女人怀胎，本是最需要照顾的时候，那时我独自一人在长沙上班，孕后反应大，行动不便，在厕所晕倒，醒来后忍着各种不适，独自一人去医院检查，办理住院。孩子出生后，半夜生病，也总是自己一个人抱着孩子深夜往医院跑。家里老人生病住院了，一个人忙前忙后，又要照顾孩子，还得看护病中老人，当起了家里的顶梁柱。丈夫不在家时，我时常一个人扛水上六楼。半夜水管爆了，也是一边安抚好孩子，一边到处找人来修理……害怕丈夫担心，从不给丈夫诉说这种种困难，总是自己默默地承受着。

为做一个好妻子、好妈妈、好女儿和好军嫂，我独自付出了很多，也承受了很多，也正是这所有的经历，让我更加坚强勇敢和独立。丈夫常年出差在外，为了让孩子接受更好的教育，2021年8月，我们又做出了一个重大决定，给孩子转学至长沙，我独自带着孩子，回到这个我学习工作生活了多年的城市。这些外人看来的辛酸，我却总是微笑着面对，"没事，我是军人的妻子"是我常挂在嘴边的话。

危难关头，挺身而出——无私奉献

我的坚强勇敢，不仅体现在对家庭的付出和努力上，更体现在危急关头做出的应急反应上。2020年5月，我与同伴在公园散步，突见一名身着白衣的女子径直跳入池塘。我立刻飞奔过去，大声呼救，与同伴拨打110报警电话，并协助路人将该女子救起。我全然不顾自身安全，抱着晨风中瑟瑟发抖的女子，不停地劝导她，直至她放弃自杀的念头，被家人顺利接走才离开。

2022年，长沙突发新一轮新冠病毒感染疫情，浦沅社区按照防疫指挥部要求组织一轮又一轮全员核酸检测，时间紧，任务重，人手严重不足。我每次都主动站出来，维持现场秩序，提醒现场人员正确佩戴口罩，帮助老年人打开健康码，为大家撑伞，测量体温，并成为一名光荣的核酸检测数据采集员。期间自己孩子所在学校停课，也无暇顾及……一头，是自己最心爱的女儿；另一头，是长长的队伍，是焦急的人群，我没有丝毫的退缩与犹豫。晚上，母亲在电话那头显得十分焦急："志敏，你不要去当志愿者，你们家已经有一个人在为国家做贡献了，你一个人带着孩子，万一出点什么事，孩子可怎么办？"电话这一头："妈妈，这个时候，如果大家都往后退，谁来站在我们前面呢？我是一名党员，不能退。你不要担心，我会做好防护的。"

优良家风，滋养子辈——代代传承

忠厚传家久，诗书继世长。在"果敢、坚强、独立、无私"的家风润泽下，我的女儿善思勤学。在学校，孩子的各科成绩优异，是老师的好帮手。她酷爱阅读，精心制订阅读计划，坚持摘抄好词佳句，丰富自己的词汇知识，并能将收集到的好词好句用到自己平时的交际、日记和作文中。同时，她还会经常向自己的好朋友推介好书，与同学分享。小小年纪的她，还走进长沙图书馆录音棚，参与世界读书日好书推荐；参加长沙市图书馆图书管理员志愿者活动，参与组织少儿读书会"流动书屋开进美丽乡村"活动，带领乡村的孩子一起走进阅读的世界。

她热爱生活，学习之余，经常参加博物馆、植物园、雷锋少年等机构组织的社会实践活动，走出校门，将理论与实践相结合，完善个性与品质。她社会责任感强，曾带着自己义卖所得换取的物资，走进福利院，为福利院的孩子送去温暖；走进湖南省宋旦汉字艺术博物馆，参与视频《汉字里的廉洁》撰稿、配音及录制工作，在全区推广廉洁文化；参加宜春市委宣传部主办的"垃圾分类新时尚、生态宜春新风尚"文艺进社区走基层演出活动，宣传与推广垃圾分类；一首满怀深情的诗歌《中国梦，强国梦》，满载着她的祝福与梦想，在央视影音活动专区展示。

她注重自身综合素质的培养，绘画、作文、钢琴、独唱等活动或竞赛均取得不小成绩。她热爱军营，从小培养了正确的价值观、人生观，树立了长大以后像爸爸一样为国家做贡献的理想。她每年参加军事夏令营活动，走进军营，磨炼意志，培养不怕苦、不怕累的精神品质。同时，她也积极锻炼身体，不断地挑战自我。正是因为她身上这股子不服输的劲，才有了她十小时徒步征服武功山的经历；随后不断地挑战名山大川，在攀越华山时，她坚持不坐索道缆车，晚上九点开始，一直到第二天早上五点，全程徒步没有叫苦叫累，还不时给路人加油打气，凭着自己的体力和毅力征服了被誉为"奇险天下第一山"的巍巍华山。现在回想起这一段经历，也是能够嘴角上扬、骄傲地与别人说起的。

天下之本在国，国之本在家。我们要响应习近平总书记的号召，重视家庭教育，注重家庭，注重家教，注重家风，构筑和谐社会，续建礼仪之邦。

（作者单位：长沙市雨花区砂子塘小学第六都校区）

浅谈如何培养孩子的好习惯

熊 雯

教育家叶圣陶老先生曾经指出："简单地说，教育就是要养成习惯。"古训也说："少年若天性，习惯成自然。"其实一切教育都可归结为养成孩子的良好习惯。我认为，小学阶段的教育相对于教授知识，更重要的是培养孩子们养成良好的习惯，形成健全的人格。

由于我的孩子刘景行在学校表现不错，经常有同班同学的家长私底下来问我："你们家孩子综合素质比较高，你们平时是怎样培养他的？"每次面对这种具体操作的问题，我也不知道怎样回答。要说有什么培养方法，可能就是我们家长应配合学校，配合老师，帮助孩子养成一些良好的习惯吧！那么，我就谈一谈培养孩子的秘诀吧！

做好自己，成为孩子最好的老师。现在一谈到孩子的教育，大家最喜欢用的高频词就是"鸡娃"。其实，我们家长才是孩子最好的老师。每个孩子眼中最开始的榜样都是自己的父母。很难想象回到家就捧着手机不停刷小视频的父母，能培养出爱读书、按时完成课业的孩子。孩子是我们大人最诚实的镜子，所以如果一定要"鸡娃"，请先"鸡"自己，如果想要孩子认真对待自己的学习和功课，请先认真对待自己的工作和事业；如果想要孩子讲礼貌、讲卫生，请先待人有礼，勤于打扫；如果想要孩子养成正确的金钱观，请先做好自己的财商管理。家长对孩子提出的要求，自己要先做到。家长要言行一致，处处严格要求自己，才有威信，才能掌握教育的主动权，教育效果才能达到预期目标。

不要把孩子的教育交给老人。这也就是现在常被提及的"隔代教育"。由于现代社会压力大，大家的工作愈来愈忙碌，回到家的时间越来越晚，分配给家人的时间也愈来愈少，外出务工的也很多，照顾孩子的重担，就经常交给了家中的老人。现代社会飞速发展，知识爆炸速度之快，是史无前例的。可能年龄上差个三五岁，就已经有了代沟，更何况相差几十岁呢？而且孩子书本上的知识更新得非常快，大部分老人在知识文化上有局限性，无法对孩子的学习进行辅导。而正所谓"隔代亲"，再严厉的老人对孙子辈也会格外的偏爱和宠溺，即使犯错也不管教，这样孩子容易养成一些不良的习惯。

营造一个和睦的家庭氛围，和孩子平等对话。孩子的心是最敏感的，是需要好好呵护的。夫妻双方要和睦，和爷爷奶奶、外公外婆之间的关系也要亲密和谐。这样，就能创建一个和睦的家庭氛围，让孩子生活在稳定温馨的家庭环境中，这有利于其形成健全的人格和养成良好的习惯。在教育孩子上，父母双方的理念要能够达成一致，避免双方教育方式方法的激烈冲突。如果父母双方的教育理念、教育态度差别太大，就会让孩子无所适从，很容易养成当面一套、背后一套的两面作风，极不利于孩子良好品行的养成。同时，我们也要把孩子当作一个独立个体来看待，要学会"蹲下去"和孩子平等交流，让孩子感受和理解家庭里面每一位家庭成员互相尊重、互相支持、互相理解的情感。这样的家庭氛围不仅对孩子养成良好习惯和培养强大的共情能力有着潜移默化的影响，也有利于培养孩子建立良好人际关系的能力。

以上几点就是我们家培养孩子养成好习惯的小秘诀。接下来，我就以我们家孩子为例，分享我们这一路摸索前行的小小心得吧！

在我家里，我的工作时间比较稳定，朝九晚五。爱人在外地工作，一个月只能回来一两次，所以孩子的教育大任就全权托付给我了。初为人母，面对这一个没有使用说明书的男孩子，我也是一边学习一边摸索，如果说孩子身上真的有某些闪光点的话，那也是我和孩子一起学习一起成长的结果。现在回想起来，我们主要是从以下几个方面培养孩子的良好习惯：

培养孩子的阅读习惯。法国大文豪雨果说过："书籍是造就灵魂的工具。"我自己从小就喜欢读书，读各种各样的书。有人曾问过我，你读过那么多本书，你都记得吗？那些陪伴我整个青春年华的书，也许我会忘记具体的内容，但是我知道我读过的书，最终都成就了现在的我，开阔了我的眼界，丰富了我的灵魂。而现在人到中年，书籍也成了我面对现实压力的避难所，能让我在里面休憩、休整、吐故纳新，然后再迎难而上。正因为我自己深深领略到了阅读的魔力和益处，我才把培养孩子的阅读习惯放在了第一位。除了学校、老师的推荐阅读书目，我也会经常关注童书界的书评和推荐。在小朋友喜欢看的漫画和故事书以外，我故意拓宽了孩子的阅读领域，购买了各种各样的杂书，如《你好，艺术！》《太喜欢历史了：给孩子的简明中国史》《太喜欢历史了：给孩子的简明世界史》《身边的科学真好玩》等。我还把家里最大的书柜让给了他，教他给这些书籍分类，摆放到自己的书柜里。在家里，除了工作需要，我都尽量少看手机，一有时间，就拿起一本书在他面前读，引起他的好奇心，激发他的模仿欲。我们还经常会共读一本书，然后我们再交流自己的感想，帮助他去多多思考。有时候，我也会找来原著和改编作品（动画片、电影、电视剧等），带动他作比较阅读，理解不同艺术表现形式的差别。外出旅行的时候，我也会把探访当地特色书店列入行程之中，让他与书籍亲密接触，让他自己爱上阅读，提升自己的阅读品位，爱上这个了解世界、认识世界的渠道。

培养孩子的学习习惯。俗话说："活到老，学到老。"我们现在所处的 21 世纪，知识更新的速度十分之快，人、事、物每时每刻都在发生飞速的变化。光靠我们读书时期获得的知识和技能已经远远不能满足我们的工作和生活所需。所以这是一个"终身学习"的"快时代"，相对于陪写作业、教难题，我更倾向于教他如何有效学习。我首先帮他明确学习的目的，让他知道学习不是为了老师，不是为了家长，而是为了自己。然后也让他知道，学习不是百米跑，而是一个持之以恒的马拉松，必然会贯穿他的一生。所以，不用片面追求学习的时长，做无用功，而是要有效利用精力和时间。如果没法专心地学习，那还不如先去干一点想干的事情，然后再来学习。之后再用自己的经验，结合他的实际情况，介绍一些好的学习方法给他。最重要的一点，我开始有目的、有意识地培养他的自学能力。我觉得如果一个人找到了适合自己的自学方法，就可以不断地提升自己，自我更新，而不会被环境桎梏，被挫折和磨难打趴下。

培养孩子的运动习惯。身体是本钱，是百好之首。我们家也希望给他找到一个喜欢的健身运动，养成一个良好的运动习惯。在这一点上，我们家是走了最多弯路的。开始是艳羡电视节目里那拉风的"炫舞少年"，在某街舞培训机构的大力宣传下，我们心动了，于是，拉着四岁的小男孩报名了。街舞这种舞蹈对肢体协调性和力量的爆发性有一定的要求，所以每次上课，一节是体能训练，一节是学习舞蹈动作。学习了一年多以后，我们发现孩子的体能越来越好，可是舞蹈的美感真心没看到多少。孩子因为动作总是掌握不到位，也渐渐失去了信心和兴趣。于是，我们又开始寻找新的运动项目。跆拳道，孩子是当游戏时光去享受的；想着让他去学滑轮，但是穿戴上全部装备的他依旧怕得一步都挪不开，紧紧抓着我不撒手；游泳是求生必备技能，想着趁他还小，肢体协调性比较好，让他学会游泳，可我家这只小旱鸭子，连洗头发都要仰头洗，怎样能让他把头放到水里去呢？为此，我们决定分两步走，先不报游泳班，趁着暑假，让外公带他去游泳池熟悉熟悉水性，打消他对水的害怕，然后再去报班学习游泳。就这样一个暑假下来，几乎天天都去泡，最后游泳没学会，倒养成一名游泳池专业泡澡玩家。这样下去不行啊，于是又给他报了学校的篮球班。人家学习打篮球，是练习对抗能力，练习勇气和胆魄，我们家这位小男孩，是去拍球和交朋友的，等没人了，才敢去球筐那里试着投投球。这些弯路走得呀，真是让我们哭笑不得。直到有一天，班主任刘老师推荐他去学乒乓球，这才算是看到了一丝曙光。因为石鼓区青少年乒乓球培训中心就在校园里面，而且老师管理很严格，所以这就成了我家孩子一直坚持的运动习惯。为了增强他的学习兴趣，外公、爸爸都轮番上阵，周末陪他练球，有时候还故意放水输一两个球给他，小小满足一下他的成就感，而这个学期，老师也准备带他出去比赛，希望能取得不错的成绩吧！

多带孩子出去走走，感受大自然和见见世面。现在的社会环境比我们小时候要复杂得多，所以也不太敢让小孩子独自出门玩耍，周末我们若有时间，就喜欢带着他出去走走，去拥抱一下大自然。常言道："读万卷书，行万里路。"我们身处一个三线小城市，虽然网络和交通拉近了我们和大都市之间的距离，但是我还是想带着孩子多出去走走，见见世面。所以，从我家孩子三岁开始，我每年都会认真制订出游计划。我们一起去过长沙、广州、上海、南京、杭州、成都等城市，让孩子见识到了和故乡不一样的风景，也见识到了别人不一样的生活方式。电影《一代宗师》里有一句台词："人这一生，要见众生，见天地，见自己。"所以我希望我的孩子，能在人生的旅途上眼界开阔一点，乐观勇敢一点，能从别人身上"看见"自己，"寻找"到适合自己的人生道路。

英国哲学家培根说过："习惯真是一种顽强而巨大的力量，它可以主宰人的一生。"由此可见，良好的习惯对每个人的一生有着重要的影响。我也希望和大家一起，从自身做起，给孩子树立一个良好的榜样，在生活中有意识地去影响他，教育他，让他养成良好的习惯，使其终身受益。

（作者：衡阳市石鼓区下横街小学学生家长）

父子同行　互助共进

张海兵

　　儿子在我眼中很优秀，虽然没有显赫的地位、骄人的业绩，但他豁达、善良、热情，独立自强，正能量满满。不仅没有让我操过心，而且看着他一步一个脚印取得的成绩，曾经自卑的我也因他而变得自信、乐观。

　　从儿子读大学起，我们父子俩相聚的时间就不多了，平时主要通过电话、微信联系。我们交流很随意，天南地北地侃，而他找工作、职务提升、交结朋友等诸多方面的正能量时刻感染着我，让我自信开朗了很多。2021 年 5 月我曾借潇湘家书征文活动的契机，把他成长的点点滴滴，用家书的形式写了出来，在省文明网刊发。这是儿子给我的动力和信心。

　　儿子读小学、初中、高中时的成绩一直处于中等水平，我没有像很多家长一样搞陪读、找家教。我的指导思想是"天生我材必有用"，只要正确引导，不走歧路，健康成长就好。我们一起散步，一起聊天，从不指责他成绩不理想，只寻找他的优点给予鼓励，哪怕是一次小小的进步，我都要大张旗鼓地给予肯定。我想人各有所长，每一个人都有自己的天赋，文化成绩有短处，我就培养他独立处事的能力。社会才是最好的试金石，要面对错综复杂的问题，能不能顶住压力逆流而上很重要。儿子从读小学起，我就坚持培养他的独立性，摔倒了自己爬起来，上学一个人独来独往，下雨自己打伞……随着时间的推移，从初中、高中到大学他变得越来越独立、坚强，习惯了靠自己解决问题。

儿子虽然成绩只中等水平，但还是考上了县城的高中，又考上了衡阳的大学，我幸运地免去了因没考上高中、大学而劳神费力。

儿子上大学后，我把侄儿接到县城读初中。生活、学习上无微不至地关心，去学校给他换被服，送牛奶、水果，尤其是没少一次家长会。每次提起这些，儿子不但不生气，反而宽慰我："时代不一样了，那个时候也许是对我最好的。"儿子的话让我无地自容，也让我十分欣慰。儿子是一个很大度、很有胸怀的人。

大学开学时，我仅陪儿子去了一次学校，之后四年再也没管过他，也没去看过儿子。从日常的交流中，发现他很努力，业余应聘家教教师；组织公益团队，热心公益事业，搞义卖募集五千元资金捐给壹基金；还到敬老院看望老人，资助贫困学生。我为他的成长感到高兴，为他的义举感到自豪。直到大学毕业回家，在整理儿子带回家的行李中，才发现儿子真的很努力，获得了不少的荣誉证书。儿子低调，也很上进，我对儿子的印象彻底改变了。

大学毕业后，儿子在长沙找到了第一份工作，依然没有让我操丁点心。我参加工作时机遇比儿子好，我从当老师到县委机关报当记者，再到宣传部任新闻干事，每到一个单位都会遇到贵人帮助。我属于知足常乐的人，没有很高的目标，最后从宣传部选择回到教育行业，从事档案管理工作，没有什么发展前途。看到曾经认识的朋友、一起工作过的同事一个个被提拔重用，自己却一直干着单调平凡的工作，我逐渐变得自卑，闭门自守，甚至不愿参加朋友的活动。

我们交流时，儿子发现了我的心病，于是对我说："老爸，每一个人都有自己的生活方式，不要与人攀比。我同学、朋友都知道爸爸是我的偶像，搞了八年自学考试，一步一个脚印，实现了自己的梦想。""爸爸，你知道我为什么这样努力吗？是因为听妈妈说了你自学考试的事，八年的坚持不容易，你的恒心与毅力，你努力的样子一直激励着我勇往直前。"儿子向我解释着他努力的原因，他还劝我："爸爸，你喜欢文学创作，这是自己喜欢的事，你可以坚持下去。如果想出书，我打工赞助你。"

"如果想出书，我打工赞助你。"就是这么一句话，顿时激发了我的动力，我已经准备了四五年，一直瞻前顾后，缺乏勇气出书，儿子的一句话给我带来了无穷的动力。我雷厉风行，在 2016 年出版了第一本著作《新闻拾萃》。受儿子鼓励，我笔耕不辍，相继于 2019 年出版了第二本集子《流淌的时光》，目前，第三本集子《沿着河流向前走》已经有 14 万余字，出版指日可待。

我常跟同事、朋友说："别人家是父母教育儿子，我是活生生地被儿子改造变得乐观了。"以前自卑的我，在儿子的引导下，找准了自己喜欢的方向，每天充实快乐，也自信了很多。这一切源于儿子对我的影响，源于儿子一次次给我惊喜。

儿子做什么事情都有目标，有成就，总给我传来振奋人心的好消息。参加工作第二年，儿子选择了一家新公司，待遇比原来好了很多。我是个比较保守的人，一切求稳，劝儿子考一个教师编制，简简单单像我一样过一生，如果他从事教育工作，一定会成为一名好老师。可儿子要到社会上去闯荡，我也是支持的。一个晚上儿子给我发来信息："爸爸，我看好了一套房子，如果你们有时间就过来看一下，免得不放心。如果没有时间，我就自己做主了。"

儿子的信息出乎意料，我还从来没有考虑这个事情，儿子的胆识让我又惊又喜。于是我们利用双休日去看了房子，交通、就读、商场、菜场都很方便，后来地铁口也设在了家门口，我不得不佩服儿子的胆识与远见。更让我吃惊的是，看完房子后，儿子一个人跑银行等部门办完了按揭手续，我可以想象儿子一个人东奔西跑的样子。我没有经历过，也没帮上他的忙。可儿子对我们没有一点怨言，反而说："挺好的，这次房贷让我学到了很多的知识，你从小培养我的独立性现在起作用了。"

我感觉儿子经常加班，应该很累，儿子总是轻松地回复："没事，还好。"正能量满满的，时刻激励着我。儿子注册了自己的公司，工作之余会接些业务，利用晚上或双休日来完成。儿子考虑到家庭经济条件不太好，从来不找我帮忙，还说："只要爸妈身体好，过得开心，赚钱的事交给我。"我想跟儿子说要劳逸结合，儿子自己已经做到了，假日结伴骑行，平时下班打羽毛球、游泳、散步，儿子已经做得够好了，不用我多说。

后来房子装修，我们去找师傅，师傅说儿子早就与他们谈过。同时对我说："你有这样优秀、懂事的儿子太幸运了，我们宁愿少要点工钱也要帮他的忙。"听了他们的话，我无比愉悦。

第三年，儿子感觉条件成熟，在朋友推荐下考进了第三家大型的公司，福利待遇比原来翻了一倍。当信息传来时，我再次感受到了儿子的能量，是我小看儿子了。儿子一直有前进的方向与动力，工作之余还要去考驾驶证，考高级软件工程师证……儿子好似永远不知疲倦，始终充满战斗力。

第四年，儿子说为了工作方便，购置了一辆自己喜欢的车。我有点担心，因为我拿到驾驶证已经六年，但还是不敢开车，于是亲自乘坐了一次，感觉儿子安全意识很强，操作也很稳重，这才放了心，特别是儿子上了几次高速后，对儿子更加放心了。

儿子不仅能力强，而且品德也很好。从大学到现在他一直坚持做公益，帮助需要帮助的人。他孝顺爷爷奶奶，给他们买智能手机，教奶奶玩微信，平时打电话问候。对堂弟也很关心，高考之前带他参观大学校园，考上大学后给他报羽毛球班，让他有一技之长，与同学好相处。还经常去学校看他，带他去选购电脑。当年我务农时，重活、脏活都是他叔叔帮我去做，我感觉欠叔叔的情，现在儿子用行动帮衬堂弟也就帮助了叔叔，我内心很舒畅，也很感激儿子。

前年中秋节我去看儿子，晚上儿子背着包提着一盒月饼要出门，我问这么晚去哪里，儿子说："去陪高中同学小成，他一个人在长沙，去陪他说说话。"儿子如此重情重义，我为他的成长感到高兴。

一次国庆节去长沙看儿子，发现家里住了一位帅哥，因为儿子不收他的房租，他父亲给儿子送来了两箱酒。儿子对我说："老爸，这酒不能动，要退给同学。现在我能帮他，将来可能也有要他帮助的地方，同学之间彼此关照一定会越来越好。"听了儿子的话，我简直是崇拜他了。

当然，我们父子俩也有不和谐的地方，就是我脾气大，心里装不下事，也怕麻烦事。儿子害怕我担心，害怕我发牢骚，往往隐瞒一些事情自己去处理，不寻求家里帮忙。记得一次我没和儿子联系，突然去了长沙，儿子心里有点慌，问我为什么来之前不联系一下，好去接我们。到家后儿子才告诉我，家里下水道漏水，渗透到人家房子里去了，因工作忙还没来得及处理。听了儿子的话我深感内疚，我平时性格太暴躁，让儿子害怕了，不然应该会告诉我。

今年5月儿子又传来开心的事，儿子业绩突出涨工资了，很快要加入党组织了，几经努力被聘为了更高级的岗位。9月，儿子又传来喜讯，因条件在不断改善，他又购了一套新房，让我们去参观一下。他太独立，从不寻求我们帮助，总是自己去解决问题。作为父母我们也想帮他一下，尽一下自己的职责，于是我问他："要不要赞助一下？""不用，不用，只有这样我才有前进的动力，你们身体好就是支持我了。"儿子开心地回复着我的关心。

平时我和儿子无话不说，我们的身份是父子关系，情感却如兄如友，我们经常一起喝酒，一起侃天说地，一起互相吹捧，一起热泪盈眶……在儿子正能量影响下，我性格改变不少，比以前乐观很多。党的二十大喜庆之年，也是儿子成家之年。作为父亲希望他保重身体，保持善良、热情的品性，事业有成，家庭幸福。此生我们能成为父子我深感幸运、幸福。

（作者单位：岳阳市华容县教育体育局）

关注孩子兴趣　引领快乐成长

夏英杰

2022年暑假，我和女儿琳琳一起去湄江游玩。孩子兴致勃勃，和周围的朋友相处融洽。朋友说，你孩子谈吐不俗，和原来比有很大的不同啊！

是啊，原本琳琳在大家眼中，是腼腆、少言寡语、不合群的。在琳琳五岁半左右的时候，为了让她既学习知识又能间接改变性格，于是我给她报了两门培训课。

可是慢慢地我发现孩子脸上的笑容少了，做事消极，有时在家里动不动发脾气，在学校更不喜欢融入集体。到底是哪里出了问题？

有一天，琳琳突然说不想上培训课，我耐心地问她原因，她很小心地说："妈妈，我不喜欢啊！坐在那儿好难受的。"孩子的话像一盆冷水瞬间浇醒了我。我们开了家庭会议，爸爸说："对孩子的教育不能急于求成，家长就是要助力孩子快乐成长，如果适得其反，就不要坚持了。"是呀，我们常以成人的认知来为孩子做出自以为是的选择，让孩子顺从，但是未必是正确的。于是我们果断地取消了这两门培训课，决定以她的兴趣为主，尊重她的选择，期待以兴趣为契机，促进她的快乐成长。

从拼装磁力片到做科学小实验

在琳琳六岁左右的时候，爸爸在五一广场给她买了当时很流行的磁力片。磁力片有方形的、三角形的、多边形的，琳琳非常感兴趣，常常根据自己的想象进行拼装。在拼装过程中，遇到高难度的挑战，爸爸则会指导协助她拼装，并鼓励她："只要勤于动脑，勤于动手，就一定能完成。"慢慢地她就能独立、自信地拼装出城堡、小球、各种动物等作品。

在小学的社团课中，琳琳对"火柴人"很感兴趣。"火柴人"是一个很有创意的社团课，利用小小的塑料材料就能够拼出很多有趣的物品。于是我们给她报了这门课，虽然每周只有一次课，但她都很期待，并且上课也很专注，常常带回一些作品回家展览，爸爸是点评大师，每次都要郑重地表扬她一番。

有一次，琳琳去爸爸实验室看到烤箱，很好奇烤箱为什么能烘烤东西。爸爸就给她购买了一个家用烤箱，鼓励她制作喜欢吃的糕点。那段时间，她学会了上网查资料，制定了做糕点的流程，然后到超市精心地选打蛋器、纸杯、黄油等，要奶奶提供鸡蛋和面粉。没有想到，她的兴趣竟然坚持了两个月左右，每周琳琳都要做几次糕点，那段时间，她大概用了几百个鸡蛋，几十斤面粉，她的嘴里还经常冒出一些烘焙的专有名词，诸如"戚风蛋糕"之类，我对此一无所知，常常被她"嘲笑"一番。她偶有成功的糕点出炉，就兴高采烈地和家里人分享，奶奶也经常对她说："有进步啊！"

记得还有一次，奶奶说："你爸爸小时候吃的都是海水直接晒干得到的粗盐，里面有沙子、泥土，一点都不好吃，现在都吃精盐。"琳琳很困惑，不知粗盐怎么变成精盐的。爸爸看她对精盐制作过程很感兴趣，就网购了一箱实验器材，有滤纸、酒精灯、烧杯、铁架台、漏斗、蒸发皿等，带她做粗盐提纯实验：溶解粗盐—过滤—用蒸发皿加热—蒸发结晶获得精盐。起初，爸爸进行操作演示，并讲解过程原理，全程她都兴致勃勃，神情专注，很快就掌握了实验技巧并能独自操作。实验既解决了她心中的困惑，也激发了她对科学实验的兴趣。

从简单拼装磁力片到做科学小实验，我们见证了她的变化，期间虽然也有很多挫折，但她的动手能力越来越强，独立思考能力也随之不断提高。

从听故事到大量阅读

琳琳小时候喜欢听故事，最喜欢听爸爸讲《西游记》。像猴王出世、三打白骨精、真假美猴王，爸爸一个晚上要讲几次，偶尔爸爸讲错了，她还会指出错误。

因为工作忙，不能每天给孩子讲故事，于是我们从网上下载单田芳老师讲的《西游记》，给孩子睡觉前听一集，她听得不过瘾，有时偷偷地多听点。我们也常常给她出一些《西游记》的小考题，例如，孙悟空还有哪些称号？我们还和她分角色演绎《西游记》，她最喜欢扮演孙悟空了。后来我建议她听听《封神榜》，同样是神话，她也很愿意听，最喜欢杨戬和哪吒这两个人物了。我又建议她听《水浒传》，她开始有点抗拒，但是当她知道故事发生在爸爸老家山东时，也有兴趣了，她比较喜欢鲁智深和武松这两个人物形象。

随着识字量的增长，她的兴趣由听过渡到自己阅读，我们根据她的意见购买了大量的书。曾经给她购买《可怕的科学》系列书籍，那段时间她简直变成了"十万个为什么"，会问："为什么别的地方都能感觉到疼，大脑怎么知道的呀？"还会问："人真的是猴子变的吗?"

到了初中,她读了很多文学名著,比较偏爱科幻小说,刘慈欣的《三体》、阿西莫夫的《银河帝国》等作品她都看过。慢慢地她的阅读视野开阔了,爸爸的一本《宝石与矿物》,她居然爱不释手,我们特意带她多次参观地质博物馆,近距离地了解矿物;《世界地理》她也能看得津津有味,爸爸特意在墙上贴了一张世界地图,有时指着地图讨论诸如"香港是热带还是亚热带"之类的问题。

阅读在一定程度上能够拓宽视野,陶冶情操,也能促进表达能力的提高。在小学四年级和六年级时,琳琳两次代表学校参加长沙市岳麓区的"爱阅读善表达"比赛,这是四、五、六年级学生共同组合的比赛,她的现场写作两次都是最高分,都登台现场朗读。记得四年级那次,她登台朗读作品《赏析〈呼兰河传〉》,下面的一些老师窃窃私语:这个孩子这么小,感悟怎么这么深刻?

进入初中,琳琳参加了"中南少年说冬奥"的录制,她从开幕式的三个节目来解读中国传统文化之美,以及中国传统文化与世界文化的交融;她还参加了"图说时政"演讲比赛,题目是"弘扬长征精神,争做有为青年",从长征说起,列举事例,联系当下,凸显长征精神的时代意义;在开学典礼上进行《青春奋进正当时》的演讲,激励大家在新学期,脚踏实地,实现自我的飞跃。

她不仅能自信地在大家面前表达,也敢于质疑。一次,她问爸爸:"物理课本中说金属基本上都是热胀冷缩的,难道没有特例?"爸爸介绍,确实有一种金属与众不同,它在一定温度范围内会热缩冷胀,这种金属是锑。一个小提问,进一步丰富了她的知识体系。从听故事到阅读大量书籍,是吸取知识的过程,虽然这个过程漫长,但有输入,就有输出。她从只会听故事,到爱阅读,再到讲给别人听;从懵懂无知到对事物有自己的认知,并敢于质疑,这就是成长吧。

从画画到欣赏大美河山

琳琳小时候就喜欢画画，家里的墙上随处可见她的"杰作"，因此我们给她报了国画班。她的绘画能力提升很快，六年级考完八级。经常说书画不分家，她也连带练习软笔书法，一直考完十级，成了书法李老师的得意大弟子。六年级时，她的现场书法作品获得长沙市教育局评选的一等奖。小学刚毕业，她提出想感受素描，于是考到六级；她又说想感受一下油画，目前正处在学习油画的享受过程中。家里现在还存有她的各个阶段的作品，从简单的勾勒，到如今临摹复杂的油画作品，琳琳的这个爱好始终没变。

琳琳认为不同的绘画给人的感受会有不同，但都是一种美的享受。在一定程度上是绘画让她明白：美就在于发现，美无处不在。所以她从原来的喜欢宅在家里，到现在渴望到外面的世界看看，捕捉各种各样的美。

琳琳上初一，学校举办科技艺术节，她主动报名参加摄影比赛。特意到湿地公园靳江河畔，从不同角度拍下数张照片。到底哪一张更合适呢？为此我和她发生了争执，她有自己的审美角度，最终她说服了我。我们带琳琳去过长沙的很多景点，例如，带她去橘子洲，环顾美丽湘江，讲述毛主席青年时代的担当；带她去爬岳麓山，参观岳麓书院，体味大自然的美好，感受湖湘文化的气息。这几年还带她去过我老家所在的辽宁省，看浩荡的辽河水，参观东北地区近代最重要的海防工程之一的营口西炮台；带她去过爸爸老家所在的山东省，欣赏济南神秘的趵突泉，感受曲阜传统的儒家文化。琳琳说，等疫情结束，她还要走出去，欣赏大美河山。

琳琳到外面看风景，不仅会看到自然风光，还会感受到背后的历史文化，更能深刻体会到时代的美好。从画画到欣赏大美河山，这不仅是提升审美能力的过程，也是滋养心灵的过程！

目前琳琳读初二，政治老师说，她现在比初一更加沉稳，更加大方；语文老师说，她上课很认真，爱思考；英语老师说，她在英语配音方面很积极；班主任说，她学习很轻松，不用操心。老师的评价说明琳琳有太多改变，她已经成长为一个做事积极、热爱学习、充满自信的初中生。于她而言，简单粗暴的教育没有作用，最重要的是在做自己喜欢的事情中，不断增强自信，不断提升自我。

如果说兴趣是一株幼苗，那么家长就是浇灌、施肥、精心培植的园丁。家长在等待的过程中不必过分焦虑，幼苗最终会长大，绽放美丽的花朵，我们只需静待花开。当然，静待花开不是消极地等待，也不是一味满足孩子的要求，家长一定要把握航向，为孩子的发展保驾护航。在这个陪伴的过程中，家长不仅要耐心、细心，还要和孩子共同学习，这样才能真正引领孩子快乐成长，成就孩子美好的未来！

（作者单位：中南大学第一附属中学）

赓续忠孝家风　厚植家国情怀

丁群芳

家风是一个家族代代相传的体现家族成员精神风貌、道德品质、审美格调和整体气质的家族文化风格。家训是家族、家庭对族人、家人立身处世、治家治业的训示和教诲。习近平总书记早就强调："我们都要重视家庭建设，注重家庭、注重家教、注重家风，紧密结合培育和弘扬社会主义核心价值观，发扬光大中华民族传统家庭美德。"

为了深入学习贯彻习近平总书记关于注重家庭家教家风建设的重要论述，培育和践行社会主义核心价值观，岳阳县张谷英镇中心学校多年来，因地制宜，因时而异，在区域范围内组织学生宣传和弘扬张氏优良家风，加强思想道德养成教育，形成良好的行为规范，取得了一定的成果。我们的主要做法是：挖掘优良家风内核，赓续优良忠孝家风，学习新时代典型，厚植不渝的家国情怀。

挖掘优良家风内核

岳阳县张谷英镇因其辖区内的"张谷英村古建筑群"而得名。张谷英（1335—1407）于明洪武年间放弃指挥使军职，由吴入楚，归隐于岳阳县渭洞以东的笔架山麓，张谷英的子孙后代就在这里依山建起了延绵一里多的大屋场，这就是今天的张谷英村。张谷英村至今繁衍 27 代，9000 余人，其中仍有 2700 多人同处于一片屋檐之下，聚而不散，实属天下罕见。张谷英村古建筑群具有明清时期古庄园建筑特色，历经数百年沧桑，至今每栋建筑仍门庭严谨，高墙耸立，屋宇绵亘，檐廊衔接。2001 年获评"全国重点文物保护单位"，2003 年获评"第一批中国历史文化名村"，2009 年获评"全国生态文化村"。现在每天都有不少游客来参观，体验古建筑结构、特色和古民俗文化传承、熏陶带来的心灵震撼。

张谷英因深受儒家文化影响，深知勤耕苦读乃家庭、家族兴旺必经之道，因此常常谆谆教诲后人，殷切希望子孙贤达，传世百代。后世子孙据其理念，迫切感受到必须建立一套众人皆尊崇的行为规范，于是在历次修订族谱的基础上，不断地延续、充实、完善，编订了《张氏家训》16 条：孝父母、友兄弟、端闺化、择婚姻、睦族姓、正蒙养、存心地、修行检、襄职业、循本分、崇廉洁、慎言语、尚节俭、存忍让、恤贫寡、供赋役；族戒五条：戒酗酒、戒健讼、戒多事、戒浮荡、戒贪忌。这些家训族诫涉及家庭家族、子女教育、道德修养、个人言行等诸多方面，家国情怀跃然纸上，体现了孝字当先的儒家思想，也是维系张氏家族传承、壮大、发展六百多年的深刻原因。

2015 年 8 月，中纪委网站"中国传统的家规"专栏，对张谷英村"耕读继世，孝友传家"的家风，概括为"孝""和""勤""廉"四点，一是孝当先：孝顺父母，友爱兄弟，爱国爱家；二是和为贵：严于律己，宽以待人，处事方圆；三是勤耕读：自强不息，爱岗敬业，知书明理；四是崇廉洁：尊崇廉洁，修身养德，洁身自好。

赓续优良忠孝家风

家是最小国，国是千万家。家风淳正，则国运可兴。家国情怀，千百年来，已成为中华民族最纯朴的气质。在家尽孝、为国尽忠是中华民族的优良传统，也体现了"爱家"与"爱国"的一体性。张谷英村绵延繁衍六百多年，涌现了很多的"孝""和""勤""廉"优秀人物，他们是张氏家族中津津乐道的先贤、子孙后辈推崇的典范。

张锦山行孝侍母，感恩吟咏《劝孝歌》。清朝嘉庆年间，张氏后裔张五楼，成家多年还没有孩子，30岁时大病而亡。妻子谢氏便把侄子张锦山承继过来，独自含辛茹苦地抚育这个继子，苦守坚贞60年。张锦山长大成人后深感母亲劬劳，极为孝顺，为了感恩母亲，写下了一首催人泪下、字字真情的《劝孝歌》，告诫儿孙"堂前父母大如天，须知万善孝为先……"后人称其"绘影绘声之笔，呕心沥血之文，岂独传家之宝？实为度世金针！"

张绪彬兄弟和睦共处，百口之家跨五世。清朝嘉庆年间，谷英公第16世孙绪彬、绪栋兄弟和睦，全家跨了五代，一个大家庭共有一百多人而没有分家。全家规定按时作息，按时开餐，家务农耕统一调度。婴儿同堂照料，小孩同室哺育……这一百口不分家的故事，流传至今，为人称道，是典型的家"和"万事兴！

张渥潜教育兴乡，鼎新学校育桃李。张渥潜是张谷英第19世孙，是近代颇有名气的文化人。1910年他遵祖母之命协助张月舫创办了渭洞山区第一所新式学校——鼎新学校，后继任校长，传授儒家经典，教育兴乡，不收报酬。张渥潜还是个与时俱进的开明士绅，他积极支持新生事物，曾掩护过不少共产党员，保释过一些倾向革命的人士，并告诫其在国民党任职的儿子，要以国家民族为重。1944 年王震率南下支队转战到渭洞时，与张渥潜相见甚欢，促膝长谈，并在其家住了十天。

张国信奖励捕蝗，家徒四壁心坦然。张瑶字国信，是明嘉靖二年进士，官至刑部主事。张瑶为官清廉，遭人陷害而贬至太平守后，当地大旱，飞蝗蔽日，张瑶想出一个办法，给捕捉蝗虫的人奖励粮食，于是百姓争抢着捕蝗，很快就抑制了蝗灾。蝗灾后回乡，尽管家徒四壁，但他自守清贫，自得其乐。现在张谷英村是省纪委创建的清廉教育基地。

学习新时代典型

张谷英村的孝友文化传统，成为数百年来的精神营养，滋养着一代代的张谷英村人。进入新时期以后，这种孝友传统依旧在默默地传递，先进人物辈出，仅举三例涌现的学习榜样。

孝友之星徐岳华。徐岳华是张谷英村的媳妇，她的丈夫是一名乡镇干部，因工作需要辗转各处任职。徐岳华没有跟随丈夫居住，而是选择了留在村里一直照料年迈的双亲。她的婆婆在 80 岁时瘫痪了，徐岳华悉心照料。婆婆爱干净，脾气古怪，洗头发拒绝用现代的洗发水，徐岳华就只好按她的要求用稻草灰给她洗头，往往一洗就是好半天。徐岳华的公公 90 岁以后就成了个半痴呆的老人，徐岳华每餐要用温毛巾抹干公公落在胸前的残汤饭粒，每天要为他擦无数次乱吐在鞋子上、衣裤上的浓痰。老人大小便不能自理，经常把裤子弄脏，洗澡也需要人料理，徐岳华都无怨无悔地照料……2016 年，徐岳华被评为岳阳县首届孝友之星。

道德模范张志雄。张志雄是谷英公第 24 代孙，做点木材小生意，家境并不富裕。但他一直热心公益，尊老爱幼，帮困济贫，为人低调，长年坚持春节前去镇敬老院看望孤寡老人，从未间断过。

2008 年，因为市场动荡，结果他蚀本了，只得借钱运转，但是这一年的大年三十下午，他还是从朋友处借得两千元送到了敬老院老人手里。2010 年，一学生初中刚毕业，骑摩托撞人致死，家里很困难，无力承担巨额赔偿。张志雄觉得这孩子也是大意造成了大祸，便送了两千元给他家，帮其减轻赔偿的压力……2014 年，张志雄被评为岳阳县第二届道德模范。

孝心少年张海标。张海标是张谷英的第 23 代孙，家庭贫困，爷爷奶奶早年离世，父亲患白癜风和腰椎间盘突出，母亲因严重哮喘病常年卧病在床，姐姐求学在外，七岁的弟弟就读小学二年级。全家仅依靠父亲打零工和耕种三亩水田维持生计。从八岁开始，张海标就帮父亲一同挑起了照顾卧病在床的母亲和年幼弟弟的重担，晨起打扫卫生、做饭煎药，放学回家洗碗、洗衣，睡前给母亲按摩，农忙时节下田做农活。五年里，他亲手帮母亲熬制了上千服中药，稚嫩的双手无数次在煎药过程中烫伤。他是邻居眼中乖巧懂事、乐于助人的好孩子，老师眼中学习认真、遵守纪律的好学生，同学眼中的好榜样。他孝老爱亲的感人事迹在当地传为佳话。2014 年被评为湖南省"最美孝心少年"。

厚植不渝的家国情怀

《孝经》说："夫孝，天之经也，地之义也，人之行也。"孝是人生八德（孝悌忠信礼义廉耻）之首，是做人的根本。政治家以孝德治国平天下。孝往上延，就是忠。我们要忠于人民，忠于党和国家，忠于事业。

《礼记》云："孝有三：大尊尊亲，其次弗辱，其下能养。""弗辱"就是不给父母带来耻辱；"廉"是为官者操守，清廉不会给父母带来耻辱，不会让祖宗蒙羞。所以说，忠孝相生，孝廉一体，孝是根本。我们就着力在"孝"字上面做文章，引导学生赓续孝友文化，厚植师生家国情怀。

孝友文化进课堂。一是在张谷英小学、中心小学试点，教学生唱《劝孝歌》，并常在校园播放；进行黑板报宣传，举行手抄报竞赛；排演文艺节目，进行宣传活动。二是在张谷英中学开设"传承孝友文化"知识讲堂，定期进行知识讲座；邀请徐岳华、张志雄等道德模范在课堂上与学生面对面交流，形式多样，生动活泼，孩子们乐于接受，气氛热烈。三是在学生之间比对"湖南省最美孝心少年"张海标就读条件和对父母的孝心，激励同学们听父母的话，做父母的好孩子。2016年学生节目《劝孝歌》通过湖南卫视进行了展播，2018年，以"张谷英村孝友文化传承研究"为主题的综合实践活动获第39届湖南省青少年科技创新大赛一等奖。

孝友传承见行动。纸上得来终觉浅，绝知此事要躬行。道德与价值观的形成，更多地得益于具体的生活与活动实践。我们组织丰富多彩的孝友活动，走进张谷英村，走进社区里巷，伸延到学生家庭。作为国家首批历史文化名村的张谷英村，其孝友文化的遗存非常之多。我们带领学生实地参观，去体验，去感悟。我们组织学生采访张谷英村的孝友人士，让学生充当小记者，进村入户采访张谷英村的孝友典型。我们组织成立了学生爱心小分队为鳏寡孤独老人送温暖，为他们捶肩洗脚，打扫庭院卫生。我们还举行中规中矩的加冠礼，让孩子们体验束发、拜师、授戒尺……仪式感满满！对此，多家媒体进行了宣传报道。

核心价值润心田。传承、弘扬优良家风的关键，是要做到知行合一，内化于心，外化于行。张锦山所作的《劝孝歌》，以手抄本在张谷英村男女老少中广为传颂，发生了潜移默化的作用。张谷英家风集中体现的"孝""和""勤""廉"，高度吻合社会主义核心价值观公民基本道德规范：爱国、敬业、诚信、友善。评选的全国道德模范和"中国好人""助人为乐""见义勇为""诚实守信"
"敬业奉献""孝老爱亲"优秀人物来自各行各业。我们加强学生
思想道德课堂主阵地教育，向学生宣扬全国道德模范、"中国好人"
事迹，也注意组织学生开展社会活动，从传统文化中积聚道德力
量。家风如春雨，随风潜入夜，润物细无声，我们正在探索着把孝
友传统的种子，努力播撒到学生的心灵深处，让其生根发芽，谱写
生命的芳华。

　　千百年来，中华民族之所以能够历经磨难而不衰，饱尝艰辛而
不屈，就是源于千千万万个小家，他们沿袭良好的家风，遵循良好
的家训，舍小家，顾大家，为国家，拥有植根于民族文化血脉深处
的家国情怀！

　　当前，全党全国各族人民正在习近平新时代中国特色社会主义
思想指引下，意气风发向着全面建成社会主义现代化强国的目标迈
进，我们每个人都要营造良好的家风，把爱家和爱国统一起来，把
实现家庭梦融入民族梦之中，心往一处想，劲往一处使，为实现中
华民族伟大复兴的中国梦贡献自己的力量。

（作者单位：岳阳市岳阳县张谷英镇中心学校）

姥爷的无字之书

李心怡

从小，我就有点怕我姥爷，不仅因为他身材高大，形象威严，也因为他是一名十分严肃、要求严格的小学老师。

我小时候和他并不亲近，常常我跑他追，哭花了脸，像是学校里东躲西藏的流浪猫。但姥爷并不会因为我年纪小就有所宽宥，我越是躲避姥爷，就越是避免不了与他相处。爸妈是双职工，每天上下班时间卡得很严，时不时还要加班，于是姥爷便常来带我这个并不省事的娃。

一开始，我只是待在他办公室里，他工作也并不清闲，我只能在办公室自己玩儿，到了饭点被带到食堂吃个饭，如此过完一天。后来也多亏了姥爷，在幼儿园吃不好睡不好天天哭闹甚至生病的我，提前开始了学前班的生活，并且一上就是三年。第一年，我学得吃力，只觉得和同学们天天一起上学，新奇得很，午休时和姥爷在一起，脱离了幼儿园里压抑的环境，我终于能吃得下睡得着了。第二年，我开始对学习的内容轻车熟路，与新同学相处得也很开心。第三年，看到过去两年相处的同学们已经正式成为小学生了，仍然留守学前班的我终于憋不住眼泪，哭了出来。姥爷办公室里的石老师笑道："哭什么？你这可是上了个专科学前班，别人只有一年，你一读就是三年。"现在想来，我从小学习成绩还过得去，大概也算是从这件事上因祸得福了。

　　这三年里，我仍然怕他，但心里又有一丝窃喜，仿佛在这个学校里找到了强大的靠山，再也不用每天担心我妈会把我抛弃在幼儿园了。学前班几乎没什么作业，姥爷便给我拿了些书放在办公室里，每天放了学我就在办公室里一边看书一边等父母来接。但小孩子玩心大，总不愿被一间小小的办公室束缚了手脚。幸好有几个教师子弟也和我同岁，偌大的校园就是我们的游乐场，我们肆意奔跑，你追我赶，欢声笑语填满了校园的每一个角落。我们在操场上玩双杠、跳皮筋，也借着教学楼的遮掩捉迷藏，还在小花坛里种花种草，捉小蜗牛，看西瓜虫如何团成一圈滚来滚去，即便把新裙子沾上了雨水泥土，也毫不在意。

　　快乐的时光总是短暂的。姥爷允许我去玩儿，但并不能天天去玩儿。一方面他担心我跑跑闹闹磕了碰了，另一方面他觉得贪玩误事，学生要以读书为重。渐渐地，他拿来的书我看完了，我开始看他办公桌上的书，读懂是肯定不可能的，甚至还有很多不认识的字，姥爷便手把手教我查字典。记忆里那是本十分老旧已经开始掉页的新华字典，如何从偏旁部首入手，如何从拼音查起，姥爷脸上的严肃少了几分，他耐心教我，我也认真地学。后来，我甚至学他看起了报纸，小小的孩子坐在大大的办公桌前，翻看着大大的报纸，还端着姥爷的茶杯装模作样。或许从那时起，我的潜意识里就做起了以后也成为一名人民教师的梦呢。

　　小学自然也是在姥爷的学校里上的，但每天的作业多了起来。放学后，我就在他的办公室一边写作业，一边等爸妈来接我回家。姥爷有空时就会检查我写完的作业，他要求严格，我必须认认真真，仔细小心，偶尔马虎出错，他便皱起眉头，我就知道大事不好，他又要开始说教了。虽然看闲书的时间少了，但他还是会给我书让我课余时间看，多是些经典故事、人物传记。他经常给我讲述毛泽东、周恩来、邓小平等老一辈革命家的故事，讲雷锋等革命烈士的故事，并时时教育我要爱党敬党、爱国爱民、刻苦学习，长大后服务社会，报效国家。虽然年少懵懂，但我逐渐清楚今天的幸福生活来之不易，是无数革命先烈用生命和鲜血换来的。

工欲善其事，必先利其器。姥爷也会在开学时为我置办些新的文具，并不花哨，但极为实用。然而那时我不懂，常常看着班里其他同学的漂亮文具心生羡慕，但又不好缠着妈妈重买，只好硬着头皮用，倒也养成了我现在极简风的审美习惯。

小学期间，我一直保持优异的成绩，连续五年被评为"三好学生"，曾担任劳动委员、课代表，学习认真，积极上进，热爱劳动，不怕苦，不怕累，顺利成为一名中国少年先锋队队员。进入初中后，我离开了姥爷的学校，姥爷终于没办法向班主任老师打听我的平时表现了。但他仍然一如既往地关心我的学习，回家吃饭总要问作业写完了吗，期中、期末总要问成绩如何，好在我一直表现不错，没有让他失望，没有让他再次严肃地皱起眉头。

我不再怕他，是离家上大学之后的事了。一张大学录取通知书，把我从齐鲁大地唤来了湘江之畔，从此故乡只有冬夏，再无春秋。妈妈告诉我，姥爷每天都会看长沙的天气预报，只因为我在长沙。一次回家时，我突然发觉他老了，发际线后移，头发白了很多，也变矮了。

长大后我终于能够明白姥爷的为人处世，明白他的坚持，理解他的严格。姥姥去世时，最大的孩子——我的妈妈也只有 16 岁，而最小的孩子——我的小姨只有 3 岁。姥爷中年丧妻，独自养育四个子女长大成人，他是老任家的顶梁柱。几十年来，他以一种深沉的爱，支撑起这个大家庭，在风雨飘摇中把稳了前行之舵。他自尊自强，面对生活的风浪越挫越勇，努力从低谷中辟出一条新的道路。他遗憾姥姥走得太早，就将这份爱倾注在子女和我们这些小辈身上，给足了我们关心和陪伴。

我上了大学以后，姥爷还是经常鼓励我，也一直不断地鞭策我，提醒我一定要坚持自学，树立终身学习的观念。每次放假回家，他总要问我有没有积极向党组织靠拢，入党流程走到哪一步了，并且要求我理论学习绝对不能落下，要不断地提高自身修养。

大学期间，我担任学生干部，为服务老师同学尽了自己的一份力。在老师们的指导和帮助下，我得到了很多锻炼。在和他们一起工作的过程中，我看到了共产党员的先进性和他们无私奉献、为老师同学们服务的一颗真心。能参与到这样的学生工作中，我感到非常的荣幸和自豪，也收获了很大的成就感。同时，我对高校的学生工作产生了兴趣，我认识到这是一项非常有意义的工作，我想，这大概是小时候心里的那颗种子终于生根发芽了。我将这一想法告诉了姥爷，他十分开心，仿佛看到他干了一辈子的事业在我们这一辈终于后继有人了。

姥爷年纪大了之后已经不再教课，负责一些后勤保障之类的工作。食堂缺人了，他去帮忙顶一段时间；教室的课桌椅、电灯、电扇坏了，大家也都找任老师；办公用品、活动奖品的采购，往往也是他趁着周末休息的时候去搞定的。姥爷一直在学校干到退休，没有担任过一官半职，始终是块哪里需要就往哪搬的砖，但学校的领导老师们都很尊敬他，称赞他工作负责，甚至在他退休后，每每逢年过节，都会来家里看望他。他的经历使我明白，一个人即使在平凡的岗位上做一些看上去细枝末节的工作，只要他认真负责，任劳任怨，注重集体，就能发挥出自己的价值，为社会做出自己的贡献，就是一个有用的人。我想成为这样有用的人。

治家严，家乃安。姥爷不仅在学校里教书育人，在家里也教授了一本"无字之书"。他在生活和工作中向来自律，对自己严格要求，对家人亦是如此。直到现在，我们仍然要在家里讲规矩，如长辈不动筷子，我们小辈是不能先吃的；餐桌上，添茶倒水也一定是要由我们这些小辈来做的；吃饭时夹到什么吃什么，不能用筷子在菜里乱翻；即便是再爱吃的菜，若是不走运没有放在自己的近处，也绝不能起身去夹。

退休后，姥爷也保持着读书看报的习惯，每天定时看新闻联播，关心时政。我从小深受他的影响，喜欢阅读，广泛增长学识见识。家庭是习惯的学校，好习惯形成后，不用督促和要求，自己便会去做，且深入其中，自有一番乐趣。跟随着姥爷的脚步，我们不知不觉养成了和他一样的好习惯。温馨的家庭氛围也对我们有很大的影响，使我们能鼓足勇气在外面闯荡，因为家人的爱是我们最强大的支撑。

再后来，我结了婚，为老任家又增添了一名新的家庭成员。不是一家人，不进一家门，我先生也是一名人民教师。从此，每次见面或是打电话，姥爷都要和我说，两个人在异乡打拼，要搞好团结，凡事多沟通，生活中多包容。除了总是叮嘱我们要照顾好自己，姥爷也很关心我们的工作，他说，当老师就要以身作则，教书育人，要在方方面面以学生为中心，做到对学生负责，为你们共同热爱的事业努力奋斗。

20多年过去了，我从一个不懂事的小孩子变成了已经成家立业的大人，从每天都能见到姥爷到每个星期能见到他，再到现在，变成了每年只能见他几次。距离远了，但爱不会远去，他的关心一直鼓励着我不断前行，他的鞭策也一直督促着我不断进步。

（作者单位：长沙理工大学）

以耕相育　以读相传

赵桐佳

　　夜已深，窗外街道繁华，车水马龙，万家灯火。听着汽车鸣笛的喧嚣声，我忽然怀念起我的故乡。此时，故乡深远的天空中，应挂着一轮皎洁的圆月。水中月影绰绰，远山带着浓厚的墨色隐匿在黑夜之中，田间小路，零星渔火散落，偶尔传来几声狗吠。而我家正静静地安躺在这里，房中还透着灯光，朱红色的大门微微虚掩。爷爷一定还未入睡，此时，他肩头或正搭着条毛巾，提着桶，准备洗去一天的疲惫。

　　爷爷如今80多岁，一张蜡黄的面庞上布满点点黑斑，深深的沟壑纵横其间。他眼皮总是耷拉着，目光带着几分深沉。爷爷的手掌极其宽大，覆着厚厚的茧，手臂上有许多暴起的青筋。在我印象中，爷爷是很严肃的，他一直是个地道的农民，常年在田中劳作。他的指甲里积着棕黑色的泥，数不清的裂口伤疤密布在手上。每每我还在睡梦之中，他就已戴好草帽，下田劳作。傍晚飞鸟归林，天边留下最后一抹晚霞，他才扛着沾满泥土的锄头回来。

　　爸爸曾跟我聊起过爷爷的过往。爷爷这一生很坎坷，他出生时，新中国还未成立，在那样一个动荡的时代，他15岁就成了教师。所以村中许多年纪较大的叔叔、伯伯都很尊敬爷爷。

　　后来时事变迁，最终爷爷成了一个地道的农民。但他并没有因为失去这样一份体面的职业而消沉。即使是当农民，爷爷也尽力做到最好。每天早起，去山上多担几担柴，只为多挣几个工分。之后，他参加了我们当地一个大坝的修建。爷爷拼命地干活，在几万人中被评为优秀的工人代表，要在万人大会上发言。大会那天，台下黑压压的一片，人头攒动，爷爷神采飞扬，戴一朵大红花站在台上讲话。不知当时他是否会想起那个曾身为教师、意气风发的自己呢？这次演讲对于爷爷有怎样的意义，恐怕只有他自己知道。还有一件事情，一直令爷爷感到自豪。在全国闹大饥荒时，我家拥有足够的粮食，一家人都没怎么挨饿。而那些粮食，是爷爷多少个日日夜夜一锄头一锄头耕作得来的，一滴一滴汗水攒来的，一个一个伤疤换来的。这是一件多么伟大的事情！

爷爷的过往经历如同一部电影，在我眼前浮现，那些我认为遥远虚无的事情就这样真切地发生在了我爷爷身上。他从没有向命运低头，没有在逆境中消沉，而是以自己的勤劳务实、艰苦奋斗，带领一家人走过了一个个艰难的时期。

"耕读传家远，诗书继世长。"既身为农民，又当过教师的爷爷，无疑是值得我们骄傲的。在爷爷的教育下，我的伯伯、姑姑也先后从大学毕业，在不同的岗位上，实现自己的人生价值。我的哥哥姐姐们则拥有了更好的条件，大学毕业后，已去国外深造，有更多的机会认识世界。爷爷总说，我们家算是真正的耕读之家了。

爸爸现在早已不种地了，耕读之家到了他这里，好像不是很合适。但爸爸曾经说过，耕读之家，不一定是说家中世代耕作读书，而是传承耕读精神。我们要像爷爷那样，做任何事都尽力做到最好，要勤奋，要坚持。

爸爸当年被爷爷送去当兵，退役回来之后，就一直在爷爷奶奶身边照顾他们。他经常帮爷爷下田干活，照看菜园。最近几年，他在山中承包了一片鱼塘。自那后，他也日日早出晚归。山间的路崎岖难走，下雨时还很泥泞，他常常带一身泥巴回家。他对鱼塘非常重视，所有事情亲力亲为，挖掘机工作时，他就在一旁指挥，水要多深，塘要多宽，他都努力地去布局完善。每天的风吹日晒，让他的皮肤变得粗糙黝黑，过度的劳累使他常常腰酸背痛，但每次贴好膏药后依旧上山工作。在他的不懈努力之下，鱼塘终于完工了。那天他带着我们上山参观，看着鱼塘，他目光中有无限的骄傲和自豪。

虽然每天工作很累，当他上床睡觉前，依旧会拿起一本书，全神贯注地阅读。爸爸酷爱读书，应该也是受了爷爷的影响。无论去何地，哪怕在宾馆中，他都会找一本书读。可能是常常读书的缘故，他总有些文人墨客的气质，说话也总是带着深意。他曾用粗糙的手掌抚摸着我的头说："人生的路很长，也很艰难，要积极去面对生活中的一切。"在后来的生活中遇到各种困难时，我总会想起这句话。我常在写作困难、没有灵感时找他，他会耐心开导我，并且提供很多思路，我们也常会因为一个词和句子而发生争执。

读书是爸爸和爷爷共同的爱好，正因如此，书香与稻香从小一并浸染着我和妹妹的童年。小时候只是看爸爸和爷爷劳作，待到再长大些，当夏季插秧时，我和妹妹都会顶着烈日，下田帮忙。挽起衣袖裤腿，摇摇晃晃地行走在稻田之中，或插秧，或除草，长时间佝着背，腰痛得直不起来，汗水浸湿了全身的衣服，这使我们从小就知道劳动的艰辛，也深知粮食的珍贵。深秋收获时，金黄的稻穗，如阵阵浪花，也让我们体会到了劳动带来的快乐。

而学习，也同样是一件艰苦的事情。冬夜，窗外寒风呼啸，手指冻得有些发僵。看着笔下的难题，我感觉有些喘不过气，又冷又累。村中一片寂静，一切都已入眠。"不做了！"我自暴自弃般将笔一扔，烦躁地看向窗外，却突然想起那个烈日炎炎的下午。插秧如此辛苦，可即便汗流浃背我也没有放弃，坚持将秧苗全插完才回家。很累，可收获时也觉得很值得。想到爸爸曾对我说，那些看似不起波澜的日复一日，会在某一天让人看到坚持的意义。爷爷日复一日的劳作，爸爸坚持为自己的事业奋斗，我此时更不应该因为一些小困难而放弃。我深吸一口气，又重新拿起笔思考，将每一步步骤写下，浑然不顾手已酸胀了。

在经历了无数个这样的夜晚后，我得以再次拿着奖状给爷爷。看着爷爷微笑的脸庞，我想，这大概就是每天坚持的意义。

爸爸和爷爷都写得一手极好的字，苍劲有力，一气呵成，如行云流水。在他们眼中，学习第一重要的就是字。他们总爱拿着我们的作业本瞧了又瞧，看看我们的字写得如何，也常骄傲地说我们的字很不错。前年春节，我用毛笔写了一副春联，待墨干后，我将它们捧给爷爷看。霎时，爷爷脸上的线条都跳跃起来。他戴上眼镜，将对联在桌上铺开，细细地看，一遍遍地抚摸每一个字，笑逐颜开。他说我写得好，写毛笔字就要有力度，而我能写成这样很不错了，随即张贴在了房门之上。从小我和妹妹将学习得到的奖状给他时，他也是如此骄傲，将奖状一张张贴在墙上。墙贴不下了，他就揭下来，一张一张收好。他话虽不多，但总爱跟我们谈关于学习的事，语重心长地告诉我们学习有多重要，一定要认真，要多看书。所以我们从不敢松懈学习。

在家中阳光最好的地方，便是书房，书墨香弥漫萦绕。书房里有一整面墙的书，书架上还有毛笔、宣纸。从前静不下心时，妈妈总让我在书房挑一本书看。每次阅读时，时间仿佛静止，我穿越时空，打开了另一个世界的门，每一本书，仿佛都是心灵的相遇。书房中有许多大部头都是爸爸的，但他没有整块时间在书房看书，他爱带着书到处跑。

每年初春时，一家人都会守在电视机前看《中国诗词大会》，当诗词题目一出来，我们都会争相抢答，静静等着答案。若答对了，总会手舞足蹈好一会儿，电视中的选手玩飞花令，有来有往，我们也会绞尽脑汁去搜索诗词，爷爷常会因为我们说出诗句而欣喜。正所谓"腹有诗书气自华"，屋外寒风凛冽，屋中却其乐融融，暖人心窝。

城市的灯火愈来愈繁华，耳边的鸣笛声愈来愈强烈，时代大步向前走，我家乡的农田越来越少，耕种的生活也离我越来越远。可每个生命不仅是家族基因的延续，更是家风的传承。不论时代的浪潮如何冲刷，作为中国传统文化、传统精神的一部分，耕读传家的家风始终会滋润每一代人，会在代代相传中，超越时代，焕发生机。

（作者单位：岳阳市第十四中学）

进学绵世泽

高作梅

家父母都是一介书生，教了一辈子的书，弟子遍及海内外，虽已仙逝多年，但其遗下的家训仍镌刻在我心中。

家父是溆浦县新坪乡人，20 世纪中叶自国立四川社会教育学院毕业，后赴吉首大学任教至退休。家母同期自上海大厦大学毕业，赴吉首大学任教至退休。

家父母受过高等教育，又教了一辈子书，认准了学习是人生的第一要务，并以"进学绵世泽"作为家训，对我们六兄妹的学习要求甚严，无论何时何地，都必须心无旁骛，认真学习。

记得小时候，我尚未上学，家父母就要求我们背诵唐诗、宋词、《三字经》《弟子规》。那时我们少不更事，哪能理解其中的内涵。邻居的老师也认为是"拔苗助长"，而父母却奉行"读书百遍，其义自见"，谓读得熟，则不待解说，自晓其义也。教导我们读书要三到，谓心到、眼到、口到。心到最重要，心不在此，却只泛泛而诵，绝不能记，记亦不能长久。一番话，说得我们心服口服。长大成人后，细细回味其情其景，我们之所以能有些许文学修养，莫不与家父母当时严厉要求有关。

我们兄妹上学后，每学期结束，家父母都会反复审视每个子女的通知书，谁的操行评语进步了，谁的课业成绩有变化，莫不了然于心。最重要的就是开家庭会，由家父母轮流主持，且一个主讲，一个辅讲。此时此刻，是退步者最紧张的时候，把心都提到嗓子眼，即便是快过年的寒冬，往往汗流浃背。当然，家父母也不霸道，既有批评，也有鼓励和希望，同时也允许本人申诉，说明退步的主客观原因，表态今后努力的方向和具体措施，并立下"军令状"。有进步的兄妹，也不能骄傲，既要交流经验，也要检讨存在的不足，表明下一步的决心。有一次，二哥放学回家，从书包中摸出三个桃子，不料被家母发现，追问从哪里来的。二哥不敢撒谎，老老实实承认是和几个同学一起到校园摘的，家母当即带二哥将桃子交回学校，并要二哥向学校承认错误，家母也向学校道了歉，回家后还专门开了家庭会，以此为例教育子女老实做人，决不允许私自拿任何不属于自己的东西。这样的家庭会，一般要开一个多小时，最后由主持人点评总结，每次都给我们以深刻的教育。

20 世纪 60 年代末，我们兄妹响应党的号召，成为"上山下乡"的知青。白天与贫下中农一道，战双抢、修水库、筑铁路、造良田、改河道。晚上，我们一心在桐油灯下埋头苦读。因为家父母反复告诫我们兄妹："地要绿化，人要文化。你们需要知识，社会需要知识，民族需要知识，国家需要知识。"家父母振聋发聩的话使我们兄妹不敢懈怠，相互学习，相互帮助，互相促进，各有裨益，相得益彰。

1977 年恢复高考，大哥考入湖南大学，毕业分配在长沙，两次公派德国，成为机械行业的专家、高级工程师。二哥考入东北林业大学，毕业分配在长沙，选拔进领导班子，任处长、高级工程师。三哥考入湖南教育学院，毕业后到广东任教，成为教授。大姐参加工作后，通过自学考试取得大学文凭，评为统计师。我也顺利地在湖南师范大学汉语言文学专业毕业，从教 30 余载。小妹湖南大学毕业后，在怀化市中医院任工会主席兼院长助理、高级政工师。

父母退休后回老家颐养天年，但一直关注家乡的教育与建设。家父当选为县政协委员并受聘为县中学教学顾问后，为教育事业建言献策，同时身体力行，笔耕不辍，在国家和省级正式刊物上发表文章130多篇。进入21世纪，家父母先后高龄仙逝，但老人家"进学绵世泽"的家训，始终激励我们不断学习进取，并传承给我们的后人。

"进学绵世泽"，意即学习进取可以绵绵不断地润泽世世代代，使世世代代兴旺发达。此家训助我们家庭书香盈室，子孙进取，成绩斐然。

（作者单位：湖南应用技术学院）

有效陪伴　助力成长

张　鹏

2022 年高考，孩子张志云以卷面总分 670 分获岳阳市物理类第一名，被北京大学地球与空间科学学院录取。回溯孩子十余年的求学生活与成长点滴，能取得较好的成绩，离不开多方的帮助，尤其是父母的有效陪伴，助力了孩子的健康、向上成长。

陪伴孩子，尽力做好孩子成人的表率

奥地利心理学家阿尔弗雷德·阿德勒曾经说过："幸运的人一生都在被童年治愈，不幸的人一生都在治愈童年。"为人父母，对孩子而言，紧要的陪伴期不长，随着孩子的不断成长，陪伴的质效将逐渐减弱。越小的孩子，越离不开爸爸妈妈的陪伴，因为陪伴会带给他足够的安全感，让他做任何事情都心里踏实，无后顾之忧。我们夫妻俩都出身于教师家庭，从小深受祖辈和父辈的言传身教，日常的耳濡目染，让我们都拥有善良正直、务实进取等优良品性。作为教师，要求学高身正。我除了在自己的学生面前当好表率之外，在家里也尽力做好榜样。如对待师长谦逊有礼，不高声喧哗，少跟妻子争执，多陪伴家人，多同家人沟通。我不吸烟，少娱乐，尽量减少在外应酬频次，多在家陪伴孩子。我妻子也是一名教师，没有任何不良嗜好，始终勤勉工作，精心照顾家庭，是左邻右舍公认的贤内助。记得孩子不足三岁时，我们都在教高三，两人思来想去，觉得应该将孩子带回身边教养，于是便将志云从奶奶家接回，两个人开始亲自带。高三教学任务更为繁重，加之还要下早、晚班，我同时担任班主任，每学期开学前我都向学校教务处申请，请工作人员错开安排我们夫妻的课程和晚自习，以保证至少有一个人在家陪护孩子。几年里，我们陪志云玩游戏、做手工、画画、打球，教他骑单车、玩滑板车、溜旱冰，下围棋、象棋，尽管自己不内行，但只需略懂一二，就足以让他乐此不疲，开心不已。同时，我们经常主动邀请与志云年龄相仿的孩子来家中玩，或加入户外游戏等，让他真切感受到同伴如手足的深厚情谊。这样持续的亲情守护，让他度过了自己温暖而幸福的童年。现在想来，尽管当时我们经历了很多疲累，但心里特有成就感，因为孩子身上少了一些同龄孩子被惯纵出来的娇气，多了很多独立且乐观面对生活的能力。丰富而有趣的童年生活，为他今后的自主发展、自我提升奠定了坚实的基础。

引导孩子，努力培养孩子成才的习惯

作家巴金说，孩子成功的教育从培养好习惯开始。毋庸置疑，良好的习惯是一个人取得成功不可或缺的因素。在学习上，从孩子进学前班开始，只要老师布置了作业，我们都会及时提醒孩子回家后第一时间认真完成，不准拖沓随意。遇到难的题目，我们会先要求孩子静心独立思考，再和孩子交流，引导他找到思维的突破口，以切实培养孩子独立思考的能力。很多时候，等孩子做完后，我们会考考孩子，让他将做题的过程讲给我们听，以考查他是否真正弄懂了。每次考试过后，我们都会要求孩子及时反思，总结自己得/失分与平时学习的关联，及早弥补学习上的漏洞。经过一段时间的积极引导，孩子在小学三年级时就已基本形成了良好的学习习惯，正因如此，他的学习成绩持续提升，最终在高中三年多次排名年级第一。在生活上，我们一直坚持从孩子内心需要的层面积极引导，紧扣孩子希望被肯定和表扬的心理，将孩子的生活分成几块量化，通过表格上墙的方式给出直观评价。如孩子表现好，我们就在他晚上睡觉前在表格里画上一颗五角星，表现若有欠缺，我们先跟他明确指出，再在表格里画上一个圈，以月为单位统计结果，给予他一定的物质奖励。六岁前主要是奖励他玩具，后来主要是奖他现金。对于奖现金，我们还有一个考虑，就是引导孩子学会理财，不养成大手大脚的习惯。可喜的是，孩子很会打理他获得的奖金，专门用一个钱包将其整整齐齐地叠放好。平时买玩具和课外书，用的就是他平时积攒下来的奖金，那时的他特有成就感。特别令我骄傲和佩服的是孩子小学时的作息习惯，每天吃饭、睡觉、学习、运动都自觉准时去做，差不多精确到分，基本不用我们提醒，让我们节省了不少的精力，少了许多的烦恼。这些良好的学习和生活习惯一经养成，影响深远，受益终身。

研究孩子，用心读懂孩子内心的需要

孩子只有十二三岁，如果我们总用成人的眼光去评判他们，当然就会觉得他们不听话、不懂事。事实上，我们静下心来想一想，他们现在就应该是似懂非懂的年龄段。我们家长要做的是静下心来研究孩子，用心读懂孩子内心的需要，做与孩子平等对话的好朋友。我个人理解，好奇、爱玩是他们的天性，需要我们科学面对，用心处理。如：有一天，待我们出门后，他便开始偷偷在电脑上玩游戏，我们回家发觉此事后批评了他，他保证不再偷偷玩电脑了。可第二天他照样玩，于是又一轮我批评，他保证。到第三天，本以为孩子不会再玩了，没想到，待我因事提前回家时看到他居然又在上网玩游戏！这还了得，愤怒的我狠狠地抽打了他的手板心。孩子妈妈在旁边，看着孩子号啕大哭，她也暗自抹泪。事后，孩子妈妈单独同他谈心，他说出了自己内心的想法：因好奇而想玩。听到这话，我们俩都觉得有必要站在孩子的角度好好想想了，孩子在生活中经常听自己的小伙伴们谈论网络游戏，自己在家从没玩过电脑，便心生好奇。既然孩子是好奇心驱使，玩游戏毕竟又不全是坏事，何不因势利导呢？于是，我们跟孩子约法三章，根据他一周的表现决定他能否在周末时玩一个小时的电脑。事实上，这样的"约法三章"促使孩子每周表现优秀，获得在周末时可以放心大胆玩的机会，也让孩子很快就摆脱了"好奇想玩"的心魔。爱玩方面，在确保安全的前提下，我让孩子尽情地玩耍，以释放他的爱玩天性。每到周末，只要孩子完成了相关的学习任务，我们都会允许孩子跟他的小伙伴们玩耍，且多为户外活动。在五一、十一假期或寒暑假，我们还会联系孩子好友的家长，几家人精心设计自驾游线路，带孩子亲近山水，感知人文。孩子先后见识了西岳华山的险峻，领略了杭州西湖的秀美，感受了古城凤凰的悠远。除此，长沙世界之窗、动物园、海洋馆、岳麓山、橘子洲、株洲方特、平江幕阜山、岳阳县张谷英村、常德水上乐园、湖北恩施大峡谷、新化紫鹊梯田、邵阳崀山、南山牧场、贵州梵净山、浙江乌镇等地，都留下了我们和孩子深深浅浅的脚印。孩子在游玩过程中开阔了视野，放飞了心灵，学会了与他人相处，感受了丰富多彩的世界。

习近平总书记在全国教育大会上指出，家庭是人生的第一所学校，家长是孩子的第一任老师，要给孩子讲好"人生第一课"，帮助扣好人生第一粒扣子。在孩子的成长历程中，我们有效陪伴孩子度过了温暖而幸福的童年，积极引导他养成并优化良好的学习和生活习惯，用心读懂孩子内心的渴望与需要，让孩子得以在和谐温馨的家庭氛围中健康生长。我想，让家庭教育为孩子打好生命的底色，孩子一旦拥有了父母教育赋予的强大动能，必将在自己的人生之路上无惧风雨，勇往直前，最终成为参天大树！

（作者单位：岳阳市华容县华一护城中学）

优良家风　三代传承

韩朝晖

国有国法，家有家规，没有规矩不成方圆，每个家庭都应有家风、家训。

中华美德，源远流长。"做人要诚实，有爱心，做人要讲良心。""少壮不努力，老大徒伤悲。""有道才有德，无道便无德；有德才有福，无德便无福。""独立人格，勤俭节约，凡事忍耐，不断学习，为人正直，用心做事。"这些简短的话语，就是我的家风、家训。家风通过日常生活影响孩子的心灵，塑造孩子的人格，是一种潜移默化的教育、无字的典籍、不竭的力量，是最基本、最直接、最经常的教育。如果一个社会的多数家庭都拥有积极向上的家风，其家庭成员在家风的影响下都具有良好的个人操守和品行，那么整个社会的道德水平和社会风气也将得到提升。

我家是大家公认的优秀家庭：父亲是常德市教育行政部门原负责人，本人是湖南文理学院继续教育学院教授，儿子是博士；家庭主要成员都是中共党员、大学生、领导干部，一家三代人，传承了良好的家教家风。

父亲的言传身教对我的影响

百年大计，教育为本。近年来，常德市委、市政府把教育作为头号民生工程，接连完成三个教育"三年行动"计划，持续对教育发展高站位推动、高强度投入，补足城区和农村教育短板，创建义务教育基本均衡发展，成为全省唯一连续两年（2019、2020年）获省政府真抓实干教育工作激励的市州，常德市教育工作经验多次获教育部、省委省政府肯定。

我的父亲1962年以来主持常德市基础教育工作25年，直到1987年退休，他忠诚党的事业，忠诚本职工作，鞠躬尽瘁，无私奉献。常德市的基础教育一直走在全省的前列，我父亲做出了巨大贡献。他的品德操守、人格精神，受到广泛的赞扬和高度评价。原常德市英语教研员，现教育部基础教育专家库成员、深圳外国语学校校长禹明教授是这样评价他的："韩局长为人和蔼可亲，工作踏实勤奋，深入基层，没有花架子，坚持抓教学，深入课堂，全市六千老师的课几十年听了近一半，他是一个难得的好领导，难得的教育专家。"常德市一中老校长张国雄也深情地说："韩局长的确是一位难得的好领导。"父亲对我也是关心备至，我在市六中教语文时，他穿着中山服，骑着自行车，几次到学校听我的课，笑眯眯地给我指导。

父亲的严格教育让我们受益终身。他经常以"少年不知勤学苦，老来方悔读书迟"来激励子女努力学习，更注重品德教育，他说："人要有才，更要有德；德是第一位的，是立身之本。"

他对我们的品德培养是全面的，从习惯到价值观，给我印象最深的是培养我们的吃苦精神和独立精神。他说，人本是吃苦的，人脸就像是一个"苦"字。吃得苦，就耐得劳；耐得劳，就能有作为。我7岁时自己洗衣做饭，10岁时父亲让我寒暑假到常德市糖果厂包糖果、挣学费。每天下午5点进厂，站着包糖，一直到晚上12点半才能回家，累得拖脚不起。一周包两百斤糖果，才挣得4元钱，真是得来不易的辛苦钱。记得高中期间，为了多挣一点学费，父亲让我和两名同学包下市冶煤局新建房子洗生石灰的活。石灰呛人、咬人（腐蚀皮肤），加上热汗直流，难受得要命。一个暑假，我们洗了 3 卡车生石灰，才把高中学费凑齐。更记得小学五年级时父亲给我的一次考核。一天，父亲把我叫到身边说，你 7 岁就学做饭，现在 12 岁了，今天你独立做一桌菜，招待客人。这可把我急坏了，忙坏了。这边菜刚切好，那边灶上的锅烧红了；这边刚刚把菜炒好，那边汤又溢出炖钵了。我咬紧牙关，好不容易一桌菜做完了，色、香、味还挺不错。看着客人们吃得开心，我也开心起来，还感到是一种享受。这是父亲考核我的大作业，完成得很好，父亲表扬了我，说："你独立做了这样一桌菜，辛苦了。人生的路很长，不知会遇到多少桌菜，要你独立处理。你要有准备，有信心。别人的帮助固然需要，但自强精神、独立精神是最可靠的。"大概也是出于这样的考虑吧，父亲让刚出校门的妹妹，一个人到偏远的苏家渡学校教书，让她经受孤独寂寞的磨炼。

正是这种吃苦精神、独立精神支撑我努力学习，努力工作，奋力拼搏，我读完了本科，又攻读在职研究生；从常德基础大学一个普通实验员，成长为大学教授。我永远感谢父亲对我的教育、指引、鞭策！

我和妻子传承优良家风，教育影响儿子

中国是礼仪之邦，五千年的优秀文化传承至今，深深铭刻在中国人的心中。好的家训、家规、家风不仅承载了祖祖辈辈对后代的希望、对后代的鞭策，也同样体现了中华民族优良的民族之风。

每一个家庭都有自己的家风，每一个家长都会以自己体悟出来的处世之道教育自己的孩子。家是孩子成长的第一空间，父母是孩子的启蒙老师。在孩子身上处处会烙有家风的印记，可以说，家风

就是文化和道德的言传身教，是智慧和处世方略的潜移默化。俗话说，家和万事兴，大至国家强盛、社会祥和，小至个人生活幸福、事业顺达、身体健康，均有赖和谐的家庭为基础。

我受父亲的影响走上了教书育人的岗位，当上了人民教师，在湖南文理学院当教师 41 年多。学而优则教，是一种志向。于我而言，做教师，无论当时的家庭经济条件，还是自己的爱好和兴趣，都是适宜的。

学而优则教，前提是学而优，以其昏昏，使人昭昭是根本不可能的。感谢常德市一中，感谢湖南文理学院，感谢华中科技大学，十多年的教育培养，为我在德才方面打下了坚实的基础。天道酬勤，聪明来自勤奋，知识在于积累，正所谓"勤能补拙是良训，一分辛劳一分才"。

学而优则教，落脚点是教。"师者，所以传道、授业、解惑也。"我把自己的一生毫无保留地献给了教育事业，培养了数以千计的毕业生。桃李满天下，我很欣慰。

做教师不难，难的是做一个好教师。

当好教师，必须让学生满意。对学生循循善诱，诲人不倦，捧着一颗心来，不带半根草去，真诚地用爱心关怀、激励、唤醒、鼓舞学生，把学生当自己的子女对待。二十几年后，学生还记得我给他们垫付药费、住院时送鸡汤、到我家吃火锅等事情。

当好教师，必须让家长满意。不功利，及时化解矛盾危机，互相配合，共同教育学生。我当班主任时，全班同学没有一个人因成绩不及格而留级，或者拿不到毕业证。当班主任真的锻炼人，班主任工作经验还让我顺利走上领导岗位。

当好教师还必须让社会满意。现在是信息时代，知识爆炸，科技创新，新生事物层出不穷，教育要紧跟时代的步伐，授人以渔！

我很荣幸，一辈子在教育战线学习、工作。一身正气，两袖清风，站在三尺讲台上，为国家培养了一批又一批的有用之才。学高为师，身正为范，学而优则教，值！

儿子主要由母亲雷静教育，我配合。雷静是常德市一中的英语教师。儿子高中阶段，妈妈担任他班上的英语老师，他非常喜欢妈妈的英语教学方法，全班学生也都喜欢雷老师上课，因为她的英语功底扎实，教学方法一流，她秉持"差异发展"，采用分层教学，让不同层次的学生都能从英语学习中获取成功的喜悦与自信，教学效果很好。所以雷老师所教班级的英语成绩在常德市一中名列前茅，高考总分高于全市其他中学。

平日里，我们总是教育孩子"尊老爱幼，孝敬长辈"，教育孩子做一个讲文明、懂礼貌、不说谎话、诚实懂事的好孩子。吃饭时要先给爷爷盛饭，爷爷动筷了，小孩子才能开始吃，这就让晚辈养成尊敬长辈的好习惯。雷老师还教育孩子养成勤俭节约的好习惯，不浪费一粒粮食。告诉孩子粮食来之不易，粒粒皆辛苦。让孩子知道：和为贵，孝为先；勤为宝，俭为德。还教育孩子胜不骄，败不馁。还记得在高三的一次月考中，儿子竟然考到班上的倒数几名，妈妈看到儿子萎靡不振，主动找他谈心，并教育他说："胜败乃兵家常事，男子汉要学会坚强，在哪里跌倒就要从哪里爬起来。只要心中有一个目标，并朝自己设定的目标而努力拼搏，就能够实现这一目标。"儿子从那以后，学习更认真，更刻苦，最后考取了理想的中南大学。

我的优良家教家风，三代人接续传承，还将继续传承下去。

（作者单位：湖南文理学院）

我想变成一道光

何海峰

在我的众多身份当中，最重要的一个是：一个 18 岁孤独症孩子的妈妈。一直以来陪伴孩子一起与病魔抗争，经历过无助，也获得了希望，我想向特殊孩子的家长们分享一些自己一路走来的感受，也想给他们一些与疾病对抗的信心。

我是一名乡村小学教师，24 岁那年，我迎来了自己的小宝贝——喆喆，可孩子两岁半了，还不会说话，眼神飘忽，不听指令……

发现了喆喆的异样，于是我带着孩子来到湖南省儿童医院检查、测试，没过多久，鉴定结果出来了——疑似孤独症。拿到结果时，我和我的家人都不敢相信，看上去那么健康可爱的孩子怎么会是孤独症？一向乐天的我呆了，否认、排斥、悲伤、自责、痛苦……

这时，丈夫的挚友找到了我们（因为她儿子也是孤独症，正在进行康复），她帮我们仔细分析了孩子的状况，做了一些评估，并联系了省康复中心，要求我们立即对孩子进行康复训练。

很快孩子的语训课和感统课都安排上了，但每次到机构门口，他就会哇哇大哭，谁劝也没有用，严重时，甚至会倒在地上打滚。我知道，他只是害怕我离开，不敢一个人面对陌生人，尽管我无数次告诉他,妈妈就在外面等他,但是他太小听不懂啊,他只知道妈妈要离开他了,这里只剩下他自己和一个陌生人,好害怕。

这样的日子持续了将近半个月,随着时间和次数的累加,喆喆慢慢适应了这里的环境,他开始到处跑,围着桌子不停地转圈。此时扒着窗户踮脚探望的我,看到那些比喆喆大一些孩子的状况,似乎看到了我孩子的可怕的未来,顷刻间,仿佛所有的负能量都包围了我:沮丧、焦虑、恐慌……

可恐慌过后,内心那个声音再次响起,我是孩子的妈妈,无论怎样,我不能倒下,我要保护他。

就这样,日子一天天过去,喆喆在机构干预已经快两个月的时间了,他已经完全适应了这样的生活节奏,但是我却发现,他上课的状态很奇怪,不逃避,不反抗,也不配合,感觉就像木头人一样。面对这种情况,我开始一边带着喆喆继续机构的课程,一边寻找新的出路。这时一位家长向我介绍了另外一家"儿童家长培训班"——一个月时间,我和孩子一起上课,学习与孩子沟通的技巧,让孩子逐步适应生活。说实话,我当时很犹豫。一方面,担心一个月的课程时间太短,效果不好;另一方面,对自己没有信心,觉得自己再怎么学也比不上专业老师,但上过几堂课后,这些犹豫全部烟消云散了。

刚开始上课时,孩子像往常一样:眼神飘忽不定,目光不对视,随意走动,不听指令,抗拒哭闹,我快要崩溃了。但为孩子上课的肖老师真的很专业,总是能在孩子要闹起来的时候用语言或动作安抚下去,十天过去,孩子在眼神交流、叫名字反应、听指令等方面有明显进步。当我看到孩子听见我叫他而扭头看我时,我简直不敢相信自己的眼睛。

培训时间过半,老师开始让家长给孩子上课,终于轮到我了,我按照老师平时教的方法,该发指令发指令,该小声提醒就提醒,该奖励强化就奖励，但是孩子注意力却没有老师上课的时候好，经过一番指点，原来是我发指令拖沓，一句话没有重点，要加重语气，分神了要想办法拉回来。不上手不知道，一实战问题都出来了，所幸老师在旁边指导，我慢慢掌握了这些知识点，孩子在我面前也慢慢听话了。

我知道培训家长是让教育回归家庭，让家长成为老师，在家中带动孩子成长。要想让孩子尽快进步，最好的方式就是我能够时刻陪在孩子身边，随时随地进行干预。为了学习的系统性，我没有彻底停掉机构的课程，只是把一天的课调整成了半天，利用剩余的时间尝试给孩子进行家庭干预。

为了让老师更了解喆喆，我给孩子制订了一个合理的干预计划，我上传了很多我和喆喆的互动视频给老师，并且把我在生活中遇到的问题都在成长日记里写给了老师，希望老师能够给我更多的帮助和支持。

接下来的课程，我以为老师只是会单纯地告诉我，喆喆哪里比较差，哪里需要改进，我需要做些什么，但真正开始上课，我发现和我想象中的课程完全不一样，老师用了大量的时间带着我去观察喆喆的每一个动作和表情，引导我去理解他在做每一个动作时都在想些什么。我第一次发现，我并没有想象中那样了解我的孩子，我更多地陷入了自己的思维模式中，而没有考虑孩子和大人在思考问题时的区别。

这节课给了我很大的冲击，也给了我很多惊喜，感觉我一直都低估了我的孩子，他虽然不太会表达，但也在努力。

之后的日子，我开始给喆喆旁白，慢慢地他开始冒词了，看到汽车，他会说"车车"，有时还会主动地叫一声"妈妈"。经过冷饮店时，会指着冰箱来一句："冰棒，我要。"虽然不是很清楚，但是我依然为孩子的进步而感到高兴。

周日，带他去游乐场玩，有小朋友拿了他的球，我说你看你的球球被人拿走了，他就哼哼唧唧跑过去抢，结果没抢到，就回头看我，然后又拉着我说"拿"。以前他都不会要抢回来，更不会向我求助，一个小小的动作，让我十分欣慰。

不知不觉，在机构学习快一年了，喆喆也已经三岁半了，感觉他的认知、理解，都有了非常明显的进步，能听懂的话越来越多了，语言能力也开始有了爆发式的提高。

于是我带着三岁半的喆喆回到了老家上幼儿园，上午上课，下午进行感统训练，在生活中，进行自理能力训练，如学会去超市购物，自己吃饭，有什么需要必须先说出来，只要孩子能去的地方，我都会抓住一切机会带着孩子去感受、去接触这个多彩的世界。

日子在日复一日地重复着，孩子也在一点点成长，一转眼孩子到了上小学的年龄，而小学跟幼儿园不同，一节课连着一节课，家长要特别清醒：首先要考虑行为别出问题，再去关注学业是否跟得上；其次要培养孩子的兴趣，一来可以安抚情绪，二来可以在班里"显摆"，获得自信。因此，当我们发现孩子对音乐比较感兴趣时，就让他学习了弹吉他、弹钢琴、打架子鼓。经过几年的乐器练习，我发现孩子的情绪更稳定了，跟老师、同学们的交流也更主动了。

几年与孩子的相伴，对孤独症孩子的干预也有了一些体会：

一是帮助儿童创造语言环境，尽量多与儿童讲话，同时纠正错误发音；二是训练儿童遵循良好的作息规律，让儿童知道什么时候该做什么；三是培养孩子自己吃饭、自己穿衣等基本的自理能力；四是教他们一些基本的生活常识，如进学校向老师敬礼，过马路看红绿灯等；五是逐步帮助儿童克服其已有的不良习惯；六是如儿童存在明显的运动障碍，可适当安排体育活动项目，训练儿童的运动平衡能力；七是训练精细动作，如串珠、拼图等，培养儿童肢体控制能力，也可以达到培养儿童的注意力集中的效果；八是当儿童的症状得到一定改善之后，可以进一步地训练其语言、计算能力。

由于这些儿童长期封闭在自己的世界里，以上看似简单的训练实施起来都会因为儿童的不配合而产生重重困难，所以在对孤独症儿童的康复训练中，家长与教师的配合和耐心是非常重要的，只有按照步骤，耐心地循序渐进，反复强化，才能达到对孤独症儿童训练的理想效果。

在跟儿子这十几年的生活当中，我经历了痛苦也收获了喜乐。每当夜深人静的时候，我总是一个人默默地祈祷，祈祷自己能够变成一道光，可以一直陪在孩子的身边！

（作者单位：岳阳市平江县特殊教育学校）

蹲下来陪孩子看世界

余 波

陶行知先生曾说过："人生百年，立于幼学。"每个孩子都是一颗幸福的种子，每颗种子都是一个多彩的世界，你若想看到这个不一样的色彩斑斓的世界，那么我们最需要做的事情是：蹲下来陪孩子一起看。

但站着的我们却更熟悉另一个现实世界。你可能常常会听到这样的话："工作累""加班多""刚生了二胎""要活出自我""有老师在啊"。在2022年的全国两会期间，最高人民检察院工作报告显示，2021年，检察机关针对监护人侵害行为，支持起诉、建议撤销监护人资格的有758件，同比上升47.8%；针对严重监护失职，发出督促监护令1.9万份。这些数字，这种现状，发人深省。《中华人民共和国家庭教育促进法》应运而生，它的施行，就是要让我们不再做"甩手家长"，带娃也要依法了。

曾经看到过一个观点很是触动：家庭教育的真谛不是教，更不是管，而是引导和示范，要"蹲下来陪孩子看世界"。我想结合我的家长经历，谈谈我的一些粗浅理解。

蹲下来：从孩子的角度看世界

我的儿子现在还在读大班，不到五周岁，我常常觉得孩子这么小，懂什么？但有一天晚上的亲子对话，彻底改变了我的这个想法。

我俩常在睡前互问："你今天有什么开心的事？""你今天有什么不开心的事？""你今天有什么解决不了的事？"以此来分享每天的生活日常。有一次他问我："妈妈，你今天有什么不开心的事？"

"爸爸没回来不开心呀。"我想了想回答，因为当晚爸爸刚好还在单位加班。

儿子脱口而出："你是不是不喜欢爸爸嘛！"

我愣住了，他从哪里得出的这个结论？我赶忙解释妈妈并没有不喜欢爸爸。

过后我反思自己，平时在家里我总是会当着孩子的面唠叨爸爸，比如脏衣服乱扔，经常玩手机等。你以为孩子什么都不懂，他其实都听进去了，我们说的每一句话，做的每一个动作，他都看在眼里，记在心里。

孩子远比我们想象的要厉害，他听得懂大人间的互相指责，也看得见看似无伤大雅的坏习惯。所以，别把孩子当孩子，蹲下来，和他们平等地交流，在要求孩子"自己的事情自己做""动作快别磨蹭""尊老爱幼""少看电视多看书"的同时，也请用同样的标准来要求我们自己，家长永远都是孩子最好的榜样。

蹲下来：用孩子的心灵悟世界

2021年，由全国妇联和国家统计局联合组织的第四期《中国妇女社会地位调查》中有数据显示：0～17岁孩子的日常生活照料、辅导作业和接送主要由母亲承担的分别占76.1%、67.5%和63.6%，3岁以下孩子白天主要由母亲照料的比例为63.7%。这在一定程度上意味着，绝大多数的孩子都是在妈妈的照顾和教育下长大的，而爸爸在孩子的成长中大多是缺失的。

在我看来，妈妈的温柔、耐心同样也伴随着拘谨、焦虑，而爸爸的粗犷、大胆同样也带来了坚强与创造力。

我儿子很喜欢去小区的儿童游乐区玩，每次我带他去，他总是表现得怯怯的，碰到小朋友多的时候，我经常露出担忧的神情，怕他被欺负不吭声，怕小朋友之间闹矛盾，他也经常用眼神寻求我的帮助。但有几次，爸爸带他下去玩，我在旁边发现，他不再是我印象中那个怕生、不爱说话的小男孩，他表现得异常活跃，说话声音就像在自己家里一样大，虽然也是同样的儿童游乐设施，虽然当时也有很多比他年纪大的小朋友一起玩。

所以，千万不要忽视了爸爸的作用，父爱如山，虽然不如鲜花精致，但贵在力量无穷。

蹲下来：从孩子的高度看世界

还不到五周岁的小孩，你希望在他的记忆中留下什么呢？我始终认为，每个人的经历都会在他的生命中发挥或多或少的价值，只是有一些很快就能表现出来，而有一些正在慢慢酝酿，厚积薄发。

前不久，我们带儿子去老家采茶，那天下着毛毛雨，我们一行三组家庭穿着雨衣在当地茶农的带领下进入茶园。茶树的高度让儿子只露出了半个脑袋，而且下着雨，地上泥泞不堪。这在往常，他一定会退缩，嫌山路不好走，太累了，嫌茶园里有小飞虫等，但那天他完全没有，似懂非懂地听茶农教授采茶的技巧，露着半个脑袋穿梭在茶园里和大人一起劳作。亲手采茶，观察炒茶，然后回家期待用茶叶泡茶喝……

我不知道这次经历会不会帮他在以后考试时多拿几分，但一定会让他明白劳动的乐趣，会在幼儿园寻找春天的调查表里，和妈妈一起画下绿油油的茶叶。所以，我们尽可能多地带孩子去看看外面的世界，无论是周末的郊游还是短途旅行，他也许不会记得每一次的细节，但我始终相信，那些旅途中的所见所闻都会在不知不觉中教会他生活的经验，让他对这个世界的认知又多了一种方式和纬度。

也许教育真的没有什么速成班，那我们就沉下心，蹲下来陪孩子一起看世界。

（作者单位：岳阳市汨罗市新市镇中心小学）

共圆教育梦 同聚家国情

汤新民

2022年南岳区第38个教师节庆祝表彰大会上，南岳完小老教师陈槐根的家庭获得了南岳区政府首次推出的"教育世家"的重大奖项，组委会给予的颁奖词写道：

一根教鞭，三尺讲台。你们大爱无痕，是和煦的阳光，照亮少年儿童健康成长；一个家庭，三代园丁。你们师德高尚，是奉献的人梯，托举祖国未来创新脊梁。

爱岗敬业，爱生如子——这个优良"教风"给这个"教育世家"的传统家风作了最好的注脚。

爱 心

"班主任不仅仅是一个班级的组织者和管理者，更是一个班级的教育者。和其他老师相比，班主任所担负对学生教育的责任更重，所付出的爱也就更多。"这段话摘自陈槐根老师的教学笔记。

荣誉等身的陈槐根老师今年75岁，在教育战线奋斗了31个春秋。1971年从一名代课老师做起，她在南岳完小当过班主任、德育处主任、少先队大队辅导员、副校长、党支部书记；获得过区、市、省部级多项嘉奖，1988 年被国家教委授予"全国中小学先进德育工作者"荣誉称号。如今，她进入了南岳衡山老干部、老战士、老专家、老教师、老模范"五老"智库，在传统的节假日还经常看到她那忙碌的身影：在红色景点向游客讲述红色故事，在学校给少年儿童上队课，在陈列馆为年轻学子讲党史……

回顾自己的教师生涯，陈槐根感慨万千，她说："从事教师职业还得由衷感谢自己的母亲。"经营黄金路段香铺的母亲当年作出了一个大胆的抉择，让高中毕业的女儿去当工资少得可怜的代课老师。

"我们再也不能吃没有文化的苦了！"母亲语重心长地说，"比起卖香，当个老师多么光荣啊！"就是母亲的这句实在话，让陈槐根鼓起勇气当上了代课老师，并且深深地爱上了教师这个职业。

陈槐根当了几十年的班主任，她认为：班主任只有关心、体贴学生，用爱去感化学生，才能让学生得到温暖，使学生产生情感。旷剑波同学是一个留守儿童，由于孩子缺乏照顾，导致营养不良而体弱多病。为此，陈老师不但在学习上要给予辅导，在生活上还要给予关怀。有一次旷剑波好似得了重感冒，陈老师拿出家中的感冒药给他服用，可是到了下午发现有点发烧，于是安顿好学生后马上送他到医院。医生诊断为急性肾炎，陈老师陪着旷剑波做检查、搞化验、打点滴，忙上忙下整整一个下午，输液时陈老师还在病床上辅导旷剑波做作业。值班护士很是佩服这位慈祥的"母亲"，其实，她全然不知这只是孩子的班主任老师而已。

周玉帆同学由于家庭经济条件较为殷实，在校与同学攀比而无心读书。通过一周的接触与了解，陈老师终于揣摩到了周玉帆的内心世界：物质享受充足，情感关怀缺乏，责怪父母给予的"爱"太少。陈老师认为要在周玉帆身上进行"情感投入"，让她感受到人文关怀。自习时，陈老师就经常坐在周玉帆身旁，询问她学习上有什么困难，生活习不习惯；节假日还经常把她领回家做客，在辅导学习的同时还循循善诱，告诉她父母在外打拼的艰辛、生意场上竞争的激烈，教育她要学会尊重长辈，感恩父母。同时，陈老师及时与她父母沟通，指导其父母改善教子方法。渐渐地，周玉帆逐渐消除了与父母之间的隔阂，每逢周末，她都要主动与远在广州的爸爸妈妈通电话。

信　心

"班主任要把自己最主要的精力放到班集体的建设上，把每个学生的成长置于集体的共同进步之中。班主任工作的艺术，在于重视和发挥班集体的作用。"这段话是陈槐根老师的女儿蒋婷老师的教学体会。

陈槐根深深懂得，家庭教育的好与坏将直接影响孩子的一生。为此，她特别重视以身作则和言传身教，以自身的健康思想和良好的品德修养引导和帮助后代逐步形成正确的世界观、人生观和价值观。

因丈夫长年在乡镇工作，培养孩子的任务就全部落在了陈槐根的肩上。在对女儿的教育上她同样充满着爱，教育女儿爱祖国、爱人民、爱家乡。在良好的家庭教育熏陶下，女儿活泼自信，热情大方，自强自立。女儿蒋婷1989年从学校毕业后就接过了妈妈的接力棒，今年已有50岁的她在南岳完小当过语文老师兼班主任、少先队大队辅导员、政教处主任、校长助理、学校工会主席；先后获得"衡阳市十佳少先队辅导员""衡阳市优秀教师""南岳区人民满意教师""南岳区优秀教育工作者"等荣誉称号。

"勤勤恳恳地教书，踏踏实实地育人"，这是母亲陈槐根教给女儿为人为师的准则，也是蒋婷老师一贯坚持的工作作风。记得北京举办奥运会那年秋季，她担任三（1）班语文教学兼班主任工作。开学两周之后，老师与学生就能打成一片，班风与学风也焕然一新，在学校的班级管理中，树起了一面鲜艳的旗帜。这时学校较乱的五（6）班因班主任老师突然流产而身体不适，考虑再三，学校决定将蒋婷老师从三（1）班调到五（6）班任教语文兼班主任。蒋婷老师没有丝毫犹豫，她信心满满地接受了这份既艰辛又富有挑战的任务。

刚接任五（6）班不久，班上就发生了一起恶作剧。有天自习课，蒋婷老师一推开教室门，突然几把乌黑的"冲锋枪"对准了她，接着就是歇斯底里的呐喊声："不准动！"课桌上也架起了几条凳子，像"掩体"一样，只看到几个脑袋冲着教室门口。蒋婷老师当即被吓了一跳，她顺眼望去，为首的学生是朱海涛。

朱海涛是班上最调皮的学生，无论是学习还是纪律都是班上最差的，别的老师批评了多次也不见效。放学后蒋老师将朱海涛拉到了校园运动场散步。"你们在进行军事演习吗？"蒋老师问。"嗯。"朱海涛点了点头。"那么说，你想当解放军？""是的，我读书不行，爸爸说我长大了去当兵。"

第二天，蒋老师向那些想"当兵的人"推荐了黄继光、董存瑞、邱少云、雷锋等英雄人物的故事书，并告诉他们："一支军队如果没有铁一般的纪律，那么只能说是一伙乌合之众，而乌合之众是战胜不了敌人的。"为了促进他们的转变和对全班进行教育，蒋老师还在周末组织了"向英雄人物学习"的主题班会，教育他们要像邱少云那样遵守纪律，像雷锋那样用钉子精神刻苦学习。随后在班级里掀起了"向英雄人物学习，争做刻苦学习、遵守纪律模范"的活动。那些"当兵的人"深受教育和启发，这次活动促成了他们的转变与进步，通过因势利导、循循善诱，昔日全校的乱班发生了翻天覆地的变化，在期末学校文明班级评比中，五（6）班还被评为"优秀班集体"。

细 心

"学生的健康成长，不仅要靠知识的灌输、智慧的启迪，更要靠班主任对他们的关心和爱护，尤其是对那些境遇不好、性格内向的孩子要倾注更多的爱。"这是陈槐根老师的外孙、蒋婷老师的女儿黄子轩老师的教学反思。

陈愧根老师认为，每一个孩子出生时都是一张可画最新最美图画的白纸，关键是家长自己是否具有良好的教育行为，即要重视家庭教育，提高教育素质，创造一个适宜孩子成才的环境。

在母亲的教育思想熏陶下，蒋婷深深地知道家庭教育对孩子的影响很大。为此，她和丈夫高度重视家庭教育，将良好教育世家的家风传承作为家庭教育的重要任务。在女儿的教育上，他们以"立志"作为孩子教育的起点，教育女儿有志向、有担当、有爱心，激励她为实现自己的理想而努力奋斗。女儿黄子轩今年27岁，大学毕业后进入了教育战线，在南岳完小担任过多年的班主任。黄老师说，在平时工作和生活中耳濡目染了妈妈和奶奶对学生的爱，让自己在班级管理中也渗透了"爱"的琼浆。

黄子轩老师回忆了在班级工作中由于"细心"而避免了一次"误判"的暖心事例。在一次检查作业时发现国庆黄金周的家庭作业只有新生李敏没有完成，问其原因，她避而不语。"这可能是拖欠作业的'高手'"，黄老师心里直犯嘀咕。下课后，黄老师领着李敏来到了办公室进一步了解情况。原来李敏身处单亲家庭，是奶奶拉扯长大，靠爸爸驾驶拖拉机跑运输来维持生计。这次因下雨路滑，爸爸驾驶拖拉机不慎侧翻，受伤住进了医院，国庆节期间，李敏在医院一边护理爸爸一边写家庭作业。听了李敏的讲述，黄老师感觉怜惜交织着误会撞击着胸口，多么懂事的孩子啊！作为班主任应该表扬和鼓励她。

在班会上，黄老师讲述了李敏家的情况，还主动带领大家捐款。得到大家的关爱和帮助，李敏深受感动，性格内向的李敏也逐渐融入了班集体，重拾刻苦学习的信心和克服困难的勇气。

陈槐根老师认为，家庭教育工作开展如何，关系到孩子的终身发展，关系到千家万户的切身利益，关系到国家与民族的未来。回顾自己的人生经历，陈槐根老师说，自参加工作以来，自己在教书育人、传承家风等方面承担了应尽的责任和义务，得到了家长和社会的充分肯定，同时也受到了党和政府的关怀与奖励。陈槐根老师表示，虽然自己已经退休 20 年了，但是只要身体硬朗，她就要继续为提升家长个人素质、促进家庭和谐发展、培养下一代青少年茁壮成长发挥自己的光和热……

（作者单位：衡阳市南岳区教育局）

温暖的视线

徐育新

人，即使活到七八十岁，有母亲在，多少还有点孩子气。失去了慈母就像花插在瓶子里，虽然还有色有香，却失去了根。

我的母亲永远离去已二十几年，轻推古朴而氤氲的记忆门扉，母亲几十载的与人为善，面对风雨的乐观与坚强，每次离家时那殷殷的叮咛、温暖的目光，这么多年来一直伴我左右，如影随形，梦里依稀……

善良贤惠的母亲

在我儿时的记忆里，外婆家总有两个常来我家的特殊客人：一个哑女、一个盲人。

那时候，子女多、经济无来源是父母那一代人生活的窘境常态。二哥还没有成家，三个姐姐扎堆出生，再加上我这个"不速之客"，生活的艰难可想而知。可每次他们来，母亲总是留他们在家吃饭，把好一点的菜不停地夹到他们的碗里，天气不好就留他们在家过夜。哑女遇人不淑，丈夫酗酒后总是拳脚相向，娘家又没有亲人，母亲似乎就成了她唯一的依靠，隔不多久就天聋地哑地到我家来，心慈的母亲总是陪着她流泪，语言的障碍丝毫不能隔断亲情的交融，一月又一月，一年又一年，一直延续到母亲去世。盲人是个孤儿，是母亲的一个远房侄子，自幼父母双亡，母亲便是他最近的亲人。母亲总是把他当作自己的亲儿子一样对待，一针一线为他缝补衣物，一言一语叮嘱他要好好活着，他回家的时候母亲总是还捎一些东西让他带回，从不求回报。有一年年关将近，那天大雪茫茫，他竟提着两斤猪肉从家里来看母亲，四五里的路程，他一路在雪中爬过来，足足用了四个小时，我清晰地记得，母亲含着眼泪，停驻在原地良久。

我震撼于母亲这样的善良。

我的老家兰坡徐是一个很大的屋场，整个屋场依山由北而南面东而建，我的家就在最北端的山头上，是老农们去忙农活和上桃林集镇的必经之路，在童年的记忆里，母亲总是像"老板娘"一样，热情地招呼着过往的他们歇息、喝茶，一年四季，春夏秋冬。我敢说，母亲是全屋场上百户人家中最贤惠的母亲。

坚强乐观的母亲

七口之家，全靠父亲出工出力，缺衣少食是母亲每天必然遇到的最难的课题。在苦痛的记忆里，每年青黄不接的时节，母亲总是到东家借盐西家借米来维系这个家庭，含辛茹苦把几个子女抚养成人。年华的逝去，母亲的头发白了，腿脚也慢慢地变得不灵活，但母亲从未抱怨，从未因此落泪伤心。

母亲把全部的希望都寄托在我这个最小的儿子身上，省吃俭用供我念书，腰弯了，背驼了，从没有说一个累字，从没有讲过一个苦字，欣慰地看着我一步步读完小学、初中，一步步艰难地送我读高中、大学，直到走上工作岗位、结婚生子。然后她就那样平静地默默地走了……忘不了屋檐下母亲目送我上学久久伫立的模糊身影，忘不了走上工作岗位的前一天晚上母亲"人过留名，雁过留声"的细声叮咛，忘不了每一次回家母亲温暖的目光，也忘不了母亲卧病在床仍对我生活、工作、婚姻事无巨细的牵挂和念叨。

正是平凡的母亲，把最美好的东西给了我，在我 30 余年的教学生涯中，让我拥有了一颗善良和坚强的心，处处与人为善，公平对待每一位学生，乐观面对每一天的生活。

母亲的力量

大学毕业那年，作为第一个分配到火天中学的中文专业的大学生，我幸运地成为初二年级的英语教师，三个班每星期 18 节课，我毅然用微薄的工资去征订英语教学方面的杂志，俨然成了乡里最优秀的英语教师。后来学校领导又让我继续担任初三的英语教学，再后来学校缺少地理教师，我又自告奋勇扮演了七年地理老师的角色。

我辗转火天、范家园、三中，后又来到了一中，送走了四届初三、八届高三的学生。每当工作累乏困顿、意志倦怠之时，母亲温暖而坚毅的目光总是给我绵绵的力量。我获得了组织给予的许多荣誉，只可惜母亲早已不在人世太久了。

如果有灵，善良而坚强的母亲一定在九泉之下因为她儿子的争气而含笑长眠的。

我一生唯一给母亲尽过孝的一件事是给家里买了一台 17 寸的黑白电视机，这只是一件多么微不足道的小事啊！

谢谢有您，您虽生命卑微如青苔，却温暖庄严如晨曦；

谢谢有您，我的世界才不是寂寞的荒野，而是四季流芳的花园。

（作者单位：岳阳市汨罗市一中）

"莲"之家风 润物无声

张 璟

在我家客厅最醒目的位置，挂着一幅高洁的莲花十字绣，那是在 2015 年外公去世的那一年，我用了半年时间亲手绣制的。每当看到这幅莲花绣，我就不禁想起我的外公。莲是"出淤泥而不染，濯清涟而不妖"的花之君子，我的外公就是这样一个心若莲花的谦谦君子。

一个初夏的周末，我又回到了后山老屋，这个见证了我整个童年的地方。小院一角的大缸里，一枝莲，悄然绽放。

是的，还是记忆中的那枝莲，那枝绽放在墨客笔端、传颂于文人秀口、穿越了千年历史的莲。古代大多文人或者清官都偏爱莲花之美，尤爱其品行之高洁。莲花乃廉洁之象征，身处污泥之中，却纤尘不染，洁身自爱。赏莲如同赏心，一颗高贵廉洁之心。

"高洁青莲若为官，光风霁月伴清廉。世人都学莲花品，官自公允民自安。"视线随着脚步移到客厅的墙上，一幅已经泛黄的书法作品悬于正堂，作者也是院中那枝莲的主人——我的外公，一位已退休在家的教育界老干部。"莲是花中君子，廉为人之正品，'莲'与'廉'既有谐音，又有同义，所以古人常用'一品清莲'表达对清官的赞誉。"外公的话让我第一次对"廉"有了懵懂的印象。外公也用他的人生在为"廉"作注。

　　我的外公 1933 年出生于湘潭县的一个偏远山村，兄妹五人，他排行第三。外公学习刻苦，成绩总是名列前茅，但是，由于家境贫寒，生活艰苦，16 岁那年，高中才读一期便被迫放弃学业参加了工作。他先后在衡山、衡东两县的十多所中小学任教，与外婆异地分居 28 年，把青春献给了党的教育事业。吃过近 30 年的食堂钵子饭，住了近 30 年集体宿舍，在那样艰难的岁月里，他热爱教育的初心矢志不渝，鞠躬尽瘁写满忠诚，40 年勤勤恳恳，兢兢业业，每到一处，都在努力散发自己的光和热。1983 年退休后仍为衡山、衡东两县撰写《教育志》，义务打工八年。

　　外公才华出众，却谦虚谨慎；成就斐然，却淡泊名利。外公一生好学，虽然只念过高中一期，却执教过高中毕业班语文学科；没读过师范，却掌门全县中小学教育教学研究。学历不高，但阅历非凡，于中文颇有造诣；职务不高，于教研很有建树。

　　外公是个好儿子，孝敬双亲的事迹乡间邻里传颂扬名。外公是个好丈夫，与外婆风雨同舟，甘苦与共，金婚 63 年。外公是个好爸爸，对儿女授业解惑不知疲倦。外公是个好爷爷，给孙子们端水喂饭不厌其烦。外公是个好居民，从不看热闹，从不道长短，热心公益，注重名节。他做事轻手轻脚，生怕吵了邻居；说话细声细气，生怕伤了和气；听了流言蜚语会劝一劝，见人就是一脸笑。

　　外公一生清廉守正，不吸烟、不酗酒、不赌博、不贪小便宜，以身示教。他常用赵氏家谱祖训教育下一代说："福生于清俭，德生于卑退，患生于多欲，祸生于多贪。"他为子孙后代烙出了"清廉、真诚、勤奋"的做人行事的基本底线。

　　外公刚退休时，也有企业要返聘他，被他谢绝了，说是要回乡修身养性。这缸莲花便是他那时种下的，字也是那时写的，他半开玩笑说，给子女没留下什么钱，留点精神遗产更长远。外公是有远见的，两个子女，经济上不算富足，但凭本事吃饭，口碑都好，用外公的话说就是，没有给他丢人。

我的舅舅和我的母亲从小就在这种清廉的家风、家教中耳濡目染，奋力成才。我的舅舅，先后毕业于南华大学、东北师范大学。先前是湖南环境生物职业技术学院研究员，后任湖南交通工程学院党委宣传部部长、研究员，历任主任、处长、院系书记、部长、监察员等职，兼任国家级学术期刊《医药与保健》编委、衡阳市政府采购评标和省教育厅评审专家。他出版的《耕耘足迹》丛书共九卷，第五卷《立教圆梦》中第52篇《凡人与完人》，就是纪念我的外公代序。

我的母亲继承了外公的优良传统，生活俭朴，吃苦耐劳。从小我就在她的身上看到了我家的家风——廉洁。母亲常常教导我说："身正为师，德高为范，唯有甘于坐冷板凳，耐得住清贫，才能成为一个好老师。"她从每个月补贴5元的民办教师做起，一直到退休的那一天，38年，13870个日日夜夜，不知有多少次，为学生留校补习，又不知有多少次披星戴月进行家访，可她从没想过去收取什么补课费，更没想过要去收家长们的钱物。退休那一天，当她胸前佩戴着光荣花的时候，我看见了她眼中晶莹的泪花。她舍不得奉献了一生的三尺讲台，舍不得她钟爱了一辈子的教育事业。

记忆中，母亲多少次回忆外公说："那年，民办教师转公办教师考试，你外公出试题，而我正是其中的一个参考民办教师，你外婆多次询问试卷，外公总是说，胸有点墨无须借外力，有多少民办教师孜孜不倦地工作在一线上，心心念念就盼着这一次，我能自私开后门吗？相信我的女儿会明白的。"外婆知道在外公这里徇私是行不通的，趁外公不在家，翻箱倒柜找试卷，无果。直至多年以后才发现那张试卷压在老坛的底下，已是破烂不堪。母亲每每说到这些，语气里总是有些许淡淡的埋怨，脸上却又是那种凝重的神情，带着敬佩，眼睛里泪花点点。

静观水中之莲，莲花的茎干直挺着高居于水面之上，像那个老人挺拔了一辈子的脊骨，昂首挺胸尽情绽放它独有的淡雅之美，有一种别样的韵味不需要多加修饰，有一种可贵的精神不需要美言颂扬。

人生苦于受世俗干扰而不能自已，苦于难辨是非误入歧途，苦于求之太多而忘记初心。如今，我也成了一名光荣的人民教师，渐渐懂得，人心之清明才是关键。教师更当明事理，懂为人之道，以德为先，守本分，与人真诚友善，不做唯利是图之小人，自觉阻隔不良风气。教师当记，清明廉洁方可净化社会风气之本，培养高风亮节之有用之才。

人间春色本无价，笔底耕耘总有情。我从一名班主任到学校中层干部，在小学教育事业中踏踏实实、默默耕耘 26 年，甘当春泥育桃李，愿做教育追梦人。怀着满腔热忱的教育情怀，我曾获县级优秀班主任、市级骨干教师、市级德育先进工作者的荣誉称号。

任班主任期间，我从不收受任何家长赠予的财物，不参加家长的请客聚餐，平等对待班级每一个学生，特别对于班级的贫困学生，我总是默默关怀，施以援助。上一届班里一个学生的妈妈不幸患上了白血病，渐渐地，孩子在集体中变得沉默寡言，眼睛经常是红红的。我通过家访了解情况后，拉着孩子的手进行了心灵深处的交流。随即开展了一次"阳光总在风雨后"为主题的班队活动课，让全班孩子正确面对困难，勇往直前，做个内心强大的人。我带头捐款，并倡导全班的孩子们爱心捐助。虽然这份捐助对学生的家庭来说只是杯水车薪，我却相信，我们的爱心行动深深感染了她，并激励着她。那天，孩子奶奶提着一块熏黄的腊肉来到我的家里，热泪盈眶地握着我的手，什么话也说不出来。我懂她的感恩，也懂她的不易，在她的口袋里偷偷塞下几百元钱。

2001 年的那届，班里有个女孩聪明能干，成绩拔萃。但是，我总能发现她笑靥里有种淡淡的忧伤。后来了解到，她的妈妈有残疾，爸爸过世得早。多么让人心疼的孩子！从那以后，我一有空余时间就找她聊天，给她解惑，渐渐地，我们成了朋友。我会经常陪着她回家帮她妈妈做家务，给她买学习用品、生活用品……直至现在，每个节日我都能收到她那张芬芳的卡片，一声"老师妈妈"让我有种别样的幸福感。

春华秋实，夏菡冬蕴。不知不觉我已在教育一线走过 26 个春夏秋冬，我的孩子已在自己的工作岗位上兢兢业业地贡献着自己的力量。偶尔，他也会在深夜拨来电话："妈妈工作辛苦，要照顾好自己的身体。""中秋节公司发双倍工资，我留在这边值班。""我在公司管电机检修，有厂家请我吃饭，想走点后门，我才不去。""妈妈，国庆节后休假，我回家陪你几天。"听着这些零碎的闲聊，我内心感到无比的欣慰，外公的如莲般的家风，已然润物无声，化成了一代又一代的理想和信念。是啊，一日三餐，粗茶淡饭，不求大富大贵，只求无愧于心，一家人围炉而坐，谈笑风生，就是人生最大的幸福。

所叹，人心常易受蛊惑；所幸，心中有廉终清明。我爱莲，我懂莲，我愿成为一枝莲，以莲的品格洗涤心灵的尘埃，以莲的精神演绎人生的真谛，让"莲"之花代代相传。

（作者单位：衡阳市衡山县城北小学）

夸夸我的好婆婆

彭 卫

一提起我婆婆，十里八乡知道她的人，没有不夸好的。作为她的儿媳，跟她共同生活了 20 多年，亲眼见证了她的好，亲身感受了她的亲。

我的婆婆，生在一个兄弟姐妹众多的家庭，因在家排行老四，所以大家习惯性地叫她"良四"，久而久之，我公公成了她真实名字的唯一使用人。

不必说她吃苦耐劳，勤俭持家，也不必说她一手带大六个孩子，单说她任劳任怨地照顾两个中风卧床的老人，就足以让人心生敬佩。

1978 年，我婆婆已经是三个孩子的妈了，她自己最小的女儿才一个多月。就在那年年底，她的公公突发中风，右半边完全瘫痪，全身动弹不得，屎尿全拉在床上。她的婆婆照顾了半个月就受不了了，自己差点也晕倒。这时我婆婆勇敢地站了出来，在公公的病床前支了个小床，带着孩子睡在旁边，全心全意地照顾公公。

每天早上，婆婆就打好热水，轻轻地给老人洗脸擦身，边擦边轻声细语地陪他聊天。最难的是换身上的脏衣裤，成人的屎尿特别难闻，婆婆却一点也不畏难，快手快脚地把全身的衣服脱下来，然后没事人一样又快快地帮她穿好干净的。冬天的时候，她还先把要穿的衣服放到火炉上烤热。一开始，老公公面红耳赤的，嘴里直嘟囔："这真是折磨人啊！丢脸！丢脸！"然而又无可奈何地直哭。婆婆却大大咧咧地说："您这么老了，跟我的爸爸一样，有什么难为情的。我崽都生了三个，还有什么没见过！我这么忙，可没时间来看你的那些难看地方。"她用厚实的棉布缝了几个长条形的袋子，里面装上草灰，系在老公公的裤裆里，做成了自制的尿不湿。忙完这些，就端来热腾腾的早餐，一勺勺地喂他吃饭。婆婆手脚麻利，连带着一起把小女儿也喂完了。喂完早餐，就提着臭烘烘的裤子去池塘边刷，先用棍子把裤子上的屎戳下来，再用鞋刷仔细地去刷，刷完后拿回家里用热水泡，再用肥皂搓，这样洗完就完全没有异味了。

老公公中风以后，动弹不得，心态很不好，动不动就伤心掉眼泪。我婆婆就尽捡些队上村民发生的趣事说给他听，因为都是老公公熟悉的人，他听得格外感兴趣。只是老公公有时听着听着又哭了，哭着哭着又笑了，别人就给他取了个外号——老三划子。老婆婆看到媳妇照顾得这么好，就安心地在家做好一日三餐，帮她看好另外两个大点的孩子。经过大概半年的休养治疗，老公公的病情逐渐好转，可以拄着拐杖下地走了，然后越走越好，越走越远，逢人就说："我这次，搭帮我的媳妇，捡回了这条命。"

那时候，大家的家庭经济状况都不好，老公公看到家里困难，就在卫生院的熟人那里批了一些当归、熟地等中药材，装在一个布袋子里，一瘸一拐地背着，走村串户去贩药，赚了钱就全拿回家补贴家用。我的公公也非常勤劳肯干，家里虽然负担重，但他们夫唱妇随，老人健康，孩子成长，小日子过得是蒸蒸日上，多次在生产队评到了"五好家庭"。

可惜好景不长，没过两年，婆婆的公公再次中风。这次比上次要严重多了，右边偏瘫，左边麻木，口眼歪斜，屎尿在身上，鼻涕口水直流。医生看了直摇头，说："尽人事听天命吧！"房间的小床又支起来了，婆婆再次驾轻就熟地照顾起来。似乎照顾老公公，就是我婆婆一个人的事一样。只是这次还增加了一个项目，医生交代，要每天多次用热水揉擦中风的手脚，这样看能不能恢复知觉。每天我婆婆把家里重的难的事情都忙完后，才放心地出门去做下田里的工夫。隔一阵子就回来帮老人擦身体，除了有她的婆婆帮着翻一下身、拧一下毛巾之外，其他全是我婆婆在做。这一照顾，大概就有两年多的时间才慢慢地恢复。周围的邻居来探望闲聊，都说照顾得好，病了几年，房间里面没有一点异味。好转的老人，也只能拄着拐杖，在房前屋后走走，捡点枯枝干柴。走不了多远脚就没有力气了，有时候摔倒在地坪里，别人看到，总是说："你不要到处走啰，绊倒（即摔倒）了又讨嫌。"弄得老人有时摔倒了都不敢喊，自己挣扎好久。但是如果是我婆婆看到，她就什么也不说，或是提醒他以后要小心一点，细心地把他扶起来，什么怨言也没有。后来又经历了两次小的中风，大家似乎已经见怪不怪了，床上躺几个月或是年把，又能爬起来了。

这样过了二十几年，在 2001 年的冬季，她公公又中风了。这一次他再也没能从床上起来，整天躺着，要人端茶喂水，端屎端尿。稍微精神一点，也需要我婆婆帮他把裤子褪下来，扶着在房间的椅子上方便。老人多次哭着说："怎么还不死啊，这样折磨人啊！"我婆婆总是耐心地劝解他说："我都没想你死，你就想死了？好死不如赖活着。"的确，老公公有着顽强的求生意志，非常的坚强，只是身体这台机器，已经是严重老化了。到最后的时候，吞水都很困难了，张大嘴巴竭力地呼吸。我婆婆用棉签蘸着水，滴在他的嘴里，或是轻轻地涂在他的嘴唇上。老人多次对我婆婆说："良四，我这世人，搭帮有你咧。你这样做，有好处的啊！只是你莫太老实了，莫受人欺。"后来老人水都进不了了，嘴巴干裂得流血，我婆婆心疼得直掉眼泪，说："爸，你安心地去啰，不要挂念我们啰。"她整晚守在老人身边，直到老人去世。那一刻，我婆婆似乎也得到了解脱，她大哭了一场，然后擦干眼泪说："老人病得那样，我看得好难受，我又不能帮他拿掉痛。现在他死了，平平静静地睡在那里，好舒服的。"在 2003 年元旦的时候，她的老婆婆也中了风，就在这年 12 月底，我又生了孩子，都是我婆婆在照顾。老人可以说是忙得从来没停歇过，只是她从不说一句难听的埋怨的话，整天笑眯眯地对着家里人，家里总是和和气气的。

我和我的老公，是别人介绍相亲认识的，属于婚后恋爱的那种，因此一开始就有诸多的不和谐，加上年轻气盛，免不了经常争吵。我婆婆看到，总是急在心里，想方设法地从中调解关系。家里的事情，带我的孩子，她总是全部包揽，对我说："你们年轻人，趁着年轻，多出去玩玩！"实际是要我们俩互相多加陪伴相处。和我谈起她儿子，一开始她总是顺着我的心意，随声附和，看我没那么气愤了，就开始说他崽的种种优秀。她跟我说："卫啊，你想一下，这世上没有完人，只要大部分是好的方面，就不错了。"我一听也的确有道理。每次和她崽说起我，就总是说我如何为这个家尽心尽力，如何教育孩子等，让我老公觉得，媳妇虽然脾气不太好，家里还是少不了她。这样我俩逐渐变得能够相互体谅，相互依存了。现在我俩的婚姻经过了 20 多年，已经是稳如磐石，密不可分了。尤其在教育孩子上，我婆婆是完全按照我说的去落实，总是对我崽说："你妈妈是老师，她讲的是对的咧！你要发狠读书，才有出息。"从不护短。我崽在 2021 年以优异的成绩考入了中南大学，我想这与我婆婆的悉心照顾、耐心劝导是分不开的。现在，我们夫妻俩相敬如宾，儿子上进乖巧，我的家庭，又成了当地人效仿的榜样。

以前听我婆婆说，她的婆婆是地主人家的大小姐，一直就瞧不起她这个文盲儿媳。后来看到我婆婆做事肯干，人又老实，才慢慢对她好一点。但是我婆婆的几个儿女，都受到她的影响，小小年纪就都帮着妈妈照顾爷爷，抢着帮家里做事。对妈妈也是非常的孝顺，几乎是有求必应。很多事情，不要她开口，儿女们就都已经给她安置好了。三个儿女的家庭，都是和睦团结，家人之间互相理解，互相帮助。

我想，这样的家风，应该是从我婆婆那里传承而来的吧！乡下有句俗语叫"滴滴屋檐水，滴得现窝里"，大概说的就是这个道理吧！

（作者单位：长沙市泉塘小学）

父亲的教诲

谷春荷

在 1992 年草长莺飞的三月，一个女婴在父母的热切期盼中呱呱坠地，这个女婴就是我。

流年似水，在母亲的精心照料下，我一天天长大，很快就上小学了。在我进学校的第一天，父亲就对我说，要好好学习，长大了才有出息。但是他觉得我不够聪明，于是送我一句格言："勤能补拙是良训，一分辛苦一分才。"我当时太小，不懂这句话的意思，就跑去问老师。老师告诉我："这句话的意思是说，勤奋可以弥补笨拙的缺陷，这是良苦的训导；付出多少辛苦，就会增长多少才干。"于是，我把父亲的这句话记在心里，从此勤奋学习。

小学是基础。我的父母亲非常重视我的学习，记得那时老师布置了抄写拼音字母之类的作业，可能因为笨，我居然不会握笔，于是父亲就握住我的手一笔一画地教我写起来。我很感动，于是勤学苦练，越写越好，终于得到了老师的表扬。那是我第一次得到表扬，我体会到了学习的乐趣，更加热爱学习，学习成绩很快就名列前茅。到三年级的时候，换班主任了，班主任说新学期要重新选班干部，因为我学习成绩好，全班同学一致推举我担任班长，老师也看好我。尽管我的心思全在学习上，没怎么管纪律，我还是连续当了两年班长，并且每个学期都被评为"三好学生"。但由于那所小学只能读到四年级，我在读五年级的时候便来到了中心完小，一切从头开始。

这时，父亲对我说，到了新的学校，要知道"人外有人，天外有天，不可骄傲自满，止步不前。学如逆水行舟，不进则退"。我牢记父亲的教诲，继续努力学习，但不知为什么，尽管我很努力，班上有个男同学每次考试总分总是排在我前面，就是比我强。因为他数学比我好，我确实体会到了父亲说的"人外有人，天外有天"。又想起父亲说的"学如逆水行舟"，于是我更加勤奋刻苦地学习，尽管依然没超过那个男孩，但我在小学毕业时也考上了耒阳市的重点初中。把好消息告诉父亲和母亲时，母亲先是和我一样开心，一个劲儿地夸我，突然却又皱起了眉头，说："春春啊，那两所学校是私立学校，学费很高啊，一个学期就要交两千多块钱，还不包括生活费呢，我们家的条件你是知道的……"父亲也无奈地摇摇头，说："孩子，都怪爸爸，这些年来外边的事不好做，没赚到什么钱，对不起你……"我瞬间明白了，家里没钱供我去城里读书！我有点失落，父亲接着安慰我说："孩子，是金子总会发光的，你看能不能就在咱镇上的中学读？"我觉得父亲说得对，立马点头说："好！爸爸。"于是我就在耒阳市大义镇读初中。

村里好多人都觉得惋惜，说我是一棵读书的好苗子，却要被家庭经济拖累，可能没什么出路了。我也是偶然听到了这些闲言碎语，心中顿时懊恼起来，但想起父亲说的那句"是金子总会发光"，我就又有了前进的动力，于是继续努力学习。老师们知道我考上了重点初中没去读，他们都很器重我，尤其是班主任刘老师，对我特别关照。又因为基础扎实，我每学期期末都轻轻松松地拿"三好学生"奖状回家。但也在这时，我明显感觉数学变难了，数学老师是个女的，一看就很聪明睿智，此时我在她眼里很傻很傻，因为有好几道题目在她看来非常简单，我却一遍又一遍地问。她把我不够聪明的事告诉了班主任，班主任找我谈话，鼓励我学好数学，不要偏科。好在数学老师虽然嘴上说我笨，但她看在我勤奋的份上，也不忍心打击我，还耐心地教导我。而我之所以勤奋，仍然是因为牢记着父亲的那句格言。皇天不负有心人，初二的时候，我在耒阳市举行的语数英联赛中没有被数学拖后腿，喜获市二等奖。当时教育局规定，在联赛中获一等奖，中考时可以加五分；二等奖加三分；三等奖加两分。我很开心地跑回家，第一时间告诉父母，就在我眉飞色舞的时候，父亲又给我浇冷水："春春啊，谦虚使人进步，骄傲使人落后，还没到中考呢，就算中考之后也还有高考等着你呢，进步没有终点。"是啊！父亲说得对！"革命尚未成功，同志仍需努力！"我定下短期目标：考上重点高中！父亲说，只要我考上了重点高中，哪怕砸锅卖铁，他也会让我继续读书。这句话对我来说无疑是定心丸和强心剂，我的意志更加坚定了。

转眼就到了初三，换了个班主任老师，对我也很好。而父亲担心我数学成绩跟不上，特地花钱给我请了家教。为了不辜负父亲的期望，为了自己定下的目标，我废寝忘食地学习着，彼时，中考也越来越近。

就在中考前不久的一天，班主任笑盈盈地走进教室，告诉全班同学，说："同学们，你们有谁想当老师吗？省里招公费师范生，我们学校今年有 11 个报考的指标，只要考上了，毕业后直接分配到家乡教书。想报名的来我这里填表。"有好几个同学凑了上去，我犹豫着，没有第一时间填表，放学后把这件事告诉了父亲。只见父亲拍掌大笑："春春，这是天大的好消息啊！既能减轻家里的负担，又包分配，教师职业还被称为太阳底下最光辉的职业，咱们中国人自古以来就尊师重教，要是你能考上公费师范生，将来就是一名老师，多么光荣啊！你明天赶紧去班主任那里填表吧！"我见父亲这么高兴，第二天就去找班主任填表了。老师很惊讶："以你的成绩，考上重点高中应该是没问题的，你之前的意志多么坚定啊，怎么突然改变主意了？"我说："老师，您不知道吧，我小时候的梦想就是当老师哦！"老师把一张报名表递给我时说："这是最后一张表，你是个幸运儿，你的梦想一定能实现！"

有些事就像命中注定一般，却也是顺理成章，水到渠成。我中考时不过是正常发挥，分数就超出了重点高中的录取分数线30多分，毫无悬念地考上了公费师范生。那一年发生了好几件大事：雨雪冰冻灾害、汶川大地震、北京奥运会；那一年，我离梦想又近了一步；那一年，我第一次背上行囊，去衡阳的一所师范学校就读。

学业无比繁忙！记得我每天不是在上课，就是在做各科老师布置的作业，文化课和艺术课都有任务。除普通高中的文化课作业外，还有书法老师布置毛笔字作业，美术老师布置绘画作业，舞蹈老师要求课后劈叉和下腰，钢琴老师布置的曲子我们也得抽空练习，这些是艺术类作业。除此之外，黑板报也换得勤，一周一次；学校经常举办文化艺术节，每个班都要排节目，哪怕是最简单的合唱都要一遍又一遍地彩排……虽然没有升学压力，可是我感觉比读初中时还忙得多，忙到我都忘记给家里打电话了。

有一次，我放假回家，刚一踏进家门，父亲就又开始教导我说："春春啊，我和你妈也不图啥，你在外地读书，有空要记得给家里打个电话呀，这事不难吧，应该是可以做到的吧？须知'百善孝为先'哪！"我顿时羞愧难当，于是，我牢记父亲的教诲，每到周末，不管多忙，都会抽空给父母亲打电话，而且从来都是报喜不报忧，不让父母亲为自己操心。其实父亲的那句"百善孝为先"说过多次，我也一直很孝顺，确实只是由于太忙忘记了打电话。不过在父亲说过之后，我心里更加明白了一个道理：孝顺父母不能只在心里或嘴上说说，而是要付诸行动的，打电话只是诸多行动中的一种形式。父亲还说，我家族中的所有成员都孝顺父母，敬重长辈，这是我家的优良家风之一。

我相信父亲的话，我想，我家的优良家风应该有很多条，只是不曾整理成册，它们，应该是——藏在父亲的教诲中了。

（作者单位：衡阳市耒阳市紫峰小学）

传　承

洪　清

　　我的书房里有两块牌匾，一块是我家的"教育世家"，一块是我的"奉献教育三十年"。这是我家的荣耀。

　　父亲是一位小学教师。我记得他一直教体育，特别喜欢穿着一套浅蓝色的运动服，脖子上挂一个红带子的口哨，带着学生搞各种训练，打篮球、拔河、投铅球、短跑、长跑等。每天晚上回到房间里，总是一身汗渍渍的。在学校办公室的玻璃柜子中，有许多奖杯、奖牌，大都是学生参加体育竞赛得来的。父亲为人开朗热情，脸上整天挂着笑容，但是遇到有损学校形象的事情，他也敢于拿出体育教师的劲头，挺身而出，义正词严。有一次，几个混混在校门口围攻一个小学生，气势汹汹地亮着小刀。父亲马上赶上去，护住自己的学生，声色俱厉地批评混混们，对峙了十几分钟后，吓得他们溜之大吉。平时，不管是学校的公事，还是本校教职工的私事，甚至周边群众的麻烦事，他只要能够办得到的，都会尽力帮忙，直到事情有一个圆满的结局。大家由此笑称他是爱管闲事的"洪部长"。家里有大几口人，经济有点拮据。父亲从来不打什么困难补助的报告，和母亲一起利用长夜的时间，在学校后面的空地里开荒种菜。经过春夏秋冬的忙碌，那些白菜、萝卜、南瓜、豆角，总能自足有余，还能经常送给其他老师。家里其他的一些大事小情的困难，他也从来不愿向组织上开口，常常对我的母亲说，别提什么要求，一来莫让领导为难，二来自己也觉得很没面子的。

父亲在我 22 岁的时候过世了，我接替父亲的班，也成为一名光荣的人民教师。母亲对我的未来充满期望，滔滔不绝地叮嘱我说，要好好工作，当一名合格的教师。"合格"二字，说起来容易，但是做到却要一点一滴地积累。不管酷暑严寒，我都是骑单车上下班，既能像父亲那样坚持锻炼身体，又能保证第一个到校，最后一个离校。有单车，办事也方便。有一次，别的班一个学生突然肚子剧痛，班主任一筹莫展，我二话不说，马上用单车驮他上医院，又把他驮回学校。有一次，我晚上做家访，黑灯瞎火的，单车撞到路边的树上，扭伤了胳膊。想起父亲的教导，我忍住了疼痛，还是骑车去了学生家里。由于一心扑在学生身上，我每每天黑好久才回家，母亲就打趣说："总是劲杠杠的，校长应给你发一张大奖状。"

父亲的言传身教，一直让我有面对感和承担心，使我不断进步。我担任过班主任、总辅导老师、教导主任，一步步成熟起来。在而立之年，我就开始担任洪西学校的校长兼党支部书记。工作中，总是有这样那样的困难和矛盾，我只要想起父亲的任劳任怨和心慈心善，就什么难事也能迎刃而解。我们的办学成果得到当地群众的高度称赞，还被区教研室点评为"洪西现象"。现在，我又从事开福区教育局关心下一代工作。父亲的话语还是回响耳边，使我仍然像青年人一样充满活力。我们单位的工作年年上新台阶，多次被省、市评为"先进集体"，个人也有幸被评为省、市"先进个人"。

最让我开心的是女儿也成为一名小学教师。真是嫡传，我和父亲都是 20 岁时当老师，女儿也恰好和我一样。在她走上岗位的那天，我特地拉她坐到身边，和她讲了外公的许多故事，也讲了自己从教 30 年的经验和教训。当时，她听得热泪盈眶，连连表态说一定会接好外公和妈妈的班。

我要求女儿对待所有的学生一视同仁,心里有一杆公平秤。她的班上有一个小女孩,性格非常孤僻,总是坐在位子上一言不发。女儿发现后,就采取"开小灶"的特别方式,教她唱歌和跳舞,还不停地表扬鼓励她。现在,这个小女孩在班上有说有笑,与同学们融洽协调了。我要求女儿一定要记住古人"业精于勤,荒于嬉"的告诫,在现在喧嚣躁动的日子里,心里要有一颗定心丸。她一直把业务学习放在第一位,经常看书到深夜,很少出去逛街当购物狂。我要求女儿必须注意锻炼身体,从长远着想,心里要有一股抗压力。她不管多忙,都会利用空闲时间去参加瑜伽练习,总是精神饱满地出门,身心愉悦地回家。

是什么力量让我们家三代人都全身心地投入教育行业中来?传家宝是什么?我站在两块牌匾前,静静地思考,得出的结论只有一句话:"忠诚于党的教育事业。"我记得小时候,经常在父亲办公室的墙上看到这几个大字,红红的,非常醒目。我当时不了解,只觉得是一句标语。直到现在,经过父亲几十年的精心打造,也有自己30多年的着意追求,还有女儿初出茅庐的倾心向往,我才理解到真谛。这就是需要我们用几代人甚至几十代人来完成的宏伟事业!就是我们共产党人为人民谋幸福的执着信念!有了这样的认识,便有了我们家独特的传承。

望着金光闪闪的牌匾,我心中充满美好的遐想。我想象女儿的儿子也会当教师,也会非常出色地站在讲台上,骄傲的"教师世家"会传承下去,一代代为家传的牌匾增添光彩。

(作者单位:长沙市开福区教育局)

家 风

瞿桂莲

家风是德行的反映。好家风犹如幽兰芳草，香播四方而不散。而人们能圆满成就一项事业，一定与好家风的影响密不可分。

在奋斗的路上，一端连着家的温馨港湾，一端通达事业的崔嵬之峰。家，多么温馨的话题，其实让家越来越温暖的是家风，让家越来越兴旺的也是家风。

好家风引领我做一个有梦想的人

我生长在大山深处的一个小村庄，每天起床除了大山、忙碌的父母、儿时的玩伴，我所有的世界都是奶奶给予的。奶奶是善的书页，上面写满了关爱。

山里的夜黑得早，家里没有电视，吃完晚饭，除了偶尔串门外，大多的时候都早早睡觉。我们家兄弟姐妹多，照顾我们的任务也就落到奶奶的肩上。在我的印象中，奶奶就像长满绿草和草莓的山坡，让我们撒娇，让我们采摘她上面的果实，享受她甜蜜的馈赠。记忆中爷爷去世早，我是奶奶一手带大的。那个时候我每天晚上都陪在奶奶身边，奶奶也将她的善良像播撒种子一样植入我的心灵，教我做人做事。

奶奶有五个孩子，四个都从大山深处走出去了，大伯父前期在军工厂，由于家里太穷，爷爷身体不好，怕家人饿死，主动回到家，肩负起这个大家庭的重担；二伯父当兵成了一位优秀的军人，三伯父在军工厂当了工人，四伯父成了优秀的人民教师，我的父亲留在了大山，肩负起养老的重任。从这点看，奶奶对于我父辈的教育是成功的。祖祖辈辈的积累、付出和努力，影响了我们这些后辈，如果说那也是一道家风，那么我们的努力就是将这份家风延续。那时候为了让孩子们多认识几个字，尽管家里温饱都成问题，但在饥一顿饱一顿的情况下，奶奶毅然决定要拿大米迎接老师到家，教孩子们认字和读书！这份坚韧在大山里，是任何家庭都不能做到的，但我的奶奶做到了。

分家后奶奶住我家，我成了奶奶的跟班。奶奶面善，声音温润，轻言细语。她常常和我说："要做有理想的人，要做有用的人，要做善良的人，做好人，做爱学习的人，懂得感恩。"在我记忆中，大山深处最温暖的人，就是我的奶奶。晚上她用美丽的故事教我做人做事的道理，白天又以生产知识教我学会各种农活的操持，磨炼我的心性，直到后来我去省城读书。

回忆的书页里，我为五保户奶奶或孤寡老人挑水的身影犹在；扁担和水桶加起来，就是我的小学第一课；割牛草和上山放牧的路加起来很长，就是我的坚持；奶奶交给我的背篓里，装满的不只有夕阳，还有一遍遍怎样做人做事的叮嘱……奶奶说山有多高，人的理想就有多高；脚下的路有多长，人生的路就有多长。

蝶变之路有家风的熏染

高尔基说："要使理想的宫殿变成现实的宫殿，必须通过埋头苦干、不声不响的劳动，一砖一瓦地去建造。"奶奶也说，生活是一种劳动，一门手艺，要学会它就非费点劲儿不可。要让"梦想"和"成功"合二为一，酸甜苦辣全都得尝一尝，无论是谁，要打算在世上有点成就，总得打这么过。

2012年6月1日，机缘巧合，我来到公司。从基础做起，从基层做起，把工作做扎实，是奶奶对我的要求；干一行爱一行也是奶奶育儿大全的重点内容。这些都将变成我生命中不可缺少的一部分，伴随着我的努力、奋斗与汗水。企业强则国家强，在工作过程中，前辈的指导和自己的悟道，让我的人生梦想越来越清晰。

在奋斗的路上，我曾一天跑三个地市的客户现场去解决难题，曾在大雪封冻时和公司研发人员一起在客户现场寻找突破点，也曾为了新项目、新产品寻找最优解决方案，一干就是三个月。这样的奋斗和拼搏，写满了我的每个日子，装满了我人生行李箱，只争朝夕已成了我工作的习惯。在别人的眼里，我好像非常辛苦，非常不值得，但于我，内心充实！奋斗之后收获了满满的获得感、成就感和幸福感！家庭的熏陶，犹如阳光一样沐浴着我的心灵。

公司的发展、战略的布局，需要我付出更多。面对北京分公司没有营销人员的情况，我主动请缨，去北京开辟新市场。由此，开启了"长离别的模式"，也开启了我的事业和人生新的挑战。

奶奶从小教我"做一个有用的人"，"无条件帮助别人"，伯父时常教导我："公司培养了你，公司发展处于困难时期，你不上，培养你干什么呢？"这样的家庭教育，让奋斗已成为我的本能。我知道，有艰难困苦，我不去，何来团队成员的前仆后继？此刻我才发现，不管是公司还是家，已成为我坚定前行的力量！

其实，我也知道，外界的艰难困苦远比小时候爬过的大山还高，它们层层叠叠，看不见头，商海风云变幻，又像是下雨时的山顶起雾，感觉人总在云里雾里一样！但这些都无法阻止我前行的脚步，奋斗更是我一生的荣光。

来到北京后，陌生的环境，让我寸步难行。每当困难时，奶奶说的话语又在耳边响起：沉下心来，好好学习。

我知道，未来的路崎岖难走，汗水必须替代泪水，智慧必须替代蛮干。在干好工作的同时，我利用业余时间，开始了学习之路：2019 年读工商管理总裁班 EMBA，2020 年开始读工商管理博士，2021 年参加清华大学社会心理服务指导师培训，2021 年修北京大学的资本与产业专业和中央美术学院的品牌与管理专业，2022 年参加清华大学社会心理服务指导师中级实践班。

三年来，每一个周末几乎都被学习占满，家也被我弃置于远方。

在北京的三年时间，是我个人心智、能力成长最快的三年！北京的三年，公司全力支持我，是公司用强大的身躯为我挡下雨雪霜寒，让我大展拳脚拥抱了一个又一个的成功！

从湖南到北京，从学习到实战，从迷茫到取得一点成功，是我这个山村出来的女孩的蝶变，也是我家风的延续！一路走来，我知道了什么是责任和担当；一路走来，我明白了人生的含义：未来将属于两种人——思想者和劳动者，实际上这两种人是一种人，那就是有思想也勤劳动的人。

孩子的成长是家风传承的另一道风景

"你在哪里能找到一条撒满鲜花的小径？但是，我们必须面带笑容来踏上这条惹人烦恼的路。"泰戈尔的诗，真是美妙。我知道，孩子是未来的希望和力量，是家风得以传承的基础。对孩子的教育非常重要。

孩子爸和我都是农村人，是进城的第一代，用一个字形容我们那时的家里情况——"穷"，我们在出租房里等着航儿出生，日子清贫，那时，我开始买书买碟片，后来听书，就是在那个时候，幸福人生梦就在杭州的出租房里萌芽。那时，每天和航儿相处，眼里心里行动里都是航儿，航儿的笑和哭，成了我心里的晴雨表，所以航儿的现在和将来成了我的梦。心里只有一个期望：笑就好，开心就好。

后来我发现，随着孩子成长，孩子获奖的笑、克服困难取得成功的笑和吃饱喝足的笑有着本质的不同，前者的笑里有成就感，人也越来越有自信。

梦想，是人生高度的预设和期望。古人说，家事国事天下事，古人把梦想分为这三个层级。我常跟航儿说，你一定要学着建设并丰富自己的理想。

从小学开始，我就开始和航儿讲家国情怀。航儿说她的梦想是长大后成为科学家、书法家和画家。我很欣慰，因为我的孩子从小就有了梦想。

一年又一年，航儿的自主学习能力有了很大的提升。这个暑假，航儿在作业完成的空隙，有时会主动写写书法和画画，有时会弹钢琴，有时会帮助爷爷奶奶拿拿碗筷。最让我温暖的是，每天晚上洗澡前，她不光拿自己的睡衣，还会主动把我和航爸的睡衣准备好。最让我释怀的是，航儿每天晚上洗澡后，会自己动手洗内裤，用洗衣机把自己的长衣长裤洗好并晒好。孩子的健康成长让我幸福感满满。

关于家风未完的话题

家风，是每一个家庭都有的内在的品质，它的一个重要特点就是传承。传承有两个基础：一是在人的基础上，二是在传的内容上。如果把家风优点整理出来，形成模型，形成文字，形成数据，那会是什么样的蔚然风景？

我相信，优良的家风将助力我们继续成长，找到拥有"卓越"的路径！而这一份又一份的"卓越"，将让我们坚强地站立起来，实现人生的价值！

（作者单位：长沙市第十一中学）

学做成长型父母

夏巧玲

家庭是孩子成长的摇篮，父母是孩子的第一任老师，父母的教育方式、方法是否恰当都将对孩子的心理和行为产生重要影响。没有人天生就会做父母，但是我们既为人父母，就应做一个成长型父母，努力提升自己的教育水平，让孩子更健康、更快乐地成长！下面所述就是学校敦促父母与孩子一起成长的案例。

个案介绍

初二女生小倩，经常性迟到或旷课，班主任经常需要联系父母才能确定孩子的去向。刚开始母亲护送孩子到学校校门口，但转眼孩子不知又去了哪里。多次之后，孩子母亲开始厌烦，不再护送。班主任也曾经试图联系孩子的父亲，可是联系不上，因而小倩上学就处于三天打鱼两天晒网的状态，班主任也束手无策。不仅如此，她还违反校纪，上课时不是睡觉就是照镜子化妆或做其他与课堂无关的事情，下课也基本不与其他同学交流。班主任主动找她谈话，她拒绝交流。成绩在班上倒数几名，她也无所谓，还在校外与成年男子在一起，关系很亲密。

小倩的父母在她还很年幼的时候就离婚了，她判给了母亲，父亲负责出抚养费。但是父亲并没有按照合同约定每个月按时给抚养费，再加上夫妻双方之前的矛盾，小倩母亲对父亲意见很大，经常当着孩子和班主任的面对孩子的父亲破口大骂，并且也不让小倩父亲探望女儿。另外孩子的母亲工作也很不稳定，经常晚上都不在家，有时候连续一个星期都不在家，所以这个孩子很多时候都处于无人管教的状态。

案例分析

在这个案例中，处在青春期的小倩出现了很多的问题，逃学、化妆、叛逆、人际交往不良等问题。出现以上问题的主要原因有三个方面：

第一，家庭离异造成了孩子自卑、孤僻等消极心理。离异家庭的孩子总感觉低人一等，因而当他们面对困难和挫折时，也更缺乏动力，会显得自卑很多。同时青春期的孩子特别在意他人的看法，会害怕别人因为她没有完整的家庭而对她持有偏见，因而也不愿意和别人交流，与其他人相比显得更加冷漠和孤僻。

第二，父爱的缺失造成了孩子过早与成年异性谈恋爱。母亲很强势并且阻拦孩子的父亲探望自己的女儿，因而小倩在成长的过程中父亲这个角色基本上是缺失的，父爱也是缺失的。小倩就把这种需要转移到了外界，再加上孩子正处在青春期，因而更易早恋，在恋爱中更加偏向于年龄较大的男性，以弥补自己在这一方面的缺失。

第三，家长教育方法的不恰当造成了孩子更多问题的出现。小倩的母亲一直独自养育女儿，但是自己能力很有限，不仅没有合适的教育理念和教育方法，很多时候自己连监护人责任也不能到位。还经常在孩子面前歇斯底里地与孩子父亲吵架，面对孩子与成年异性交往的时候自己完全束手无策，只能请求班主任帮忙。这些都造成小倩的问题越来越多。

解决措施

班主任从三个方面着手解决小倩的问题：

第一，从父母双方着手，改善孩子的成长环境。面对这种情况，班主任首先要求母亲自己要尽到监护人的职责，不能经常性地把孩子一个人放在家中，同时要求其改变态度，不再阻拦孩子父亲探望自己的孩子，并与父亲进行沟通，让父亲也主动参与到孩子的成长中来。孩子可以周末或者节假日去父亲那边，让孩子知道父母虽然离异，但是对她的爱并没有减少，自己不是被父母所抛弃的，让孩子获得内心的动力支撑。

第二，对父母双方进行培训，提升其教育认知水平。案例中的父母基本没有正确的教育方法和教育理念，对于孩子出现的各种问题完全束手无策，都认为是对方的责任。对于夫妻双方所出现的这些问题，我们邀请他们参加了学校的一系列亲子教育活动和家庭教育讲座，通过活动和讲座改变他们的认知观念，提升教育水平。

第三，建立有效的奖惩机制，不断强化孩子的正性行为。想要孩子的不良行为得以改变并习得新的良好的行为，需要在学校和家里建立一套切实可行的奖惩机制，来不断强化孩子的正性行为。在学校里，当孩子能够按时到校，或完成作业，或认真听讲时，班主任和科任老师及时在班上给予表扬，让孩子重拾自信心。在家里则建立代币制，父母记录孩子的行为表现，当孩子表现出良好行为时，即可获得相应的代币。当孩子表现出不良行为时，即被扣除相应的代币，孩子用手中的代币可换取自己所希望的奖励，通过代币来帮助孩子建立良好行为、消除不良行为。

效果与启示

通过为期一个学期的持续跟进，发现小倩进入到初三后渐渐有了很大改变，以前旷课、迟到是家常便饭，而现在基本每天都可以按时到校；以前上课不是睡觉就是发呆，现在偶尔还能回答老师的问题，也开始写家庭作业；现在基本不化妆了。整体而言，这个孩子有了很大的改变。

著名政治家宋庆龄女士曾说过："孩子们的性格和才能，归根结底是受到家庭、父母的影响。"当代青少年教育专家陈默教授也说过："家庭对孩子的影响，特别是母亲的影响是巨大的。"没有人天生就会做父母，但是我们既为人父母，就应不断学习，担负起第一任老师的责任，与孩子共同成长。

（作者单位：长沙铁路第一中学）

孺子可教　精琢成玉

赵　盛

　　儿子赵斯扬 2022 年考入同济大学，入校后又被择优选拔进入土木工程—数学与数学应用双学士学位班学习，朋友们羡慕不已，家人们倍感欣慰。回想十多年培养历程，感受颇深，乐意与大家分享、交流。

　　"欲完美之人格，必健全其体魄。"孩子小时候生性好动，我因势利导让他学习少年篮球，从小规范运球、投篮动作，遵循一定规则活动并充分享受其快乐。孩子在麓谷小学时，就成为班级篮球队队长。班级篮球比赛获奖后，他又被推选进入校队，比赛时众人瞩目，何等自信！从小学一年级延续到现在，还一直坚持学习街舞，既能感受音乐节律，又增强了身体协调能力。初中元旦晚会，一曲街舞表演，成为全校关注最靓的仔！孩子街舞参加了湖南卫视 2017 年中国百姓联欢晚会表演并获奖。运动是一种能力，也是一种可以终身享受的快乐！

　　"孩子成功教育从好习惯培养开始。"我要求孩子"静如山，动如虎"，学习时认真学，玩耍时开心玩。不要怀疑孩子的智力，关键是看孩子的注意力！我孩子能用心专注做任何一件事，不拖沓，不拖欠，按时按质按量完成任务。

　　还记得初中时一位老师的话："班上听课最认真的就是赵斯扬同学！目光如炬，盯着老师和黑板，丝毫不受旁人打扰！专心、专注，这孩子将来一定有出息!"孩子成绩一直优秀，初三时师大附中集团攀登杯联考荣获全校第二名的好成绩。

注重学习方法，看重思维培养。文科类如语文、英语、政治、历史等科目，要求多朗读、背诵、默写。漫不经心地看几个小时，还不如静心背诵和默写几个句子。如英语科英语单词，我要求孩子写好中文然后自己对应默写，我不作任何提示，因为考试时无人提示。孩子达到一次性默写1000个单词一个都不错的水平!每篇英语课文必须默写，因为只有在语义环境下记忆的单词，才能真正理解其用法。孩子英语成绩一直不错，初中参加全国中学生读写比赛，荣获湖南赛区初中组一等奖，高考英语获得135分的好成绩。我很重视培养孩子的阅读习惯，提高文学素养和写作水平。孩子所写作文、自创诗词经常发表在校刊上。

我从小学三年级就送他学习奥数，培养思维习惯。高中参加学校组织的优生强基培训，重点突出数学和物理两科。做多了较难题型，再做平时考试题型就更显容易。如初中参加物理科全国选拔赛获湖南赛区一等奖。高三期中数学考试曾以150分满分成绩获"数学单科王"称号。2022年高考数学特别难，我家孩子仍能获得126分的好成绩!

因材施教，顺势而为，有针对性地培养。孩子喜欢数学和物理，通过参加一些竞赛性活动，获奖后能更加激发其信心和兴趣。孩子之前比较急于求成，性格比较急躁，我就送他学习书法和围棋。静心写字，不急不躁。下棋胜负坦然接受，真正做到"胜不骄，败不馁"。孩子毛笔书写的春联，曾获学校"最美春联"称赞。围棋和象棋初、高中均居班级第一水平。

体验生活，学会感恩，让孩子从小参与一些力所能及的劳动。参与家务劳动，如拖地、倒垃圾、买菜、洗菜，甚至炒菜等，让孩子明白：自己所享受的每一项成果背后，都有人默默地付出，应珍惜每一粒粮食，感恩每一份付出!我鼓励他积极参加志愿者活动，到公共汽车站打扫卫生，洗抹车身及座位。他经常去雷锋街道敬老院慰问，送上日常用品和水果。唯有心存感恩，才会珍惜一衣一食；唯有心存感恩，才会尊重他人；懂得感恩和尊重，孩子与同学、老师、家人及朋友都能相处融洽。孩子积极参加社会实践，在高中企业实践中担任组长，小组获评"优秀小组"，他本人获"企业实践优秀个人"。

爱子在心，但原则不能有丝毫放松。有人说"要毁了一个孩子，就是任由其自由发展"。在保证孩子吃饱穿暖的前提下，必须严格要求，令行禁止。如孩子喜欢玩电脑或手机，必须严格限定时间。休息放松时间适当玩一下，绝对不可无限延长，休息是为了更好地学习。例如孩子学习后安排好休息 15 分钟，就严格设置好闹钟，一分钟都不能延长！要教会孩子守规矩，无规矩不成方圆。

特别注意的是，一个家庭绝对不可溺爱孩子，不可无原则性地满足他的要求，甚至出现为所欲为、无人能管得着的情形。这样的孩子自私、任性，随着年龄的增长，很难教转过来。我对孩子从小管教比较严格，可以做的事情，尽管去做，不能做的事情，坚决不可以！如冬天想吃冰棒，这样会伤脾胃，伤阳气，绝对不允许！高中时要无证骑摩托车外出玩耍，违规而且不安全，绝对不允许！"咬定青山不放松"，人生要有目标。我希望他志存高远，要有中、长期奋斗目标！我孩子初中自己设定的目标是直升进入湖南师范大学附属中学（以下简称"师大附中"），他初一去参观师大附中时就买了一件附中本部的校服，挂在床头，时刻提醒，紧盯目标，刻苦努力，为进入师大附中本部学习而奋斗！初三毕业时经综合评分顺利免试进入师大附中理科实验班学习，最终如愿以偿！高中时他的目标为 985 名校，高中三年一刻都不敢放松，最终全省 40 多万考生他以排名 1600 名的成绩录入上海同济大学深造。

"德才兼备，以德为先。"孩子出生于湖南望城雷锋的母校——雷锋学校。在雷锋精神的发源地，耳濡目染，以"学雷锋，做传人"为人生目标，时时刻刻践行雷锋精神。初中七年级担任学习委员，组织每位优生与一名后进生"一帮一，一对红"帮扶小组，效果极好。孩子成为年级第一批入团的学生。初三时因成绩优秀，各方面全面发展和表现突出，2018年被共青团长沙市委员会、长沙市教育局推选为全市仅30个"最美中学生"之一，成为所在高新区唯一一个获此殊荣的学生！高中阶段，每学年都被评为"三好学生"，还曾被评为"2019—2020学年度学雷锋积极分子"。

高考后暑期一个多月时间内，孩子自我规划，按计划进行，最短时间内顺利拿到了驾驶证，义务辅导了三名高中学生，每天坚持跑步并按时练习街舞，自学了高等数学，成为自律的典范。孺子可教，精琢成玉，前程似锦，未来可期！

孩子如一张白纸，可绘最美图画。孩子成为什么样的人，朝什么样的方向发展，家长的作用和影响巨大。

（作者单位：长沙市雷锋学校）

相信种子　相信岁月

刘晒霞

教育孩子是"慢"的艺术，亲子教育，就应该是一场温柔的长途旅程，只要步履稳健不停歇，请相信，前方自有荣光。

（一）

有位作家曾说："每个生命都有自己的光芒。"我想起了悄然已15岁的你——我的孩子，内心无比复杂的情感交织在一起。

那一年，你四岁，一则关于"爱"的电视广告闯入你的眼帘，你投入我怀中，忽闪着很有灵气的眼睛说："我爱你，妈妈!"然后，你不听话我打你小屁股，你突然冒出："我都说了我爱你了，你还打我?"第二天，一定也是芝麻绿豆事，我向你扬起手，你又急着说："我昨天说了我爱你的。"我放下扬在半空的手。记忆是这般美好而温暖。

随着你年龄的逐增，入园到入学，一路走来，和别人家孩子不由自主地明争暗比，理想与现实产生了差距，我竟然以"爱"为名，畸形到有了或多或少的嫌弃。之前向往的亲子教育，幸福而美好的浪漫事，已悄然渐行渐远。

你入学比同龄人早一年，曾经你个子不如同龄人高，学习不如别人好，我不断地怀疑自己是否做了一个非常错误的决定，为什么要拔苗助长？为什么不在孩子合适的年龄做该做的事？可既然已成为不可挽回的过去，我也无可奈何。妈妈也是第一次做妈妈，实践方能出真知啊。

后来，在成长的岁月里，学习成为你的伙伴，同学之间的竞争更是不可避免，开始有了不可阻挡的压力。初中三年，我们每天都在用行动书写接近梦想的故事。因为你小学底子不厚，我们从来没有过踏入四大名校的奢望。身为老师的妈妈也深知：我们只有脚踏实地，用行动去夯实生活的每一天，耕耘好学习的每一块园地，其他交给时间去说话。

七年级下学期，雅礼集团首届作文大赛，似乎是我们肯定自我、相信自我的一个契机。我们一起回老家，融入大自然，触摸新农村，你用笔写下所见所闻和关联成长的感悟，妈妈、老师加以润色，你成功地拿下初中第一个让全家人欢欣鼓舞的奖项——雅礼集团首届作文大赛特等奖，矮矮小小的你站在领奖台上，那么坚挺，那么自信。发光，原来只是时间问题。

后来，你通过自己的努力，用坚实的脚步走进了我们曾不敢奢求的四大名校之一的雅礼中学。当雅礼中学录取通知书如约抵达，自豪、幸福感爆满之余，我们深知，这绽放的光芒，将引领你保有对生活应该有的姿态去拥抱下一个三年，再下一个三年……

等待一朵生命之花的盛开，我知道急不来。等待的过程，我也怕风、怕雨，然而，我终于明白：盛开是生命最美妙的体验，为此，请去接受所有的风雨和雷电。

（二）

八岁的你，跟着妈妈来到长沙。在长沙七年，你目睹妈妈工作节奏的紧张，忙碌的生活让妈妈真实感受到了大城市的喧嚣、人心的浮躁。孩子，非常感谢你，如果没有你，这七年，甚至之后的很多个七年，我会陷入混沌、迷茫之中而不知所往。

在你踏入初中门槛的前夕，我的内心也曾恐慌而凌乱。我知道，那都是"望子成龙"惹的祸。是的，我祈祷你初中三年后能绽放，心中是那样热切向往。而妈妈更理智地知道，我所理解的成功是一个人对自己所做的事情保有的敬畏、热情和专注，那绝对是生活的必需。何况，对你成功的希冀绝不会忽略对你品格的美好寄望，妈妈更相信你积极、向上的品格，将无穷地绽放真善美之花。

很庆幸，小学毕业的那个暑假，我们学着把生活的节奏放慢下来，对未来的无限执着不能伤了对当下的珍视。我们在很多时候能一起晨读、摘抄、作业、阅读、运动……我享受着这样的亲子慢时光，我希望牵着你的手，引领着穿过思想的虚无，重新发现生命的奇迹。我更愿对你，一个日趋长大沉稳的你，保持对你幼童时的耐心，任世事变迁，给你需要的帮助，一起慢慢成长。

（三）

身为妈妈十多年，我渐渐明白，我们彼此的人生是独立的。即便为妈，我依然需要有自己的生活，而不仅仅是只剩下娃、娃、娃。

事实上，我没有懈怠，始终在笃实地工作，不停地学习，一直行走在学习和成长的旅途上。这样的妈妈，用自己的行动，让你明白：一个人在世，真正重要的事情是什么。

高中三年的生活已悄然至第二年，过去的一年，你在学校寄宿，俨然成了真正的男子汉，从学习到生活，宣布自我的正式独立。遇到过学习上的困难，也有过寝室生活的难处，然而，你用男子汉应有的坚毅承担了属于自己的责任。共处一座城市，而不在一个区域，这种略微的距离感，让我们彼此珍视，也让彼此独立，互相尊重。

重要的是，我们还在一起努力，共同成长。这样一种对生活的积极状态，才弥足珍贵，不管未来如何，我们不虚度当下。

当时光流逝，你长大，我变老，我们终将懂得：世间很多的爱，都是以"聚合"为目的，唯有父母对孩子的爱，以"分离"为主题。父母没法照顾孩子一辈子，唯有用陪伴和理性的爱，助孩子成长，使孩子独挡风雨，去长成他自己想要的模样。

当你遇见更好的你，当你回望来时的你，我们定当相视一笑。因为，我们深深懂得：我们的人生是独立的。

（四）

当我学会等待，学会从容，孩子这颗种子也在以他自己的节奏慢慢发芽、开花、结果；当我内心恬静，开始懂得放松，放下家长的焦虑，孩子也拥有了豁达、独立和快乐。一个在快乐中成长的孩子，他会积极向上，会努力追赶每天的太阳，还一直能与父母友好地相处。

那就让我们一起：相信种子，相信岁月！

（作者单位：长沙市长雅中学）

单亲妈妈的育儿经

夏群英

我是一位单亲妈妈，儿子举举 2014 年考取清华大学，本科毕业后以优异的成绩推免为清华大学博士研究生，学业有成。

自由心灵的呵护

爱玩是儿童的天性，也是儿童的权利。我心想，做一个呵护孩子玩心的母亲一定是很幸福的。儿子举举出生后，我决定享受这种幸福。

假期里，母子俩会分享彼此的工作与学习体会。与儿子聊起现在小学生的压力时，儿子不免感叹，自己的童年非常快乐。是的，身为教师的我从没给过儿子压力。在儿子的认知里，每天完成作业后就可以玩，因为我从不额外给儿子附加学习任务。因此，每天他会很快地完成作业，大多数时候我晚饭还没做好，他的作业就已经写完。饭后，就是他放飞的时候了。那时候，我们一家住在学校里，乡村学校有很多老师住校，大操场是孩子们最好的活动场所。

读小学二年级时，他最喜欢在沙坑那里玩挖陷阱。一天晚上回来，他眉飞色舞地跟我说他挖了一个陷阱，等明天去看收获。我边听边兴奋地说："你怎么这么厉害！你是怎么挖的？可以写下来给妈妈看看吗?"可能是我的肯定给了他动力,他也不觉得自己还是个二年级的学生不会写,而是拿起铅笔就去写了。写完后,正巧家里来了教高三语文的教师朋友,她接过儿子写的文字啧啧称赞:"高三的孩子都没你写得好,用树叶搭陷阱盖的部分写得好有层次好生动!你怎么这么会写?"孩子很自然地说:"我就是这么做的啊!"玩,其实也是一种学习。

玩耍中的蜕变

邻居周姐有事外出,儿子丁丁没人带,就请我帮忙带半天。于是丁丁和举举两个玩伴看起了动画片《葫芦娃》,许是葫芦娃与蛇妖斗争的场面给了他们灵感,两人在家里乒乒乓乓地耍起了"葫芦功"。没有称手的武器,就抄起我准备做教具的"泡沫板"挥舞。于是泡沫粒在空中飞扬,在地板上跳动,在床底捉迷藏。可以想象当时房间的乱象,我回来时,迎来的是孩子追逐泡沫粒的身影和投入角色的欢笑。周姐来接丁丁时,看到满地的泡沫粒,感叹:"夏老师你的性格怎么这么好!把房间弄成这样,真是该打。"我笑了笑说,"战场"可以打扫,孩子率性的天真和爽朗的笑声是无价之宝。丁丁回家后,我带着举举一起清理泡沫粒。泡沫粒像顽皮的孩子总喜欢从手里跑出去,孩子像个大人一样说:"卫生好难搞啊!不能拿泡沫板玩了。"我附和着:"妈妈也觉得累。"娘俩花了两个小时才清理干净。从那以后,孩子会去判断什么可以玩,什么不能玩。会自觉地整理好自己的东西,慢慢养成了个人物品分类、整理有序的习惯。而好习惯是提升学习能力的制胜法宝。

呵护那颗童心,不动声色地引导孩子学会反省,潜移默化地培养了好习惯!

成长路上的陪伴

我比较喜欢看书，家里有很多书，窗台、茶几、柜子、床头等地方都是我的书，经常是做家务的时候做着做着就看书去了。孩子一岁起，我就开始订阅适合孩子看的画报、绘本、走迷宫、科学启蒙之类的书，放在孩子可以拿到的地方让孩子自己拿着看。现在流行"亲子阅读"，很多父母陪孩子读睡前故事。我当时的陪伴就是我看我的书，孩子看孩子的书。这样的做法源于一次带孩子跟几个与他同龄的教师子弟读一个绘本故事。故事后面有一个问题，其他孩子都答对了（答的是我们大家都认为正确的答案），唯独我家孩子举举答的是另外的答案。当时我的心里咯噔了一下，他的理解能力这么差？事后，我问孩子，你怎么答成了"天"？他指着绘本上的画说，这个人的手指着"天"啦。听了孩子的回答，我不禁反思：视角不同，所得就会不同。如果父母过多地把自己的思想强加给孩子，是不是就会禁锢了孩子的思想，影响了孩子思维的广度？孩子这样独特的视角是不是会思考的一种表现呢？于是，我在陪伴看书做事时，孩子可自由地看他的书，做他自己想做的事。久而久之，孩子发散思维能力越来越强，也越来越有主见，物理课堂上他会主动跟老师分享不同的解题方法。就这样一步一步在自己的努力下，他来到了自己理想的象牙塔——清华园，大学校园里的他，也总是去找导师探讨他对课堂问题的不同见解。

陶行知先生说过："父母不会教养，小孩子不晓得要冤枉哭多少回。"我庆幸我是个爱学习的人，学会了一些教养方法。如果我当时对孩子一顿批评，是不是打击了孩子的幼小心灵，甚至扼杀了他正在萌芽的思维能力？作为母亲，通过学习不断丰富自己的科学文化知识，并积累一定的教育知识，了解自己孩子的个性心理和生理发展的特点，才会运用科学的教育方法，促进孩子的心理与生理的协调发展。

打开心灵的窗户

孩子12岁时，我与他爸爸的婚姻走到了尽头，孩子选择跟我生活。家庭的破碎虽然给了孩子不可估量的伤害，但母子俩的生活还算平静，孩子的成绩很稳定，期末考试还能拿个班级第一名。但从他爸爸接他过去读了一个学期的初二，后来又转回我身边读书后，孩子就变了。他叛逆、厌学、暴躁，总会流露对我的不满，把离婚的责任都算在我身上。

怎么办？示弱！

母亲爱孩子是天性，孩子爱母亲也是天性。记得刚脱离那个家庭，带着孩子离开原来的单位，来到梨塘小学时，住的是教室旁边的办公室。居住条件非常差，新环境的工作压力也大，本来体质弱，有一天我病倒了，没等孩子放学到家就躺在床上了。孩子急得直哭，生怕妈妈没了。孩子已经很可怜了，他叛逆时我如果针锋相对，无疑是雪上加霜。孩子有主见，选择跟我生活是从内心里觉得他可以依靠的是我，唯有示弱激发他内心对妈妈的担心和保护欲，才能缓解母子冲突。每次孩子叛逆，说话语气很冲时，我就保持沉默，有时默默流泪，不停做家务来缓解心里的难受。孩子发现他的态度让我难受了，会走近我，说："妈妈，别哭了。"这个时候我不再绷着，放松自己，母子开始心平气和地交流。

交流时，我注意用商量的语气跟他沟通，让他说今天为什么发脾气，他说他这会儿不想读书了。我问："那你想做什么？"他说，想玩，想吃。好，我顺着他的心意。想溜冰，给他买溜冰鞋；想玩网游，跟朋友借台电脑给他玩；想吃什么，就给他买什么。即便当时的经济压力很大，我也是尽我所能地满足他看似合理的要求。除了照顾他的衣食住行，对于学习不多问一个字，但是我会把每日的学习重点帮他整理好，放在他能看得到的地方。而我也在不断地进行自我暗示，于我而言这是一段心理疗愈的时光。时间长了，孩子心态慢慢恢复了，开始平静地看待问题了，从小练就的敏锐的观察力也回来了。一天晚饭后，在小区陪他玩健身器材时，他说："妈妈现在脾气好了。""妈妈怎么脾气好了？""离开了……五美那个地方。"（五美，应该是代表他爸的吧）确实，以前的我因为家庭不和的缘故变得情绪低落甚至出现了抑郁的典型症状，会把婚姻里不平衡不愉快的情绪莫名其妙地发泄在孩子身上，孩子成了替罪羊。不停争吵的婚姻有时候反而不利于孩子的成长。而离婚后的我，更多地关注了孩子的心理感受，能冷静地看待孩子的思想变化，能小心呵护他的情绪，能正确地应对孩子成长中的问题。从这个角度来说，不睦的父母离婚对孩子何尝不是一件好事？

虽然孩子情绪变好了，但厌学的问题还没有解决。孩子虽然每天都会去学校读书，但回家后不会学习。每天跟其他孩子在小区内玩完回家后，母子俩就坐在沙发上闲聊。聊外公同学是某市政要，当年学习成绩比不上外公，外公因家境原因中途退学了，现在每日勤苦劳作经济仍不宽裕；聊自己读高二时也差点中途退学了，因为欠了学费家里没钱交，有一个礼拜没去学校读书，是外公拿利息钱交的学费。这样的闲聊慢慢地打开了孩子的心扉，原来他是担心我的收入不高，会供不起他读书。虽然这不是一个值得他担忧的问题，但也是一个引导孩子定目标的契机。母子俩开始分析一流大学的政策，选定国防科技大学作为奋斗目标。进入高中后，他一直咬定国防科技大学这个目标不放松，因为在他心里考上这个大学是不需要交学费的，妈妈就不用为了学费担心。值得欣慰的是儿子通过他的努力，高考取得了理想成绩，最后因为一些原因，他选择进入清华大学学习。穷人家的孩子早当家，正确引导，寒门亦可以出贵子，因为亲情是激发孩子奋进的力量。

单亲子女失去了父爱或母爱是一件非常痛苦的事，作为父母不要以自己养家担子重、忙碌为理由忽视了对孩子心灵的关注。单亲家庭的孩子往往比较敏感，有些事情会使他们产生微妙的心理变化。作为家长要多注意孩子的言行，发现有异常的苗头，及时跟孩子谈心，在了解情况之后，能及时疏导的就不要拖延。有的问题一下子解决不了，要进行更多的调查分析，考虑妥善的解决措施。只有及时解开孩子思想上的疙瘩，才能使孩子的成长不出现偏差。

经常有人问我，你孩子那么优秀，你是怎样培养的？其实没有什么值得吹嘘的经验。做好守护者，当好领路人，孩子自己会走向成功。

（作者单位：长沙市天心区梨塘小学）

桃李无言沁心"甜"

全毅鹃

家风是什么？习近平总书记说："家风是一个家庭的精神内核，也是一个社会的价值缩影。"家风是一个家庭的传承，是一种让后代终身受益的品质。回想起来，父亲是以他沉默却又温暖的陪伴，无声地形成着自己的家风，醇厚朴实却又清甜沁心。

亲近自然，兴趣广泛

我的父母亲是20世纪五六十年代的大学生，从湖南师范大学毕业后，来到了湘西的一所县城中学当老师。父亲是湘西人，是从老家的大山深处走出来的第一位大学生。

父亲个子不高，略显壮实的身体里似乎有着无穷的智慧。记得我们曾经住的地方是一个小祠堂，里面有一个小小的戏台，那是我们小孩子最喜欢去的地方，或披着床单舞弄一番，或踩着父亲做的高跷和小伙伴对峙一阵，斗赢了会无比自豪地啃上一截红薯庆贺炫耀一番。冬天冷的时候，父亲会在房间里生炭火，给我们讲睡前故事，不知道他哪来的那么多的故事。有时，我们也会挤在一张床上听广播里的相声节目，跟着学"两块钱，坐洋船，到湘潭"，我学得有模有样，经常逗得父母亲哈哈大笑。

祠堂外的锦江,是人们夏天最喜欢去的地方。父亲经常带着我去河里游泳,那时候没有游泳圈,他就用一个轮胎给我做了一个,让我坐在里面,推着我往河中间游;让我抓着轮胎的边沿学习用脚打水,慢慢地我也学会了游泳。每当我独自游时,父亲总是陪在不远处,伴着我游,直到我乏了,才回家。

锦江的对岸是一座小山,山上有许多的茶树,每年的春夏之交,父亲就带着我坐渡船到茶林里摘茶苞,边摘边吃,还用芦苇秆子做成吸管直接吸吮茶花上的天然蜂蜜,那简直是人间美味。下过雨的山坡上还会长出许多的地木耳,随便都可以捡来一小袋子,拿回家就可以做一道美味的菜肴。

"我行其野,芃芃其麦。"幼时的我是在大自然这所幼儿园里长大的,聆听大自然的声音,造就了我对世界的好奇之心,像一朵小花一样在原野里肆意生长。

勤俭朴实,身教为重

父亲是老共产党员,一生简朴,很少见他给自己置办新的衣物。他有两样东西令我印象深刻:一个是剃须刀盒子,另一个是一支英雄牌钢笔。那个剃须刀盒是个小铁盒子,里面的剃须刀只见过他换刀片,刀柄上的漆几乎掉光了,也未见他换新的。现在,物质生活已经提高了许多,各式各样的剃须刀市面上都有,父亲依然不肯换新的,说是旧东西用着顺手。那支钢笔就更老了,是父亲参加工作时买的,直到现在,那支钢笔仍在父亲的书桌上。父亲虽然一向节俭,但对我们兄妹俩却从来不吝啬。

我上小学的时候,要去县城的中心小学读书,上下学都要翻过一座山,还得自己带中餐。每天早晨天不亮,父亲就起床给我们兄妹俩准备当天的午餐,经常会有一个荷包蛋。冬天,父亲还会给我准备好一个烧炭的竹编小火笼，将一些炭火埋在厚厚的炭灰里，上课时可以将脚放在上面取暖，那一小盆炭竟然可以温暖一天。

父母亲的工资不高，但是在那个年代，他们以他们特有的勤俭，给了我们兄妹俩从未欠缺的富足生活。母亲学会了亲手缝制衣裳。有一年，她用缝制棉被剩下来的布料给我做了一件旗袍，穿在身上既舒服又好看，收获了许多小伙伴们羡慕的目光。在这样的家庭环境熏陶之下，我从小就不挑拣，经常穿的是有补丁的裤子，现在看着小时候穿着补丁裤的照片，竟然有种时代特有的"时尚感"。

父亲从来就不说教，而是以他自己的实际行动潜在地影响着我。那年父母亲从小县城调到长沙，我很想把在小菜园里种的一棵花树带过来，父亲居然答应了。要知道，当时交通不发达，父亲硬是跟车颠簸了几天将树拉到了长沙。当他拉开车门，那棵花树居然完好无损地呈现在我面前，我小小的心里是何等的惊喜呀！父爱如山，我将这默默的爱装在心里，也传给了他人。

热爱读书，培养习惯

父亲除了工作，最大的爱好就是读书。每当夜幕降临，父亲就在灯下开始备课，或者看书。在他的影响下，我也爱上了读书。很多时候都是父亲催我去睡觉了，我才不情愿地放下书本，书籍给我的童年生活增添了无穷的乐趣。父亲有时候也会放下手中的书本，教我读一读诗词，"白日依山尽，黄河入海流""明月松间照，清泉石上流"，懵懂之间，竟也背诵了不少的诗词，虽然当时不懂意思，但是跟着父亲一起吟诵的情景今天仍历历在目。

有时，父亲还会带着我们兄妹俩去看电影，电影散场后，我们仨走在洒满银光的山间小路上，听着虫鸣蛙声，父亲和哥哥仍在兴奋地讨论着电影中的某个场景，而我早就睡眼蒙眬，迈不开腿了。

这时父亲就会背着我继续和哥哥谈论，我则在父亲宽阔的背上很快进入了梦乡。

以梦为马，传承书香

父亲给予我的深厚的爱，对我的那种陪伴，深深地影响到了我。我的儿子出生后，我充实的生活又多了几许忙碌。儿子幼时特别喜欢我带着他去室外玩耍，尤其喜欢指着街边的招牌，要我教他认识汉字，所以在他牙牙学语之时就认识了一些汉字。

爱因斯坦说："如果想让孩子聪明，就给他讲故事；如果想让他有智慧，就讲更多的故事。"孩子上幼儿园时，我开始着手带孩子阅读、背诗，那时候，我最喜欢去的是定王台书市，每次去都会带回《儿童睡前故事》等一些适合学龄前小孩读的书。每每和孩子一起阅读，他表现出来的是一种开心，甚至会看到我坐下来，就主动拿着一本书递给我，指着书要我读给他听，如果我读错了某个字，他会指出来。他的阅读能力，大概就是那时候打下的基础。有时候读着读着，仿佛看到了小时候，父亲陪着我读书的场景，这也是一种家风的传承吧。

除了培养孩子的阅读习惯，保持孩子的好奇心也很重要。都说兴趣是最好的老师，千万不要去扼杀孩子的好奇心。凡是孩子觉得有趣，想要去探究的事情，我都是支持的态度。因此，我家的客厅有时会成为养蚕基地，孩子每天会饶有兴趣地喂它们吃桑叶，会惊喜于自己的发现；客厅还会是蜗牛农场，有时一觉醒来，七八十只大大小小的蜗牛，从盒子里爬出来，在客厅里留下一道道爬行的印子……回想孩子的成长岁月，相比于那些喜欢将孩子送进培训班的家长，我更喜欢带着孩子去大自然沐浴春雨，在夏日的骄阳下暴汗淋漓，在秋风中欣闻桂花幽香，冬天用皑皑白雪打一场热闹的雪仗……

后 话

如今，父亲已是 88 岁高龄，依然耳聪目明。我一直勤勤恳恳地奋斗在教育工作的第一线，当了 30 多年的班主任，是同事、家长及学生心目中的好老师，并获得了长沙市的突出贡献嘉奖及长沙市"优秀少先队辅导员"的称号。我的儿子也进入了国内的一所著名的大学学习。

"桃李不言，下自成蹊。"父亲给予我的爱，犹如那条缓缓流淌的锦江，无声无息奔流不止却一直萦绕身旁，我也将这种爱传递到了自己孩子身上。习近平总书记说："不论时代发生多大变化，不论生活格局发生多大变化，我们都要重视家庭建设，注重家庭、注重家教、注重家风。"我家的家风如同一缕清风，缓缓地吹在岁月的长河上，这清风，是踏踏实实的生活态度之风、以身作则的陪伴之风、坚持阅读学习的书香之风，这清风朴实无华却又醇厚悠长。

（作者单位：长沙市实验小学）

四世同堂家风正　教育世家美誉传

李迪平

李迪平是长沙市开福区福元小学党支部书记，中小学高级教师，她一家四代同堂，家庭和睦，家风淳朴。李迪平两口子工作勤奋努力，都是单位的骨干，他们孝敬老人，夫妻恩爱，教子有方；儿子好学上进，学业有成，全面发展；老人慈祥和蔼，乐观开朗，体谅关心晚辈。他们一家幸福和睦，是亲戚朋友、单位同事心中的文明家庭典范。

齐眉，相待以真心

李迪平夫妇结婚 26 年，两个人仍然像初恋那样甜蜜。丈夫沈军特别关爱妻子，用朋友们的话说是"把妻子当孩子宠"。

2000 年妻子生下小孩，沈军激动得整晚无眠，动手给妻子写了一封长长的情书，2019 年在长沙市道德模范颁奖仪式现场，妻子感叹于丈夫多年的关爱体贴，回赠给丈夫一封长长的情书，并当众宣读，她这样写道："幸得识卿桃花雨，从此阡陌皆暖春。"在场的人无不为之动容。这封情书后来发表在"文明长沙""潇湘家书"栏目并被"开福区家风馆"收藏。

李迪平 2018 年曾到革命老区——湖南郴州汝城县工作一年。

李迪平去汝城上班之前，丈夫沈军先去将妻子的居住环境改善一新：报纸糊的窗户，装上了窗帘；给房间新装了热水器，买了洗衣机；甚至连房间的地面都擦得一尘不染。李迪平去了以后忙于工作基本没有回家，沈军到了周末只要有时间都会到汝城陪伴看望妻子，陪妻子去家访，给妻子的同伴们改善伙食，是大家心目中最好的"姐夫"。

爸爸对妈妈的关心体贴也潜移默化地传给了儿子。2018 年春节，当时在北京大学读本科的儿子沈适放寒假没有直接回家，而是约爸爸先去汝城看望妈妈，用儿子的话说是不放心妈妈一个人在外地生活，非得自己亲自去看看才安心。

爱子，教之以义方

李迪平的儿子沈适从小就是"别人家的儿子"，小学毕业提前一年被长郡双语实验中学录取，初中毕业直升长郡本部高中，高中期间因为化学竞赛成绩优异，同时收到了北大和清华的邀约，本科就读于北京大学化学与分子工程学院，大学期间一边学习化学一边研修社会科学，两个专业的学习都很优秀。本科毕业后，沈适放弃了学校保送到化院继续读研的机会，通过自己的努力以笔试和面试成绩第一的高分顺利进入中国社会科学院读研。父母的家国情怀教育结出了硕果，沈适对父母说："我们国家的化学研究已经有很多人在做，而社会学的很多领域还在起步阶段，我一定要挑战自己，为祖国、为人民做出自己的贡献。"

难得的是儿子沈适全面发展，初中、高中都是学生会干部，高中时期是年级篮球队教练，带队取得不错的成绩，学校集体舞比赛获长沙市一等奖第一名，沈适担任领舞。进入北大后担任年级学生会办公室主任，热心公益，乐观开朗，曾获得"北大十佳歌手"称号。2020 年暑假期间，他带队到江西、湖南等地开展"北京大学中国健康与养老追踪调查"项目，不怕苦，不怕累，深入农村调查研究一个半月，为我们国家养老政策的制定取得第一手资料。

李迪平夫妇教育儿子要有大格局，要心系祖国和人民。儿子品行优秀，曾多次被评为"优秀学生干部"，被同学评为"我最尊敬的人"，多次荣获学校的奖学金，2022 年 10 月被中共北京大学社会学系委员会吸收为一名光荣的预备党员。

尊亲，孝道有传承

李迪平的老外婆（婆婆的妈妈）是个百岁老人，知书达理，能文善赋，跟李迪平的婆婆住在一起，两位寡居的母女一直是李迪平夫妇照顾。只要有时间，李迪平和丈夫就会登门看望陪伴老人，解决老人生活上的困难。老外婆喜欢背古诗，唱革命歌曲，学中文的李迪平就陪着老人一起背诵。老外婆 93 岁生日的时候，李迪平想尽办法，通过多种渠道，收集外婆多年写的诗，编撰成集，亲自写序，并用老外婆小时候读书的书斋"景惠室"命名，取名为《景惠室诗存》，印刷成册后让老外婆自己赠送给来祝寿的亲人朋友。老人家非常高兴，在生日宴上还连唱了几首革命歌曲。

老外婆写得一手好字，2018 年春节李迪平和丈夫还策划了"百岁老人"写春联活动，把老人写的春联送给左邻右舍，让大家沾沾百岁老人的好福气。邻居们羡慕得不得了，说这个家是兴旺之家、文明之家、有福之家。

每到寒暑假李迪平就将两位老人一起接到自己家里居住，亲自照料。为了让老人感受新时代的变化，李迪平和丈夫带老人去商场、太平街等网红打卡之地，让老人开心。老人心情舒畅，经常感叹自己有个好儿媳妇、好孙媳妇。

为了特别感谢重外孙一家的照顾,老外婆弥留之际,她把自己佩戴50余年的手表留给李迪平作为念想。

李迪平与婆婆亲如母女,26年从未红过脸,婆婆的衣服都是李迪平购置,婆婆外出都是李迪平陪同,婆婆的兴趣爱好、喜乐忧愁李迪平最了解。

婆婆当了一辈子的班主任,多才多艺,工作能力特别强,也特别好面子,最喜欢别人夸她媳妇孝顺。有一次,单位退休老师搞活动,她要表演拉手风琴,结果忘记带手风琴了。李迪平送她到目的地后,又驱车十几公里回家取琴给她送过去,婆婆非常高兴,对她同事说:"我们家里只有小李最懂我的心思。"

婆婆特别爱美,70多岁了还坚持要穿高跟鞋,有一次她崴到脚骨折了,李迪平和老公第一时间赶了过去,把她送到医院,带她做了检查。婆婆害怕,不敢做手术,李迪平就像哄小女儿一样哄她,最终婆婆很顺利地进行了手术。婆婆不爱吃药,李迪平一边许诺好处,一边弱弱威胁,哄着她按时服药。术后,除了关心婆婆的身体情况,李迪平还变着法子逗她开心。由于治疗及时,照顾周到,婆婆没有留下任何后遗症,如今近80岁了行走还十分利索。

因为耳濡目染,儿子沈适也十分孝敬老人,很小的时候姥姥怕留宿家中不方便,沈适就懂事地说:"多多(沈适的乳名)家就是姥姥家,姥姥家就是多多家。"每个学期拿到奖学金,他都会第一时间给姥姥和奶奶买礼物、发红包。亲戚们无不称赞"家教好,有传承"。2020年姥姥离世,沈适不能回长沙,特地写了一篇长长的祭文,并请妈妈在追悼会上宣读,在场的亲戚朋友无不为之动容。

2022年暑假,学校安排沈适到苏州实习,8月22日是奶奶的生日,沈适特地赶回长沙,用自己实习的工资为奶奶办了一个小型的生日宴会,并精心购买了生日礼物,令奶奶十分感动。

敬业，大爱育桃李

李迪平至今已经在教书育人的岗位上工作了32年。32年来她担任过班主任、教导主任、副校长、学校党支部书记，她是开福区骨干教师、名师工作室名师。不管在哪个岗位她都能坚持立德树人，爱岗敬业，深受学生、家长、社会各界的好评，获得过"优秀教师""优秀共产党员""优秀教育工作者""开福好人"等荣誉称号，有多篇论文发表。

2017秋季，李迪平到湖南汝城县支教，并担任支教队队长。她在汝城一年时间没有回过长沙，时间全部用在家访和辅导后进生身上。她翻山越岭去家访，自费给学生购买课外书，为贫困学生募捐共计4万余元；感召佛山女企业家协会资助马桥中学品学兼优的学生6个，资助办公电脑12台。她带领的支教队取得很好的成绩，得到当地政府和家长的高度评价。郴州电视台《郴州新闻联播》以"星城名师汝城支教记"为题连续四期集中报道开福支教的工作，第一期《点亮孩子眼中的星星》，第二期《夫妻双双入山城》，第三期《女儿的遗憾》，第四期《最暖传帮带，师德暖人心》，对开福支教队给予了极高的评价。她本人也被长沙市教育局评定为优秀支教教师，并在市教育局"三区支教动员会上"做典型发言。

有国才有家，"家是最小国"，李迪平一家的事迹曾多次登上长沙晚报、长沙文明网、长沙电视台等媒体。凡人微光，李迪平一家家风淳朴，积极向上，用自己的实际行动践行社会主义核心价值观，并团结带领着自己周围的同事、朋友塑造社会主义和谐美好、崇德向善的好家风，为推动新时期家庭、家风建设工作做出了榜样。

（作者单位：长沙市开福区福元小学）

家风是盏灯

丁　勇

"忠厚传家久，诗书继世长。"好的家风如春风化雨，滋润每一个人的心田；好的家风指导着人们的一言一行，给家人以积极向上的引导，给家人带来温暖和力量。我家的家风可以概括为四个字："善、勤、孝、俭"。这四个字虽然简单普通，却让我们受益匪浅。

父母用他们的言行告诉我：多做好事，做一个善良的人。父亲早年跟着姑父，学了一些医学知识，虽然他没有开药店，也没有开诊所，但找他看病的人挺多。特别是那些被蛇咬、被狗咬、摔伤的、烫伤的等，遇上那些事，一般去医院都要住院好多天，用很多药、花很多钱才会好，但父亲只要给他们用几种草药敷几次就好，基本上是药到病除，大家都称他是"法师""华佗再世"。虽然那些药有的是他冒着严寒或顶着烈日去高山上采的，有的是到冰冷的水里采的，但是父亲给人治病，从来不要求回报。有时自己做事辛苦了，身子都拖不动了，只要有人上门来请，就算再苦再累，他也会拖着疲惫的身躯去给别人看病。父亲觉得自己辛苦一点不算什么，能帮助别人减轻痛苦那才是要紧事。母亲也很支持父亲，她承担起更多的家务。父亲的为人，方圆几十里的人都对他赞不绝口。每到逢年过节时，总会有很多人提着鸡鸭鱼肉水果等来表示感谢，父亲都一一回绝了。他总是笑着对别人说："我学医不是为了图回报，只是为了帮助大家，减轻大家的痛苦，多做好事。"时至今日，虽然父亲已经去世几年了，但还是有很多人怀念他，经常听人提起我父亲曾经为他们免费治疗过，说父亲真是一个大好人。父亲的这种行好事、做善人的家风一直影响着我们一家人，我们会谨记父亲的教诲：多做好人好事，帮助他人。

父母用他们的言行告诉我：要老实做人，踏实做事。我的父母都是地地道道的农民，他们虽然没有明令家风家训，却在日常生活的点滴中言传身教，形成一种无形的道德力量，为我的人生指引方向。回想小时候，记忆中的父亲虽然没上过几年学，也不善言谈，但他勤劳能干，什么都会干。父亲为人厚道，一辈子做事就认一个"实"字。他干起事来，无论是给自己干，还是为别人干，不管有没有人监督，都是一个干法，那就是认认真真地干，没丁点儿虚假。在我读小学的时候，父亲就当选为我们那个村民小组的组长，虽然不算什么官，但事情很多。播种时，要给全组的村民发放稻谷、玉米种子，还有苗木、花卉等；禾苗生长时，要传达相关部门下达的病虫灾害疫情通报。上午和下午的时候，村民们为了生计要外出干活，为了不耽误害虫防治，他都是等中午大家都在家时，顶着烈日，每家每户按时送达。到了快过年时，承包鱼塘的人会将钱送到父亲手里，由他来分配，父亲一定会做到公平、公正、公开，自家绝不会多拿一分，或者是给哪个亲戚多一分。每一件事他都做得一丝不苟，深得村民的赞赏，因此大家都尊重父亲。有些人家里闹矛盾，或者邻里纠纷，都会叫父亲去调解，父亲都能将事情处理好，且最后的结果让双方都满意。

不仅如此，父亲对我们两姐妹也是严格要求。他常对我们说："你们从小都应该老老实实做人，勤勤恳恳做事，认认真真地搞好自己的学习，做好自己该做的每一件事。"每当我们遇到困难时，父亲则会说："自己动手，丰衣足食。""吃得苦中苦，方为人上人。"在父亲的影响教育下，我们两姐妹的成绩都是名列前茅。当我以优异的成绩考入我们那里的重点高中并且免学费时，父亲欣喜异常，他是为我感到骄傲。再后来，我通过自己的努力，考了教师资格证，并成为一名光荣的人民教师，父亲悬着的心终于放下了。受父亲的影响，毕业参加工作后，我无论在什么岗位做什么工作，都秉承"踏实"二字，干好每一件事，并努力做到尽善尽美。

父母用他们的言行告诉我：百善孝为先。父母都是很孝顺的人。我的父亲有五兄妹，因爷爷奶奶身体不好，去世较早，奶奶去世时，最小的叔叔才九岁。俗话说"长兄当父，长嫂当母"，作为家里的长子，父母在奶奶去世后，承担起照顾三个叔叔和年迈爷爷的任务，但父母忠厚善良，明事理，从来没有一点怨言。后来三个叔叔各自成家，我们姐妹俩也慢慢长大，本想着父母可以轻松一点了，但父亲有一个远房的姨父姨母也在我们村，他们二老育有一女，已远嫁湖北，是村里的五保户。随着年龄越来越大，二老的身体也是一日不比一日，于是父母又挑起了照顾他们二老的重担，二老去世，都是父母给他们料理的后事。父母的一言一行，都深深地感染着我们。现在我结婚了，也有了自己的小家，我传承了父母的良好品德，孝顺父母和公婆，是一个孝顺的女儿和儿媳，并教育好我自己的孩子也要做一个孝顺的人。

父母用他们的言行告诉我：要勤俭持家。父母经常教育我们说："勤是摇钱树，俭是聚宝盆。"我的父母从来不讲究吃和穿。母亲常说，人一辈子要勤俭节约，叫我们精打细算过日子。父母认为在毛主席时代，都是"新三年，旧三年，缝缝补补再三年"。现在虽然生活水平提高了，但不能忘记老一辈的传统，须知"由俭入奢易，从奢入俭难"。衣服不必有多好，干净整洁就行，有时我们不穿的旧衣服母亲还拿去穿，说是扔了可惜；一天吃不完的饭菜，舍不得倒掉，第二天接着吃……我对父母说："现在家里生活条件好了，你们年纪也大了，该是享受的时候，不要太节约。"但他们仍然很节俭，每次说给他二老买件好衣服，他们总会说："家里有，不要买那么多的衣服。"父母就是我们家里的一面镜子，让我们从小就懂得勤俭节约，不浪费粮食，不挑吃穿，不乱买东西，不铺张浪费，节约用水用电……父母让我明白一个道理：生活再好也应以"俭"持家，因为俭以养德。

虽然已经过去了很多年，可只要说起我家的家风，那一幕幕场景又会立刻浮现在我的眼前。父母用行动教导我做人，让我传承那岁月沉淀下来的精神之光。我们家的家风、家规，会继续保持下去，虽然它没有写在纸上，也没有贴在墙上，但它刻在了我的心上，就像一盏灯，永远照亮我前方的路。

（作者单位：娄底市双峰县永丰街道城南学校）

传承良好家风

李 芬

　　家庭是人生成长的第一课堂，父母是人生的第一任老师，家风便是人生成长的营养品。家风优良，人便如生活在芝兰之室，与之相融，满身沾香。家风恶劣，人便如入鲍鱼之肆，久而不闻其臭，遭受污染，遗臭永远。

　　我们每个人在出生时，都是纤尘不染的，似一张白纸，而原生家庭就是人生长发育最初的土壤。古人常言："国有国法，家有家规。"古时的大户人家，都有行之成文的家规，有系统的家法，以督促子孙后辈，要规行矩步；即便小门小户，也有不成文的家风，在潜移默化中，影响着子孙后代。

　　当今社会，一个有教养的人，家风一定是严谨的。我们时常说"上梁不正下梁歪"，因为家庭教育并不是歇斯底里地呵斥怒吼，而是像春雨般润物细无声地言传身教，父母长辈的言行举止，便是家风最直接的体现。作为"上梁"的家长辈，如果不思进取，言行无当，作为"下梁"的孩子又如何不扶自直呢？

　　在这里，与大家分享一些我家的家风故事。

　　我的母亲，也就是孩子的姥姥是山东人，因父母早逝，一直跟着她的哥哥姐姐长大。她的哥哥姐姐当时参加革命工作很早，思想很是进步和开明，一路南征北战，见识也广。我的母亲自小生活在这样的环境中，也早已养成了乐观豁达、坚强勇敢的性格。也因为过早地失去了父母，所以在她自己成为母亲之后，便将全部的爱给予了自己的孩子。

在我成家之后，因为和先生各自忙于事业，加上常年分居两地，孩子出生后，照顾和教育的责任大部分就落到了母亲身上。小儿顽劣，我怕她太过辛苦，她却总是说："你们安心工作，我和你爸身体还行，也是老高中生了，教教孩子还是可以的，放心吧。"母亲性格温和，极有耐心。记得在母乳喂养的过程中，母亲坚持每天给孩子喂小半瓶牛奶，孩子开始是抗拒的，母亲也不急，慢慢哄着，但一定要坚持喂完。我问她为什么，她说让孩子多接受一样食物，这样有利于以后断奶。果然十个月后，孩子的断奶过程十分顺利。我夸母亲有办法，母亲却说："是孩子天性聪慧，姥姥一说她就能明白。"

我因工作经常要出差，孩子年幼，分离时怕她哭闹，但母亲从不避着或找借口让我偷偷走掉，总是让我当面跟孩子说清楚，什么时候去，什么时候回，出差是去干什么。我说她那么小，能听明白吗？母亲却很郑重地说："你别看她小，她心里都知道呢。"到现在，孩子上初中了，出门或回家，她总是第一时间和我说一声，凡事都有交代，做事也让人特别放心。

孩子小时候阅读量大，三岁左右，识字量上千，家附近的绘本馆的书都被她借遍了，表现出了对文字的极大喜爱和敏感。周围邻居都说她聪明，是个读书的料。而我知道，这样的热爱都来自母亲从小的引导。很多次下班回家，我都能见到母亲抱着她，坐在沙发上一起读书，而每次读书，母亲必定是用手指着书本上的文字或图案一个字一个字读的，从"一个红红的大苹果"读到"大陆对长空，山花对海树"。小时候，孩子最喜欢的宝贝，日日夜夜都要放在身边的，是姥姥的一本"红宝书"——《毛泽东诗词选集》。当时，她认为，那是我们家最值钱的宝贝，一定要牢牢地保护好。因为每次见姥姥拿出红宝书，都是洗净了双手，从高高的书架顶端拿下来，小心翼翼地轻轻擦拭干净才慢慢打开来的。只听姥姥时而轻声吟诵"独立寒秋，湘江北去"，时而声音洪亮高亢朗读"中华儿女多奇志，不爱红装爱武装"，有时读着读着激动得站立起来，脸上泛起了年轻人才有的红晕。孩子觉得太神奇了，也会学着姥姥的样子背诵《七律·长征》《卜算子·咏梅》……从小的理想竟是当"毛主席"，一本《恰同学少年》陪伴了整个小学阶段。身教重于言教，母亲爱诗词、爱学习的精神深刻影响着孩子。

孩子上小学了，我便把她接来我身边，因为只有一个孩子，总想着不让她吃苦，什么活也不用她干，只要用心读书就好。有时也是嫌她动作太慢，一点点小事就不用她动手，自己顺便就帮她做好了。母亲来看我们的时候发现了这个问题，她表现出了少有的认真和严厉，告诉孩子，不能什么事都依赖父母，尤其是女孩子，一定要讲卫生，自己的贴身衣物要及时清洗干净。说完，便拿出肥皂和脸盆，一板一眼地细心教孩子洗衣服。看着她们在卫生间忙碌的样子，我才知道，原来不是孩子学不会，也不是她们懒，是我们没有学会放手，没有耐心教给她们做事的方法。

母亲一直很相信孩子，总是在鼓励她，认为她是很讲道理的，你只要跟她讲清楚了，她就一定能把事情做好。她的口头禅是："不要急，慢慢来。"这样平常的一句话从母亲嘴里不疾不徐地说出来，仿佛竟有了一种神奇的魔力，最是能安抚人心，即便真的出现了问题或者孩子犯了错误，母亲也总是能耐住性子，问清楚孩子是什么情况，为什么会这样。她说："不要轻易打孩子，真的要打，一次就够了，打完了要讲明白为什么要打，让她一次就能长记性。"在这个人心浮躁、竞争激烈的当下，母亲的佛系教育给了我和孩子平和的相处空间。

孩子很快地成长，青春期很快地到来，身体逐渐长高长大，脸上开始冒出小痘痘，也越来越有自己的思想和主见。而我随着年纪的增长，工作的繁忙，情绪变得不稳定起来，也没有耐心和孩子沟通，一度以为自己得了抑郁症。夜深人静时，也常常自我反省，知道是自己的情绪管理和心态出了问题。幸亏孩子懂事，有时感觉她的心理素质比我还要强大，很多时候，反而是她在包容我。她会上网了解更年期和青春期的问题，并主动和我探讨，商量解决问题的办法。忽然就觉得她长成了我理想的模样。感慨之余，我也会问她，是天生性格大气开朗吗？她会学着姥姥的口气和我说："不要急，慢慢来。"

感谢母亲，在经年累月的言行中，在以身作则的指引下，给了孩子正确的三观和积极向上的心态，让她即使没有爸爸妈妈常年陪伴左右，也能健康、自信地长大。母亲的育儿经，不仅会影响孩子的一生，还会传承下去，形成良好的家风，其影响是深远的。

隔代教育作为一种客观存在的家庭教育方式，对孩子的个性发展有着极大的影响。若教育不当，则弊大于利，所以必须建设良好的家风。两代人必须统一思想认识，寻找合适的平衡点，承担好各自的责任，这样才能充分发挥隔代教育的优势，消除其负面影响，从而达到家庭和谐，让下一代健康成长。

（作者：湖南师大附中博才实验中学天顶校区学生家长）

给孩子一片纯净的天空

谭迟凤

人的教育是一项系统的工程，这里包含着家庭教育、社会教育、学校（含托幼园所）教育，三者相互关联且有机地结合在一起，相互影响，相互作用，缺一不可。但在这项系统工程之中，家庭教育是一切教育的基础，在塑造儿童的过程中起到无可替代的作用。父母作为孩子的第一任老师，有责任为孩子营造一片纯净的天空，让孩子健康快乐地成长。

陪子游戏，沟通情感

玩是孩子的天性，陪孩子一起玩，不仅可以拉近和孩子的距离，还可以增加孩子的自尊与自信，让孩子心理更健康。在游戏中我们应该做到以下几点：

一是表达对游戏的兴趣。孩子是很感性的，孩子不感兴趣的游戏，很容易玩不下去。倒不如和孩子商量着玩儿，玩儿一些他感兴趣的游戏。爸爸妈妈在陪孩子游戏时，要和孩子一样真诚投入，短时间全心全意投入。

二是积极地倾听。倾听会让孩子感受到你对他的关注和爱意，让他更想展现自己。孩子在游戏中所表达的可能有它潜在的含义，爸爸妈妈多花些心思去倾听孩子所说的，收获的可能是孩子想对你说却不敢或不知如何开口说的心里话。在倾听中，让孩子带领你去看他所看到的世界，进而因势利导。

三是多问开放性的问题。游戏是孩子的世界。进入孩子的世界，你除了多听，还应开放自己，多问多学。不要假设孩子和你有一样的想法，也不要急着先去表达自己的想法，孩子的想象力常常是我们望尘莫及的。太阳可以是绿的，云也可以是黄的，爸爸妈妈有了这样的包容力，孩子更有想象力、创造力，能拥有更好的自己。否则孩子会由于你的呵斥破坏了游戏的兴致，扼杀了他的思维能力，这就得不偿失了。

四是遇到问题，试着让孩子自己解决。游戏也是日常生活的缩影，孩子也会遇到问题和困难，爸爸妈妈不能轻易地帮他解决问题。其实游戏是孩子学习解决问题的最安全的方法。比如：当孩子搬不动他整箱的积木时，可以问问孩子："怎么办呢？"多些耐心，你可能会和孩子一起享受他打开箱子、搬出积木、解决问题的得意与骄傲。

虽然在游戏的世界中，孩子是主角，但爸爸妈妈全身心地投入与陪伴，也是游戏中很重要的一部分。有了你的陪伴，孩子会玩儿得更起劲，也会因此而拥有一份健康的心态，奠定各种能力的基础。

陪子阅读，净化心灵

作为父母都希望自己的孩子爱读书，但生活中真正懂得怎样去引导孩子喜欢阅读，却不是一件容易的事，要做到以下几点：

一是当好参谋，把好选择关。现在的书籍浩若烟海，良莠不齐，那么应该为孩子选择什么样的书籍呢？做家长的总是希望孩子能阅读品位高的经典读物或以自己的偏好为孩子选书。我也曾经为孩子选了《蝴蝶梦》《苔丝》《海底两万里》《汤姆索耶历险记》等自认为品位和娱乐性兼备的经典读物给孩子，可结果是这些书至今还静静地躺在书柜里无人问津。后来经过反思才意识到，这些读物虽然经典，但要么不符合孩子的年龄特点，要么并不是孩子感兴趣的题材。孩子刚开始接触课外读物，主要应该从培养他的阅读兴趣入手，选择孩子自己喜欢而不是家长喜欢的书籍，才能有效地培养孩子的阅读兴趣和习惯。现在的孩子喜欢流行的青春读物以及和他们生活息息相关的书籍。再去书店时，我不再干涉孩子选书，孩子先后选过《校服的裙摆》《窗边的小豆豆》《幻城》《笑猫日记》《希腊神话故事》等书籍，每次都是一买回来就迫不及待地阅读，爱不释手。

当然，作为家长把选书的自主权交还给孩子的同时，还是应该在孩子选书的过程中当好参谋，把好关，格调低下、不健康的读物当然不能选，为孩子推荐一些经典读物以逐步提高其阅读品位也是非常必要的。

二是因地制宜，见缝插针。书买回来了，那么该如何和孩子一起阅读呢？我们的经验是根据不同情况区别对待。对孩子自己想读、感兴趣的书，尽可能放手让孩子自己阅读；对家长推荐的书可以选择和孩子一起读，或和孩子一起读其中一些比较艰深的章节。例如我为孩子选过《三国演义》，开始孩子并不十分感兴趣。我先简要介绍了故事梗概、人物、背景等知识，一方面激发他的阅读兴趣，另一方面可以为他的阅读减少障碍。在他阅读的过程中，遇到不能理解的地方就和他一起读，一边读一边讲解讨论。渐渐地，孩子喜欢上了这本书，并且把它认真读完了。我还为他推荐过《冰心儿童文学全集》，也是采用了类似的方法。后来，这本书对孩子写作能力的提高起到了很大的作用。

三是发表感想，分享快乐。读完书和孩子一起讨论情节，发表感想是我们和孩子都最爱做的事情之一，是提高孩子修养、净化其心灵的方法。孩子从阅读中体会到的快乐需要和人分享，他经常会复述书中的故事情节给我们听，每次我们都听得津津有味，并且不时就故事内容和他展开讨论。上面提到的《幻城》等书虽然我至今没有读过，但通过孩子的复述对故事已经非常熟悉。在读完《三国演义》《冰心儿童文学全集》等书后的讨论过程中，我适时引导，对他说："有些书虽然刚开始看觉得不好看，但静下心来慢慢看进去了就会觉得越来越好看。"孩子表示赞同，并表示以后还要读一些这样的好书。

最后我想说的是，阅读是快乐的事，不要把阅读变成孩子的负担，在阅读过程中多一些兴趣，少一些功利，这样才能逐步把阅读培养成为孩子一生的好习惯。

陪子旅游　拓宽眼界

古人云："读万卷书，行万里路。"行路与读书相提并论，其重要性可见一斑。旅游不仅能欣赏到优美的自然风光及人文景观，提高孩子的审美情趣，增长孩子的见识，拓宽其眼界，同时还可以锻炼身体，培养意志品质及亲情。我的做法是：

一是告知旅游地点，提出旅游要求。我每次都告知旅游目的地，让孩子参与决策，一起商量，了解旅游地的相关知识，明确此次旅游的目的和要求等，体验家庭民主与家庭亲情，使孩子更具主人意识和责任感，收获更多。

二是激发"自主"愿望，共同准备物品。可以将旅游看成培养孩子独立生活能力的一次机会，家庭成员共同准备，那么费心单调之事也会变得有滋有味。

三是鼓励孩子自带物品，培养其意志品质。让孩子携带简单的、常用的生活物品，如纸巾、水、点心等，培养其独立性，锻炼其意志力。我根据线路和孩子体力情况分别将各类物品放置到各自的包中，一路上自取自用，自得其乐。

四是收集旅游资料，激发兴趣，丰富知识。出发前，尽可能地找些相关资料，了解旅游地的自然环境特征、经济发展、交通状况、历史传说及风土人情等，查找资料的过程也就是扩大孩子知识面的过程。游玩时与孩子一块儿收集一些旅游资料，如城市图、景区图、景点材料介绍等，还在途中拍照、摄像、记随笔、画速写、搜集民间故事、神话传说、购买特色纪念品等。

旅游归来，让孩子边看照片、门票等纪念物边让其回忆，谈谈各自的收获和体会，如旅行中印象最深的事、最美的地方等，还将见闻形成文字，或与孩子一起合作绘画、编故事，鼓励孩子将自己的旅游经历讲给同学和朋友听。

旅游是人与自然和谐交融的过程，是孩子最开心的体验，也是家长寓教于乐的良好时机，不经意间便让孩子增长了见识。旅游能真正让孩子得到美的熏陶，促进其身心的健康发展，趁大好春光，带孩子旅游去吧！

总之，作为孩子的第一位老师，我们不仅要给孩子健康的体魄，还要给孩子一个健全的人格，让孩子学会学习，学会生存。

（作者单位：湘西土家族苗族自治州泸溪县教育和体育局）

优良家风是一种强大的精神力量

秦忠翼

家庭是人生成长的第一所学校。良好家风的引领，对于一个人的成长，具有不可估量的作用。

我和老婆都出生于世代农民家庭，从小受到父母兄长的思想品德的熏陶，他们的优良品德无疑给予我俩以深刻的影响。我在学生时代以及整个成长过程中，都受到毛泽东思想的哺育与熏陶，铸定了我思想性格的基本特征。在改革开放的时代，开拓进取、务实创新的时代精神，也给我的思想和性格铭刻出深深的烙印。我通过在四代家人实践中的观察体验，总结概括出勤劳朴实、诚信善良、进取好学、孝悌礼义等品德，将其作为我家的优良家风，并写成文字，在我家庭成员中传阅，在家庭聚会中侃谈；还通过家人亲友群的微信传播，让家人亲友在生活实践中加以感受领悟，自觉地融入自己的日常生活工作实践中。

下面让我讲讲我家几代人关于进取好学的小故事吧！

父亲的神奇技艺

我出生于旧时代一个贫苦农民的家庭。爷爷辈很穷，靠上门做缝纫为生，爷爷是因病累倒在做裁剪的案板下而死去的。我父亲是个木匠，他的木工技艺相当出色，在当地很有名气。

他所做的各种家具，诸如桌椅板凳木柜等，不仅美观精致，而且做得耐用，所以很受用户喜爱。他有造屋的本领，小则平房，大则宗祠，都能以他为主进行建造。他不仅做上门工，而且承包各种活计，所以总有做不完的活。当有新房竖梁架的时候，父亲总是站在堂屋的高高的横梁上，秉着香，口中念念有词，替主人祈求神的保佑，让这屋的主人添子添寿，兴旺发达，这时，我的父亲俨然是一位能通神的顶天立地的巨人。他还能在横梁上画龙、画狮等圣物，用以辟邪，还能"画煞水"消除邪气。这虽然带有一些迷信色彩，但也体现出父亲具有独特的本领。

父亲还会找治蛇伤的草药。有人如果被蛇咬了来找我父亲，他就到山中，寻找各种草药，并不要钱。日后那人蛇伤好了，就常常砍块肉来感谢他。这些招数，不知父亲从哪学的，确实也为不少人解除过痛苦。父亲家贫，读不上书，只能拜师学艺，他的这些真本领，是从师傅那里学来的，是不断勤学好问、钻研苦练而获得的。父亲是一个真正进取好学的人，令人敬佩！

深夜灯光依然明亮

我本来只是贫苦农家的一个放牛娃，新中国成立之后，才获得上大学的机会。大学毕业以后当了中学老师，后进入益阳师专，走上大学讲坛，开始讲授文学理论、美学之类的大学中文专业课程。我在益阳师专中文系担任过 20 多年的党支部书记，主管师生的政治思想教育工作，和老师们一道，为培养学生成才贡献了自己的一份力量：中文专业毕业的许多栋梁之材脱颖而出，成为社会各行各业的中坚力量，可谓桃李满天下，林茂竞葱茏。

当年某报记者曾经这样描述我：他对于党支部建设和学生工作

都做得极为出色。他热爱关心学生，常常用党课、励志报告会等形式对学生进行世界观、人生观、价值观和理想前途的教育，勉励他们发愤读书，立志成才；同时注重对学生干部培养，用压担子、严要求、检查他们对集体的贡献等方式，培养他们的工作能力。

在繁忙的政治思想工作的同时，我始终坚持专业教学和科研工作。学生称赞我是"不用扬鞭自奋蹄"似的人，干工作、钻研业务总是不辞劳苦，孜孜不倦。学生工作总是有着统一的安排：例如，每周一次政治学习、一次系科干部会、一次大扫除，还有文明寝室评比等，这些例行工作，我作为支部书记，必须作出周密部署，主持督促，有条不紊地出色完成。

有时还需要特意安排，为学生作励志报告，给入党志愿者上党课，给学生干部讲品德修养、工作要求等。每当学生就寝之后，才是我安静地坐在书房里，专心致志地读书或者写作的时间。不管寒冬酷暑，我就这样日积月累地做着我的课题研究。这时，在蒙蒙的夜色下，校园静悄悄，而我家小窗里却闪烁出明亮的灯光，直到深夜。

我通过长期的辛劳耕耘终于获得了可喜的成绩。主编或参编教材七部，出版专著四部；公开发表专业论文 100 多篇，共计 80 多万字；文艺理论专著《毛泽东文艺美学思想》一书荣获湖南省"五个一工程"二等奖，湖南省首届社科基金研究课题优秀成果二等奖，获全国毛泽东文艺思想研究优秀论著奖，复旦大学著名美学家朱立元先生评价本书"不但达到了一定的学术水平，而且在一定意义上也填补了空白"；《邓小平审美价值理论研究》一书被公认为是一本很有学术价值的专著；从审美价值论角度研究文艺美学的论文陆续发表后，引起文艺理论界的高度关注，社会反响强烈，例如《毛泽东审美价值观的特点》，新华文摘 1992 年一期摘登；《邓小平的审美价值观》《论审美需要的本质》《文艺的审美价值论》

等，为《高校文科学文摘》分期摘登；《个性是艺术典型的生命》《论周立波小说的审美情调》，人大复印报刊资料全文复印；《酒神精神：艺术和人生的理想境界——论尼采的审美价值观》，载《中国文学研究》2009年第三期，该论文被下载486次等。

我的业绩受到学校领导和师生们的高度评价。1995年，被评为湖南省高校思想宣传工作先进个人；1998年，获得全国优秀教师荣誉称号；1999年荣获曾宪梓教育基金师范类教师二等奖，并上北京在人民大会堂受奖；2020年获益阳市"最美老干部"荣誉称号。

砥砺前行为追梦

在新冠病毒感染疫情肆虐时，我们学校也组成了抗疫工作志愿队，其中就有我小儿子秦科。

秦科自抗疫以来，不管白天和黑夜，不顾寒冷与炎热，一直在为抗疫而奔忙。他的私车成了学校抗疫工作的专用车，随叫随到。这种志愿者工作，一干就是一年多，虽然工作平凡，但是要天天如此坚持，实属不易！自去年五月开始，他自愿申请，并经中共湖南省委组织部批准，光荣地成为省直宣传（文资）系统联县帮扶安化乡村振兴工作队的一员，进驻安化苏溪村，与乡村基层干部朝夕相处，风雨无阻，冰雪难挡，进山串户，调查研究，商讨设计，寻找乡村振兴的路子，部署和规划集体经济的发展，成果显著。

二儿媳是一名教师，她爱生如子，春风化雨般滋润着每一个学生，从来不歧视每一个差生；她一心扑在教学上，刻苦钻研教材，注重启发学生的思维能力，努力培养学生认真学习的学风和习惯。她多次荣获教学能手的荣誉称号，在资阳区屡次抽考中，她所教班级每次成绩总是排列第一，一直受到学生、家长、学校的好评。她能取得如此骄人的成绩，与她热爱教育事业、热爱学生和长期进取好学的精神是分不开的。2021年，她克服各种困难与丈夫同时响应乡村振兴的号召，前往益阳市新堤咀小学支教一年。她在工作中兢兢业业，刻苦认真，从不辜负学生与家长的殷切期望，为祖国的教育事业添砖加瓦。孙辈们在父母的培养和调教下，也都形成了热爱学习、认真学习的好习惯，在学校表现优秀。

家庭是人们梦想起航的港湾，是成为下一代健康成长成才的摇篮。这些成绩的取得与家庭教育密切相关，也是代代相传的优良家风熏染的结果。正如习近平总书记所要求的那样："以民族复兴为己任，自觉把人生理想、家庭幸福融入国家富强、民族复兴的伟业之中，做新时代的追梦人。"我十分重视优良家风的传承，并注重总结奖励家人的工作成果，其目的就是期望优良的家风能代代相传，成为一种强大的精神力量，鼓舞子孙后代健康成长，成为勇于承担时代和国家重任的有用之才。

（作者单位：湖南城市学院）

优良家风的灯塔

谭海燕

我的母亲名叫陈雅淑，1963 年毕业于湖南师范学院俄语系，在教学一线奋战了 30 多年，是攸县五中一名非常优秀的退休英语教师。她特别注重家庭、家教、家风，她为孩子们的进步与成长倾情付出一切。在家庭中，她是我们的主心骨，温暖身边每一个人；她营造优良的家风，像一盏灯，照亮身边每一个人；她给予子女良好的家教，像一团火，让人感到希望不灭，未来光明。在培养子女与教书育人方面是一个典范，她的故事很多，宛然一首动人的歌。

对学生像对自己的孩子一样

我的母亲大学毕业后，先后在攸县多所中学任教，她每到一处都播下爱的种子，一生从教，桃李芬芳。母亲对学生，像对自己的孩子一样，而对有困难的学生，她会给予更多的爱。

在攸县四中教书的时候，她带的那个班，一个学生尿床，别人都不肯跟他睡，我母亲就把他带着睡，被子经常被尿湿。尿湿了再洗，晒干了再用。母亲在乡下教书的时候，有好多穷孩子，读着读着就不来了，她就一个一个上门去劝。学生病了，她帮他们熬药。1985 年，她的一个学生考上广州外国语学院，家里很穷，拿不出生活费，我母亲每月从她几十块钱的工资里，挤出一小部分寄给

455

他。在黄丰桥中学任教的时候，母亲经常给学生开小灶，加班加点地免费补课，视学生如自己的孩子。也许正是这份爱，母亲所任教的班级初中毕业会考成绩连续五年获全县冠军，许多家长对母亲竖起大拇指，赞不绝口。

母亲一路播撒希望，让爱开花结果，让小树成栋梁。在母亲60岁生日那天，她的好多学生都来了，送来一块大匾，上面写着"师恩情深似海"。

退休后的母亲热心公益事业

母亲一生桃李满天下，她的很多学生都成才了。一些学生，在有所成就以后，受到母亲潜移默化的影响，尽力去帮助别人，回报社会，反馈爱心。最让母亲欣慰的是一个叫贺正需的得意门生。

贺正需1978考上了中国科技大学，毕业后到罗马尼亚雅西大学留学，现在是留美博士。2009年，贺正需设立"贺正需教育基金会"，聘请我母亲任顾问，负责基金的发放和监督工作，我负责基金会的宣传工作，我的母亲不顾年迈，欣然接受。她说自己财力有限，她的学生愿意解囊助学，那是很好的事情，跑一跑路，她是很愿意的。迄今为止，"贺正需教育基金会"已资助攸县7所高中1300多名单亲孩子，发放资助金600多万元。《株洲日报》《株洲晚报》先后报道了基金会捐资助学的动人事迹。

退休后的母亲和我不仅仅参与助学金的发放，而且谆谆告诫年轻的校长们要管好、用好助学金，并且经常走访单亲孩子家庭，关注孩子们的成长。母亲说："我要不遗余力地帮助贺正需完善这项神圣的公益事业。"

舅舅的遗言，成就母亲的人生

母亲1935年生于攸县柏市镇湖厂冲头，正逢乱世。我那个从攸县师范学校毕业、被大家评价为"聪明可造"的舅舅，临终时对围在病床边上的亲戚讲："再苦，也要让我妹妹读书，千万不要让她过早嫁人。"大舅的遗言，成就了母亲的人生。

上大学的母亲，穷得连一条毛巾都买不起，行李里只有两条短裤和一把牙刷。上大学之前，由母亲的姑妈和表舅做主，让她与我父亲订了婚。我父亲刚从攸县师范毕业不久，在一个小学当老师，他在经济上可以给母亲一些资助。他们是先结婚，后恋爱。在20多年的共同生活中，他们相濡以沫，一直很恩爱。他们都是兢兢业业做事的人，对物质没有什么追求，生活很简单。我们一家五口很和睦很幸福。

但天有不测风云。在我12岁那年，担任攸县黄丰桥中学校长的父亲，骑单车去医院看望一位老师时，被汽车撞进了一条水沟，高位截瘫。出事两年后，因伤口大面积感染，经多方抢救无效，父亲不幸离世。安葬完我父亲的第二天，母亲就走上了讲台。全班学生无不动容，深受感动，泪水盈盈，感动于母亲的坚强与刚毅。

优良家风，代代传承

母亲是我们这个家的中心，把大家凝聚在一起。家里的人，不管是身在攸县、株洲、长沙，还是远在北京、上海甚至法国，都觉得母亲近在咫尺。她是我们的好母亲，也是我们的好老师。

1977年恢复高考，母亲对大哥说："我出10个单词考你，只要你能写出五个，我就有信心培养你上大学。"结果，我大哥写出了六个。母亲精心辅导大哥，1977年大哥顺利地考上了大学，后来还成长为攸县教育局局长。

我二哥读高二的时候，父亲因车祸瘫痪在床，但母亲坚决不肯让二哥来医院照顾。母亲说："你二哥明年就要高考了，在这种关键时期，天塌下来也不能让他放弃学习。"为成全二哥的大学梦，我辍学一年半，和母亲轮流照顾病重的父亲。母亲谆谆教导我：

"百善孝为先，家和万事兴。"

1986 年夏，二哥以非常优异的成绩考上北京航空学院，最后还考上北京科技大学的硕士研究生并且留校工作，成为一名光荣的大学教授。

1992 年母亲从攸县五中退休后，一直坚持写日记，到现在已经写了 31 本了。日记里记载着她对家教、家风、家规、家训的理解和解读。我儿子罗睿爽受到她的影响，也坚持每天写日记，喜欢写作。他在株洲白鹤小学读书的时候，就在《株洲日报》《株洲晚报》上发表了 16 篇文章，是全市 3000 多名小记者中发表文章最多的孩子。2010 年他被评选为株洲市首届"十佳"小记者，作为母亲，我感到很自豪。

我的儿子大学毕业后，由于成绩特别优秀，顺利入职国家核心单位——上海航天局，成为一名光荣的航天人，为国家的航天事业贡献自己的青春与热血！

母亲如大海中的灯塔，给我们指明了航向，也给了我们无尽的力量。

（作者单位：湖南汽车工程职业学院）

杨老师的家教之道

邹继伟

　　好的家教家风是人生成长的优质土壤，是个人成才的根基所在。中华民族历来重视家庭建设，注重以家风传承育人兴家。如《颜氏家训》《朱子家训》《曾国藩家书》等，这些优良家教家风的教诲和传承不仅成就了他们自己家族的世代兴旺与发达，也对后世国人的修身齐家产生了深远的影响。湘潭大学数学与计算科学学院退休教师杨期源的家教之道就是一个鲜明的例证。

　　2019年美国国家发明家科学院公布了当选的院士名单，湘潭大学78级化学班校友、美国佐治亚州立大学化学教授和诊断与治疗中心副主任杨洁当选为美国国家发明家科学院院士。杨洁院士能有如今这番成就，除个人的勤奋和天赋外，也离不开优秀的家庭教育和良好的家风熏陶。当谈到父母对孩子的教育问题时，杨期源老师指出："我的一生经历了很多事情，父母都能以实际行动竭尽全力地支持我，鼓励我顺境修力，逆境修心。他们勤劳善良、脚踏实地、热爱生活的品质深深地影响了我，我也将这些品质传承给了我的子女。"从杨期源老师身上，可以看到优良家风的传承，也能看到优秀家庭教育对子女成长成才所起到的重要作用。

身教为先，传承求索进取精神

在问到对杨洁院士的特色教育方法时，杨期源老师总结，就是要注重引导她做到"三心""二意"。即取得成绩时，谨记"山外有山楼外有楼"，保持自己不断努力的"进取心"；遇到挫折时，不要因此而一蹶不振，自暴自弃，要坦然面对，让自己存有一颗"平常心"；待人接物方面，要有能理解尊重他人、将心比心换位思考的"同理心"。此外，更注重培养自己良好的学习、生活、工作习惯，让自己具备独当一面、挑战自我的能力，让自己意志坚定、志向高远。实际上，这正是杨期源老师一辈子都在践行的精神品格，成为他传承给子女的宝贵精神财富。

20世纪50年代，杨期源从武冈师范学校毕业后，经推荐和考核到沈阳师范学院（现辽宁大学）进一步深造，毕业后又作为骨干青年教师培养对象被送到东北师范学院（现东北师范大学）进修一年。此后由于身体原因，组织上特别照顾，从东北调回南方家乡，在湖南省省属重点中学邵阳市第二中学执教20余年。1972年调到邵阳市师范专科学校（现邵阳学院）继续担任数学教师。1974年湘潭大学复校建设，广揽国内优秀教师。1976年，杨期源和妻子沈桂英作为邵阳地区的代表被选上，成为湘潭大学复校后的首批拓荒者和建设者之一。此后，在湘潭大学从事了20多年的教学和科研工作，直到退休。1978年杨期源和妻子分别被评为湖南省劳动模范和先进工作者，受到了省人民政府的表彰。

父亲上下求索、持续进取的"身教"深刻地影响着杨洁，使她受益匪浅。杨洁中学时代随父母来到湘潭大学，在湘大子校念完高中后于1978年考上湘大化学系化学专业，本科毕业当年考取本校化学系生物化学硕士研究生。硕士毕业的杨洁走上了工作岗位后，一直在汲取知识，追求提升。她的内心一直渴望着能够进一步学习提升自身，在父母的鼓励和支持下，她通过自身的努力赢得了宝贵的出国深造机会。杨期源老师深有感慨地回忆道："可以说她当年的留学深造，基本上跟我当初从南方到北方求学不断提升自我异曲同工，我的个人经历很大程度上起到了身教之效吧。"

沟通引导，既当良师也为益友

好的家庭教育需要沟通。杨期源认为，父母作为第一任老师，在孩子成长阶段除了要给他们在学习方面提出一些具体的要求之外，还要更加重视如何同孩子进行有效的沟通，及时疏导调整心态。"家长教育的角色随着孩子的成长，也会发生变化，从'良师'向'益友'过渡。但不管孩子成长如何变化，家长跟孩子的沟通渠道一定要畅通，只有这样才能进行有效的互动，做到心里有底，处事不惊，遇事不乱。"当年在高考成绩出来后，杨洁的成绩原本可以选取外省的重点大学，而且她自己也特别想攻读父母当时所任教的数学专业。在面临人生的重要抉择时，杨期源夫妇并没有充当强势的决策者，而是充分听取了杨洁的意见，跟她进行反复沟通，最后形成共识，杨洁选择了湘潭大学的化学系。"现在看来，她当初的选择还是非常明智的。"杨期源回忆道。

毕业以后，杨洁即追随着父亲的脚步，留在湘潭大学担任教师，和父亲杨期源成为同事。万事开头难，刚刚走上工作岗位的杨洁身份从学生转变成了老师，需要适应角色转换并且迅速提高职业技能。作为父亲，杨期源给她分享了三点经验：第一，要对自己所做的工作有"激情"，只有热爱自己的本职工作，才能把它干得非常出色；第二，要对自己所做的工作能"坚守"，要做成一件事往往不是一帆风顺的，更多的时候则是费时费力甚至屡遭不顺，所以光有激情还不够，还要有一份执着；第三，要对自己所做的工作有"准备"，世上无难事，只要肯登攀，不打无准备之战，成功总是眷顾有准备的人。这是杨期源从教数十年的深刻经验总结，也是他扎根教育事业所奉行的理念。即使之后离开湘潭大学走出国门，杨洁也始终将父亲的教诲牢记于心。"我的这些经验和要求对杨洁的影响很深，她告诉我，即便是到了国外高校任职，她都以此要求自己。"以父亲为榜样是杨洁取得今天的成绩的主要因素之一。

尊重个性，培养"全面发展型"人才

"我本人一直坚信一个人需要德智体美劳全面发展，不能偏于某一个方面，这些不同的方面可以相辅相成，相得益彰。"在杨洁小的时候，杨期源夫妇就很少采用高压强制的方法去逼迫她学习，而是比较注意保护她的不同兴趣，培养她独立思考和应对挑战的能力。"杨洁兴趣爱好十分广泛，即便是当年高考、考研时，我们也只是提醒她注意轻重缓急，合理安排自己的学习和生活。"杨期源认为，孩子的成长是分阶段的，孩童时期尤为关键。多花时间多花心思去培养孩子从小养成良好的学习、生活习惯非常值得也非常必要。"这就好比打地基，基础打好了，就可以'万丈高楼平地起'。"

在湘潭大学读书的时候，杨洁就是学校篮球队和田径队的队员。每当举办校运动会，她总是活跃在多个赛场上。每次比赛，杨期源都会尽量抽出时间去场边给她鼓劲。由于父母注重孩子多方面能力的培养，杨洁成了一个德智体美劳全面发展的优秀人才。

人们常说，父母是最好的老师，家庭是最早的学校。好的家教家风使一个人终身受益。不论时代发生多大变化，不论生活格局发生多大变化，我们都要重视家庭建设，注重家教，注重家风。优良家教家风对个人成才至关重要，是一个家庭兴旺发达的精神财富。

习近平总书记在党的二十大报告中强调，要加强家庭家教家风建设。这是"家教家风"一词首次出现在党代会的报告中，反映了党中央对建设和睦、幸福、文明家庭的高度重视。好的家教家风将成为一个人向阳生长的精神驱动力，将成就一大批为国奉献的优秀人才，凝聚起全面推进中华民族伟大复兴的磅礴伟力。

（作者单位：湘潭大学）

"和谐幸福"是我家的一张名片

谌伯纯

我的亲朋好友，常称赞"谌老师一家好幸福"，确实我在这个大家庭里，一直享有一家温馨的幸福感。这，源于我们良好的家风。正如作家冰心所述："美好的家风是一切幸福和力量的源泉。"古代家训有言："家门和顺，虽饔飧不继，犹有余欢。"习近平总书记非常重视家教家风，作了"天下之本在国，国之本在家"的精辟论述，将家教家风写入了党的二十大报告，强调要弘扬中华民族传统美德，加强家教家风建设。

基于对家风重要性的认同，我在担任班主任和校长期间，在抓好班风校风建设的同时，始终强调要构建和传承好家风。家是人生第一所学校，自古至今家风建设是一个永恒的主题，家风是一种无形的力量，一直在影响家庭的每个成员。在学校和家中，我常给孩子们讲："校风家风，风风要正；国格人格，格格不歪。""家和万事兴。"通过形式多样的活动，进行传统美德教育。与此同时，在和学生家长的交流中，总是突出家风对孩子成长的影响，强调父母是儿女的第一任老师，特别是对家风不正、对孩子心性品德已产生负面影响的家长，上门家访，促使父母意识到，希望小孩不输在起跑线上，首先要改变自己，作好表率。我始终立足于树立良好家风校风，形成良好社会风气，为孩子们的成长提供优质土壤。不言而喻，在我这个血亲姻亲、老中青三代十个成员组成的大家庭中，家风家训对子孙立身处世、持家治业、维系和发展这个家起到了巨大的推动作用。作为母亲、祖母，我始终坚持言传身教，率先垂范，做构建和谐家风的主帅。多年来，我欣慰地看到全家成员已融合成幸福一家。同在屋檐下，传承老祖宗"处世以谦让为贵，为人以诚信为本""堂堂正正做人，踏踏实实做事"的家训家风。家风的感染力、亲和力，凝聚三代人和睦相处，相互关爱。儿子擅长烹饪，为一家人吃好不辞辛劳；女婿幽默风趣，组织户外活动和旅游，让一家人欢快；媳妇勤劳持家，热情贤惠，让一家人生活舒适。尤其令我感动的是，在我髋关节置换手术养病期间，得到了他们的精心护理。敬老爱幼，已成为家风的一大亮点。

在职场，儿女孙辈身上都彰显着家风的特质，他们忠于职守，踏实工作，普遍得到领导和同仁的好评。儿子为了照顾孤身的我，放弃条件优越的工作单位，在市教育局党组的关心下，调入我原工作的学校，任行政管理工作。无论在哪个科室，他都表现出色，老师赞扬说："到底是老校长的儿子，真不一样。"而他从未有妈妈是老校长的优越感和特殊要求，服从学校安排，始终低调做人，踏实做事，曾荣获先进教育工作者称号。外孙女是一名出色的媒体人，参与编导的综艺作品，正在湖南卫视连续播放，收视率创新高，受到领导器重，在制作导演节目期间，日以继夜工作，长时间无休息，仍然阳光快乐着。全家六名从教成员聚在一起，教育是津津乐道的共同话题，常常交流教学教研和立德育人的感受。我这个老教育工作者，常常抓住契机，输送正能量，和他们讲述爷爷故乡、广西"三星堂"家族"尚书重教"、源远流长的家风，讲自己教学生涯的故事，并且将自己的人生感悟、教育情怀以及教育人生，做成专题美篇，发给儿女孙辈和大家族亲人，让他们从我身上得到人生启迪和教益，促进家风常抓常新。

美好的家风，是温馨的精神家园。每个成员下班后，走进家门，亲切的笑容、自由地聊天，营造了轻松愉悦的氛围。每周双休日例行全家团聚，或驱车郊外短途旅游，或去农家乐唱歌、钓鱼、烧烤……每逢佳节和家人生日，举行各种形式的家庭礼仪活动，在家族群发微信，送暖心祝福，我亲自做"生日快乐"专题美篇，写生日寄语，祝福和鼓励晚辈。每年除夕夜举行家庭文艺晚会，每个小家献节目，有小品、舞蹈，还有游艺活动，并设奖励；我是大家长，给晚辈发专项红包，有"贤媳奖""好外公奖""工作优秀奖"……全家老少欢聚一堂，在欢乐中共享亲情的温暖，共享温馨的家风，营造了家庭文化氛围。

有欢乐聚，亦有严肃的家庭会。凡家庭大事如购房搬迁、孙辈升学择校、入职换岗、谈婚论嫁等问题，大家在一起交流沟通，各抒己见。对不良表现，不分辈分，开展批评。儿子常对我直言不讳："妈妈，您在家里不是校长呵！"提醒我不可把校长的作风带进家庭生活。长辈老了会有怪异表现，需要晚辈善意的劝说，也体现了平等的门风。这就是我们家精神文化生活的花絮。

这一切展示了我们这个大家庭美好的家风，幸福盈盈。我们家十个成员中，有六名从事教育工作，其中三名高级教师，我和女儿、孙女执教中学英语，孙儿是美术老师。我一生钟爱的教育事业，得以一代一代传承。

60年代初，我怀着青春梦想，走上三尺讲台，先后任教俄语英语，担任过初高中不同层次的、重点班和差班班主任，坚守育人为本、面向全体学生、有教无类的教育理念，坚持爱的教育，把师爱洒进每个孩子的心田，耐心做差生的转化，所带的五届学生，在不同的起点上显著进步，成为学生爱戴的班主任。我所撰写的论文《师爱的力量》，被发至市县各校，向外校教职员工作过20多场德育工作的专题报告，讲述学生成长的动人故事。十一届三中全会后我被评为"长沙市劳模",两次荣获"全国三八红旗手"称号。

1983 年我被委以校长重任,翌年我和我的团队,改革创新发展中等职业教育,历尽艰辛,将一所普通中学全面转型,创建成享誉省内外的电子中专,跃入全国职业学校先进行列,受到教育部领导的好评。我被媒体誉为"职教园地的拓荒牛",被授予省优秀校长、全国教育系统劳模荣誉。

是党培育了我的教育人生;是学子成就了我的生命价值;是我温馨幸福的家,作了我事业的坚强后盾。我的母亲、老伴给予支持,操持全部家务和照顾幼小;我的儿女给予理解,从不抱怨缺失母亲的陪伴呵护,他们知道母亲心里装着学生。家人的温暖和力量,确保我全身心投入学校工作中。

我这位老师妈妈、老师奶奶的教育人生以及师爱师德和师魂,植入了后代的心灵,从而有了今天的教育世家。

女儿小学作文曾写出"长大了我要做妈妈那样的老师"的小小梦想。终于,在她正值风华正茂、青春飞扬的时候,走进了菁菁校园,激情高唱"长大后我就成了你",接过了母亲的教鞭,传承了母亲"师爱育人"的理念,续写了"我坚信师爱的力量"的新篇章,成为英语名师,获得"功勋教师""魅力教师"的嘉奖。母女共享教育人生的成就感和喜悦感。

第三代孙女选择了师范大学,成了家庭第三个英语老师,立志要成为像奶奶和姑姑一样的优秀老师。现在我欣喜地看到,她在班主任工作中,满怀师爱,动之以情、晓之以理的工作格局。我深信,未来一定青出于蓝而胜于蓝。孙儿大学选学美术专业,后增设平面设计课程,毕业后受聘于企业,然而在这个教师之家的熏陶下,受埋在心里的教师情节驱动,终于离职走进了校园,重新拾起中断的美术艺术,不考虑个人问题,全身心投入专业培训,立志当一名好的美术老师。

三代人相继登上三尺讲台，彰显了我们家的教育情怀，教师家风代代相传，生生不息。我深感作为母亲、祖母，是一个家庭创建传承家风的灵魂、标杆。

今天，我虽已进入耄耋之年，但仍然要发挥榜样的作用，让孩子们牢记家训，弘扬良好家风，不忘初心，矢志不渝紧跟党，踔厉奋进新征程，为实现复兴中华的中国梦，在各自的职场作出更大贡献。

（作者单位：长沙市电子工业学校）

　　这本凝聚着众多家长智慧和心血的书是从 200 余篇征文中选出有代表性的 94 篇编辑而成的。因有作者 105 名，故名"百家话家教"。本书从不同的侧面、以不同的方式给读者提供了如何做好父母、如何做合格家长的精彩答案。虽然答案各不相同，但效果则大同小异，即他们的施教对象都成人成才了，他们付出的心血都得到了加倍的回报，他们也为此获得了最大的奖赏——成为合格的家长。

　　这是一本教育孩子健康成长的实操手册。在这里，有不同身份、不同年龄段的家长通过一个个鲜活生动的事例和切身感悟从不同侧面总结出的优教优育之法；有家教家风和家庭教育重要性的意义阐释、理论概括和精准解说；有弘扬传统美德、正确处理家庭关系、培育优良家风的经验之谈；还有辛勤的园丁满腔热忱、不厌其烦地配合家长协同育人的感人故事。书中的案例为善教者锦上添花、更上层楼提供了更宽阔的思路，也让新任家长或候补家长有了借鉴的样本和导向的路标。可以肯定地说，读者朋友们只要认真阅读并深刻领会其中的精髓，并结合自家孩子的实际情况，或学习借鉴、择善而从，或由此及彼、加以创新，就一定能起到事半功倍的教育效果。为此，编者建议：家长们特别是初为父母者不妨拨冗看看这本书，相信一定能从中得到启迪和教益，从而进一步丰富自己的精神家园，使自己及其家庭成员们的心灵之花更加缤纷绚烂。

感谢湖南省关工委主任杨泰波为此书作序，感谢省委教育工委副书记、省教育厅党组成员、一级巡视员、省教育厅关工委主任王建华博士对此书的编辑出版给予的支持与指导，也感谢百余位作者无私奉献出自己教育下一代的宝贵经验，还要感谢因篇幅有限而未入选的作者们默默无闻的付出。中华少儿慈善基金会为本书出版提供了部分资金支持，湖南师范大学出版社为本书出版提供了帮助，省教育厅关工委秘书艾平参与了书稿的打印和资料收集工作，在此一并致谢！

因编者水平有限，难免选有遗珠，编有差误，敬请读者批评指正。

2023 年 8 月